高等院校石油天然气类规划教材

# 石油工程生产实习教程
# 采油分册

吴国云　罗晓惠　主编

罗全民　　　主审

石油工业出版社

## 内容提要

本书以油气生产工艺流程为主线，详细介绍了油气生产安全基本知识，有杆泵采油基本工艺技术，其他机械采油工艺技术，油气水处理工艺技术，油气井测试工艺技术，油水井动态分析知识，井下作业工艺技术，天然气开采工艺技术等基本理论和操作技术。其中的操作项目按照人员要求及准备工作、操作步骤、技术要求、安全要求四个方面进行讲述。本书选用了大量的示意图，使读者能够更加直观地理解和领会相关工艺技术。

本书可作为石油工程专业学生校内、校外实训教材，也可作为石油工程技术人员、管理人员和操作人员的参考书。

#### 图书在版编目(CIP)数据

石油工程生产实习教程. 采油分册/吴国云，罗晓惠主编. 
—北京：石油工业出版社，2015.7
（高等院校石油天然气类规划教材）
ISBN 978-7-5183-0775-3

Ⅰ. 石⋯
Ⅱ. ①吴⋯②罗⋯
Ⅲ. ①石油工程—实习—高等学校—教材
②石油开采—实习—高等学校—教材
Ⅳ. TE-45

中国版本图书馆 CIP 数据核字(2015)第 138636 号

出版发行：石油工业出版社
（北京市朝阳区安华里2区1号　100011）
网　　址：www.petropub.com
编辑部：(010)64523579　图书营销中心：(010)64523633

经　销：全国新华书店
排　版：北京乘设伟业科技有限公司
印　刷：北京中石油彩色印刷有限责任公司

2015年7月第1版　2015年7月第1次印刷
787×1092 毫米　开本：1/16　印张：14.25
字数：360 千字
定价：29.00 元
（如出现印装质量问题，我社图书营销中心负责调换）
版权所有，翻印必究

# 本书编审人员

主　编：吴国云　重庆科技学院
　　　　罗晓惠　中石化河南油田分公司采油二厂
副主编：郭国杰　中石化河南油田分公司采油二厂
　　　　贺亚维　延安大学
主　审：罗全民　中石化河南油田分公司新疆采油厂
参　编：（按姓氏笔画排序）
　　　　王郑库　重庆科技学院
　　　　王俊奇　西安石油大学
　　　　王德全　中石化河南油田分公司采油二厂
　　　　冯红波　中石化河南油田分公司采油二厂
　　　　权红梅　兰州城市学院
　　　　朱厚明　西南油气田分公司重庆气矿
　　　　刘　涛　中石化河南油田分公司采油二厂
　　　　刘子胜　中石化河南油田分公司新疆采油厂
　　　　李　栋　常州大学
　　　　李　俊　重庆科技学院
　　　　张利亚　重庆科技学院
　　　　张荣立　中石化河南油田分公司采油二厂
　　　　陈军斌　西安石油大学
　　　　贾正舍　中石化河南油田分公司采油二厂
　　　　徐春碧　重庆科技学院
　　　　郭亚伟　中石化河南油田分公司采油二厂
　　　　韩　进　延安大学
　　　　景天豪　中石化河南油田分公司采油二厂

# 前言

多年来,石油工程专业的在校大学生现场实习缺乏实用性强的指导书,导致实习效果不佳。为解决这一问题,2013年5月,由石油工业出版社牵头,五所石油院校和两个油田企业的学者、专家及技术骨干组成编写组,根据"石油工程与储运工程专业教学与教材规划研讨会第三次会议"的有关精神,结合国家应用型人才培养目标,编写了《石油工程生产实习教程 采油分册》。

本教材从采油(气)工程系统出发,以油气生产主要工艺流程或岗位为主线,以典型操作项目为切入点,阐述油气生产主要工艺技术和基本操作要领。理论知识简明扼要,操作项目常用典型,每一章节选用两个层次的操作项目,一是基本操作项目,二是较高层次操作项目。列选的操作项目执行行业《安全操作规程》的要求和规范。其目的是使读者能较快地对油气生产主要流程和工艺技术建立起清晰的印象。本教材充分发挥了高校理论知识强和企业生产经验丰富的优势,是校企教材编写合作的典范,充分体现了校企合作培养人才的"无缝"对接。

本教程具有以下特点:

(1)明确的针对性:适用于石油工程专业在校学生和新从事油气生产的技术员工。能有效提高学生的职业能力,使在校学生或新毕业生能快速实现由学生向行业人的角色转变。

(2)广泛的适用性:内容涵盖了油气生产的各阶段,突显现场常用的典型操作项目,既可以作为生产实习的指导书,也可以作为实用操作技能考核的参考书和刚从事石油工程行业人员的岗位培训教材。

(3)突出的应用性:本教材各章都编写有针对性较强的思考题,并附有参考答案,方便读者进一步理解相关知识。同时可以作为指导生产实习教员的参考教材。

(4)较强的直观性:选编了较大量的示意图,流程图,便于读者更加直观形象地理解相关知识和工艺流程。特别适合对油气生产现场不够了解的读者使用。

本书由吴国云、罗晓惠担任主编,郭国杰、贺亚维担任副主编,罗全民担任主审。具体编写分工如下:前言由吴国云、郭国杰执笔;第一章由郭国杰、刘子胜执笔;第二章由吴国云、罗晓惠、景天豪、刘子胜执笔;第三章由李栋、罗晓惠、景天豪执笔;第四章由贺亚维、韩进、贾正舍、张荣立执笔;第五章由冯红波、王德全、吴国云执笔;第六章由陈军斌、景天豪、李俊执笔;第七章由刘涛、郭国杰、吴国云、张利亚、王郑库、权红梅执笔;第八章由王俊奇、吴国云、朱厚明、徐春碧执笔;图件扫描与编辑排版工作由吴国云、郭亚伟完成;全书由吴国云统稿。

本书在编写过程中,得到了中石化河南油田分公司采油二厂、中石化河南油田新疆采油厂、西南油气田分公司重庆气矿、重庆科技学院、西安石油大学、延安大学、常州大学、兰州城市学院等单位专家、学者的大力支持和帮助,在此一并表示衷心的感谢。

由于水平有限,书中定有疏漏或不妥之处,敬请读者批评指正。

编者<br/>2015年4月

# 目 录

## 第一章 油气生产安全知识 (1)
第一节 油气生产危害因素及防护 (1)
第二节 安全标志 (9)
思考题 (10)

## 第二章 有杆泵采油 (11)
第一节 井口流程与装置 (11)
第二节 三抽设备 (17)
第三节 计量站 (28)
思考题 (34)

## 第三章 其他机械采油 (35)
第一节 电潜泵 (35)
第二节 螺杆泵 (44)
思考题 (52)

## 第四章 油气水处理 (53)
第一节 联合站 (53)
第二节 原油脱水 (56)
第三节 原油稳定 (62)
第四节 油气田采出污水处理 (72)
第五节 注水站 (82)
思考题 (85)

## 第五章 油水井测试 (87)
第一节 油水井测试简介 (87)
第二节 测压 (89)
第三节 抽油机井示功图测试 (96)
第四节 抽油机井液面测试 (101)
第五节 注水井测试 (106)
思考题 (111)

## 第六章 油水井动态分析 (113)
第一节 概述 (113)
第二节 动态分析基础数据 (118)
第三节 油水井动态分析方法及步骤 (126)
第四节 应用实例 (128)
思考题 (141)

## 第七章　井下作业 …………………………………………………………………… (143)
### 第一节　井下作业常用设备 ………………………………………………………… (143)
### 第二节　常见井下作业工具 ………………………………………………………… (150)
### 第三节　常见井下修井作业 ………………………………………………………… (160)
### 思考题 …………………………………………………………………………………… (180)
## 第八章　天然气开采 …………………………………………………………………… (182)
### 第一节　采气井井口装置 …………………………………………………………… (182)
### 第二节　采气井站工艺流程 ………………………………………………………… (189)
### 第三节　采气井站常见操作 ………………………………………………………… (197)
### 第四节　天然气净化 ………………………………………………………………… (201)
### 思考题 …………………………………………………………………………………… (208)
## 参考文献 ………………………………………………………………………………… (209)
## 思考题参考答案 ………………………………………………………………………… (210)

# 第一章 油气生产安全知识

油气生产是一个复杂的系统工程,由多专业组成,各专业既独立又互相联系,有机地结合起来。生产过程采用多种机械和电气设备,生产场所环境因素复杂多变,了解和掌握油气生产基本安全知识,有助于预防各类人身伤害、环境污染、设备设施破坏等各类事故发生。

## 第一节 油气生产危害因素及防护

原油和天然气,具有易燃易爆、有毒有害等特性,生产过程中主要存在火灾、爆炸、机械伤害、物体打击、触电、中毒窒息、高处坠落、灼烫、淹溺等危害因素。

### 一、危害因素的分类及产生的原因

#### (一)危害因素的分类

GB 6441—1986《企业职工伤亡事故分类》将危害因素分为20类:(1)物体打击;(2)车辆伤害;(3)机械伤害;(4)起重伤害;(5)触电;(6)淹溺;(7)灼烫;(8)火灾;(9)高处坠落;(10)坍塌;(11)冒顶、片帮;(12)透水;(13)放炮;(14)火药爆炸;(15)瓦斯爆炸;(16)锅炉爆炸;(17)容器爆炸;(18)其他爆炸;(19)中毒窒息;(20)其他伤害。

#### (二)危害因素产生的原因

尽管所有危害因素表现形式不同,但从本质上讲,之所以能造成危害后果(发生伤亡事故、损害人身健康和造成物的损坏等),原因均可归结为存在能量、危害物质和危害物质失去控制两方面因素的综合作用,并导致能量的意外释放或危害物质泄漏、散发。故存在能量、危害物质失控是危害因素产生的根本原因。

失控主要体现在四个方面:

(1)设备故障(或缺陷)。设备故障(或缺陷)是指系统、设备、元件等在运行过程中由于性能(含安全性能)低下而不能实现预定功能(包括安全功能)的现象。

(2)人员失误。人员失误指不安全行为中产生不良后果的行为(即职工在劳动过程中,违反劳动纪律、操作程序和操作方法等具有危险性的做法)。人员失误在一定条件下,是引发危险、危害因素的重要因素。

(3)管理缺陷。职业安全卫生管理是为保证及时、有效地实现目标,在预测、分析的基础上进行的计划、组织、协调、检查等工作,是预防发生事故和人员失误的有效手段。管理缺陷是影响失控发生的重要因素。

(4)环境因素。温度、湿度、风雨雪、照明、视野、噪声、震动、通风换气、色彩等环境因素都会引起设备故障或人员失误,也是发生失控的间接因素。

### 二、火灾及预防

#### (一)火灾定义及分类

(1)火灾的定义:在时间和空间上失去控制的燃烧所造成的灾害。

(2)物质燃烧的基本条件(三要素):可燃物、助燃物、火源。

(3)火灾的分类:火灾分为 A、B、C、D 四类。

A 类火灾:指固体物质火灾。这种物质往往具有有机物性质,一般在燃烧时能产生灼热的余烬。如木材、棉、毛、麻、纸张火灾等。

B 类火灾:指液体火灾和可熔化的固体火灾。如汽油、煤油、原油、甲醇、乙醇、沥青、石蜡火灾等。

C 类火灾:指气体火灾。如煤气、天然气、甲烷、乙烷、丙烷、氢气火灾等。

D 类火灾:指金属火灾。指钾、钠、镁、钛、锆、锂、铝镁合金火灾等。

## (二)火灾发生原因

(1)用火不慎。如乱丢未熄灭的火柴、烟头,火灰复燃等。

(2)违反操作规程。如焊接、烘烤、熬炼,或在禁止产生火花的场所穿带铁钉的鞋、敲打铁器,或在充满汽油蒸气、乙炔、氧气等气体的房间吸烟、使用明火等。

(3)电气设备安装、使用不当。如电气设备及其安装不符合规格、绝缘不良,超负荷,电气线路短路,在电灯泡上包纸和布等可燃物,乱接乱拉电线,忘记拉断电闸等。

(4)爆炸。火药爆炸、化学危险品爆炸、可燃粉尘纤维爆炸、可燃气体爆炸、可燃与易燃液体蒸气爆炸以及某些生产、电气设备爆炸,往往造成很大的火灾。

(5)自燃。浸油的棉织物,新割的干草、谷草,树叶,以及硝化纤维胶片、硫化亚铁、黄磷、磷化氢等,都易自燃。另外,有些物质如钾、钠、锂、钙等与水接触即起火;棉花、稻草、刨花与浓硝酸接触也易起火。有些化学产品,如高锰酸钾与甘油混合一起立即起火。

(6)雷击起火、静电放电。雷击容易起火,大家经常可以看到。但静电放电往往不太注意。例如,转动的皮带、沿导管流动的易燃液体、可燃粉尘等,都易产生静电。如没有导除静电的相应措施,静电放电极易产生火花造成火灾。

## (三)火灾危害

火灾能烧掉人类经过辛勤劳动创造的物质财富,使工厂、仓库、城镇、乡村和大量的生产、生活资料化为灰烬,一定程度上影响着社会经济的发展和人们的正常生活。火灾还污染了大气,破坏了生态环境。火灾不仅使一些人陷于困境,它还涂炭生灵,夺去人的生命和健康,造成难以消除的身心痛苦。

## (四)火灾预防

根据物质燃烧三要素和物质燃烧特性,采取相应的预防措施,预防火灾的发生。

(1)企业用火严格执行用火作业审批制度,杜绝违章用火。

(2)易燃易爆场所严格执行火种管理制度、静电管理制度和场站出入制度等。

(3)做好自燃物质、易燃易爆物质管理,控制燃烧爆炸条件的形成。

(4)严格执行电气设备管理制度,保障电气设备安全可靠运行。

(5)做好用火防火知识教育和培训,提高全员防火意识和技能。

# 三、爆炸及预防

## (一)爆炸发生原因

本书所说的爆炸主要指锅炉爆炸、压力容器爆炸和石油天然气爆炸。

1. 锅炉爆炸原因

(1)超压破裂:锅炉运行压力超过最高许可工作压力,使元件应力超过材料的极限应力。超压工况常因安全泄放装置失灵、压力表失准、超压报警装置失灵,严重缺水事故处理不当而引起。

(2)过热失效:钢板过热烧坏,强度降低而致元件破坏。通常因锅炉缺水干烧,结垢太厚,锅水中有油脂或锅筒内掉入石棉橡胶板等异物诸原因引起。

(3)腐蚀失效:因苛性脆化使元件强度降低。

(4)裂纹和起槽:元件受交变应力作用,产生疲劳裂纹,又经腐蚀综合作用,形成槽状减薄。

(5)水击破坏:因操作不当引起汽水系统水锤冲击,使受压元件受到强大的附加应力作用而失效。

(6)修理、改造不合理,造成锅炉爆炸的隐患。

(7)先天性缺陷:设计失误,结构受力、热补偿、水循环、用材、强度计算、安全设施等方面严重错误。制造失误,用错材料、不按图施工、焊接质量低劣、热处理、水压试验等工艺规范错误等引起。

2. 压力容器爆炸原因

压力容器爆炸与锅炉爆炸原因基本相同,主要是超压、超温、容器局部损坏、安全装置失灵等,这里不再赘述。

3. 石油天然气爆炸原因

(1)井喷或井喷失控引起火灾或爆炸。

(2)油气储罐超温超压引起着火或爆炸。

(3)油气泄漏引起着火或爆炸。

(4)压力容器过加热引起的压力突变导致爆炸或着火。

(5)物探或测井等过程中储存或使用的火工品爆炸等。

## (二)爆炸危害

锅炉、压力容器和石油天然气爆炸,释放出巨大的能量,产生的冲击波伤人毁物,同时伴随着高温高压蒸气或可燃混合物的形成,甚至会产生二次爆炸和重大火灾,导致环境污染和人身伤害、财产损失,危害巨大。

## (三)爆炸预防

1. 锅炉爆炸预防

(1)防止超压:合理设置,定期调校,正确维护安全阀、压力表、水位表。

(2)防止过热:合理设置、监视、维修、冲洗水位表,防止缺水,防止结垢和异物、油脂进入锅筒。

(3)防止腐蚀措施:水质指标应符合国家有关技术法规和标准,加强维修保养。

(4)防止槽裂:不骤冷骤热,减少交变应力,检查易起槽部位,及时修理。

(5)防止水击:注意汽水系统的疏水,保持水位稳定。无水位异常情况。

(6)加强设计审查、制造监检和修理、改造的审批工作,铲除事故隐患。

(7)加强锅炉安全操作知识教育和培训,提高操作人员安全技能和安全意识。

2. 压力容器爆炸预防

压力容器爆炸与锅炉爆炸原因基本相同,预防措施大同小异,这里不再赘述。

3. 石油天然气爆炸预防

(1)做好井控工作,杜绝井喷事故发生。
(2)做好油气储罐的维护保养和定期检验工作,储罐运行良好。
(3)做好安全阀、压力表、呼吸阀等安全附件的定期检查和更换工作,保证安全附件完好有效。
(4)加强油气储罐、油气场所巡回检查,杜绝油气泄漏等现象的发生。
(5)加强油气安全知识教育和培训,提高操作人员安全技能和安全意识。

## 四、机械伤害及预防

### (一)机械伤害发生原因

(1)违章操作造成的人身伤害。
(2)转动部分无保护装置或保护装置不合格。
(3)未正确穿戴劳保用品。
(4)由于设备零部件松动,造成人身伤害。
(5)无安全标志。

### (二)机械伤害危害

油气生产中使用的设备大多为大型设备,运转快、质量大、打击强度大、设备高度大,一旦发生机械伤害事故,将会造成严重的人员伤害甚至人员死亡,危害很大。

### (三)机械伤害预防

(1)对职工进行岗位培训,加强员工自我保护意识。
(2)完善设备的保护装置和安全设施。
(3)按要求正确使用劳保用品。
(4)加强机泵的维护保养,定期巡护检查。
(5)根据需要,设置必要的安全标志。
(6)零部件的强度、刚度应符合安全要求,安装应牢固。
(7)机械设备在运转时,严禁用手调整;不得用手测量零件或进行润滑、清扫杂物等操作。

## 五、触电及预防

### (一)触电发生原因

(1)私自拆装电器设备、电路。
(2)临时用电线路不规范。
(3)湿手湿脚动用电器设备开关,或用湿的物质去接触电器设备。
(4)电器开关损坏漏电。
(5)室内线路绝缘磨损、漏电。
(6)漏电保护系统失灵。
(7)设备线路短路,机壳带电。
(8)电器设备在检修时,没有悬挂警示牌或无人看管配电开关,突然送电。

## (二)触电危害

油气生产中有多种电气设备,有的还是高压电气,一旦发生触电事故,直接造成人员伤亡、设备破坏和停止生产,甚至会引起火灾爆炸等二次事故发生,危害很大。

## (三)触电预防

(1)定期巡检确保电气仪表完好。

(2)定期对电机进行检查、保养,测试线路电阻符合要求。

(3)密封填料安装松紧度适当,严禁泵空转。

(4)使用合格的防爆电器、防爆工具。

(5)操作人员经过相关机构培训并取得操作资格证。

(6)保证通风设施良好运行。

(7)正确穿戴劳保用品。

(8)严格按照操作规程操作,杜绝违章行为。

# 六、操作项目

## (一)手持式干粉灭火器灭火

干粉灭火器用于扑救油类、可燃气体和电器设备火灾;碳酸氢钠干粉灭火器适用于易燃、可燃液体、气体及带电设备的初起火灾;磷酸铵盐干粉灭火器除可用于上述几类火灾外,还可扑救固体类物质的初起火灾,但都不能扑救金属燃烧火灾。

1. 人员要求及准备工作

(1)操作人员1人,监护人1人,穿戴个人防护用品。

(2)4kg或8kg干粉灭火器2~3具。

2. 操作步骤

(1)检查灭火器压力在规定范围。

(2)检查灭火器瓶体是否完好,无严重锈蚀等破坏。

(3)检查灭火器喷管是否完好,无老化破裂等现象。

(4)检查灭火器保险销、铅封等是否完好。

(5)手提灭火器的提把,迅速赶到着火地点。

(6)在距离起火点5m左右处,放下灭火器,在室外使用时,应占据上风方向,除掉铅封,拔出保险销。

(7)在距火焰2m的地方,一只手握住喷嘴,另一只手用力压下压把,干粉便会从喷嘴喷射出来。干粉灭火器结构如图1-1所示。

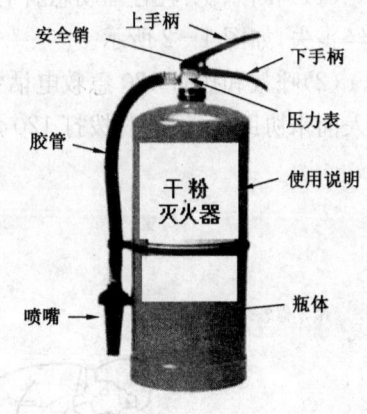

图1-1 干粉灭火器结构示意图

3. 技术要求

(1)灭火器压力必须在绿色范围内。

(2)用干粉灭火器扑救流散液体火灾时,应从火焰侧面,对准火焰根部喷射,并由近而远,左右扫射,快速推进,直至把火焰全部扑灭。

(3)配备足够数量的灭火器。

(4)用干粉灭火器扑救容器内可燃液体火灾时,应从火焰侧面对准火焰根部,左右扫射。

当火焰被赶出容器时,应迅速向前,将余火全部扑灭。灭火时应注意不要把喷嘴直接对准液面喷射,以防干粉气流的冲击使油液飞溅,引起火势扩大,造成灭火困难。

(5)用干粉灭火器扑救固体物质火灾时,应使灭火器喷嘴对准燃烧最猛烈处,左右扫射,并应尽量使干粉灭火剂均匀地喷洒在燃烧物的表面,直至把火全部扑灭。

(6)使用干粉灭火器灭火过程中,应始终保持直立状态,不得横卧或颠倒使用,否则不能喷粉;同时注意干粉灭火器灭火后防止复燃,因为干粉灭火器的冷却作用甚微,在着火点存在着炽热物的条件下,灭火后易产生复燃。

4. 安全要求

(1)灭火时人员一定要站在上风口,且与着火点保持适当距离。

(2)在室内或相对封闭的空间内灭火时要配合使用必要的个人防护用品(如正压式空气呼吸器等),避免造成人员伤害。

(3)火势较大不能得到有效控制,一定要拨打119火警电话,请求支援。

(4)按操作规程操作,防止误操作引起伤害。

## (二)现场心肺复苏术

心肺复苏开始越早存活率越高:在心脏停止跳动后4min内开始心肺复苏可能有一半人以上可救活;在心脏停止跳动后4~6min开始心肺复苏,仅40%可以救活;超过6min开始复苏者,仅20%可存活;10min以上开始复苏者,几乎无存活可能。

1. 人员要求及准备工作

(1)操作人员1人,监护人1人,有正确判断患者伤情的基本技能。

(2)必要的通讯工具(固定电话或移动电话)。

2. 操作步骤

(1)判断意识:轻轻摇动患者肩部,高声叫喊:"喂!你怎么啦?"如无反应,表明患者的意识已经丧失,如图1-2所示。

(2)呼救和拨打120急救电话:确定患者意识丧失应大声呼救:"来人啊!救命",招呼周围的人前来协助抢救,同时拨打120急救电话请求救护,如图1-3所示。

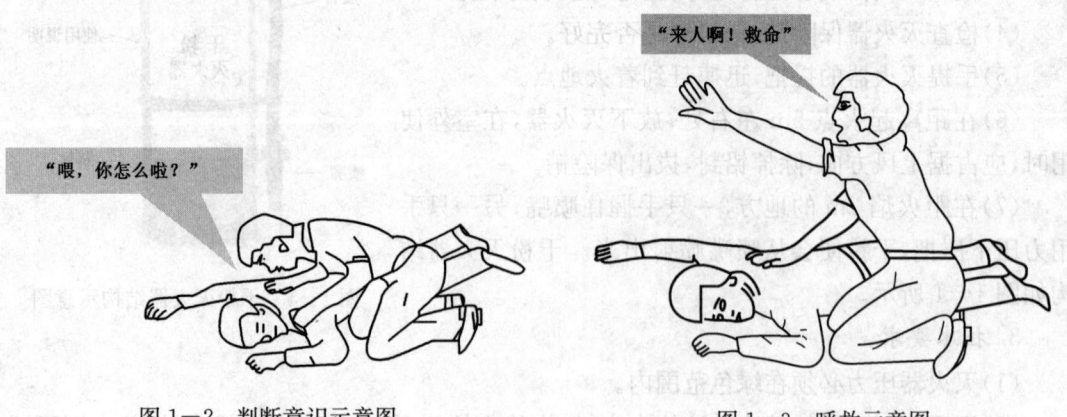

图1-2 判断意识示意图　　　　图1-3 呼救示意图

(3)放置适当体位:使患者仰卧,头、颈与躯干平卧无扭曲,双手放于两侧躯干旁边。

(4)畅通呼吸道:抢救者将患者口腔打开,清理口腔异物;采用仰头抬颈方法打开呼吸道。

(5)评估患者呼吸:维持患者于开放气道位置,用耳听患者呼吸道有无气流通过的声音,面部感觉患者呼吸道有无气体排出,头部侧向患者胸部,观察患者胸部有无起伏,确定患者有无自主呼吸。

(6)口对口人工呼吸:确认患者无自主呼吸,应立即给患者吹2口气。吹气方法为:操作者先深呼吸2次,吸一口气,嘴唇包着患者嘴唇用力吹气,吹气量为800～1200mL,如图1-4所示。

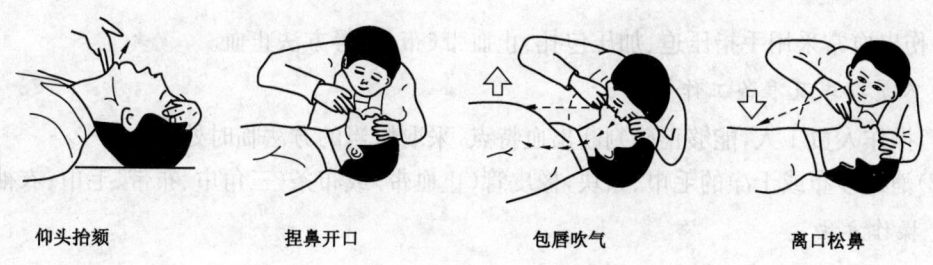

仰头抬颏　　　　捏鼻开口　　　　包唇吹气　　　　离口松鼻

图1-4　人工呼吸示意图

(7)评估患者生命体征:通过评估患者呼吸、对外界的条件反射以及进行紧急吹气后患者的呼吸是否恢复,结合抚摸患者颈总动脉和腕动脉,判断患者是否有脉搏。

(8)实施心肺复苏:通过对患者生命体征的评估,确定患者呼吸心跳已经停止,并且胸部无明显外伤和骨折,应立即实施心肺复苏。操作方法为:先吹2口气,胸外按压30次,依次进行。胸外按压方法如图1-5所示。

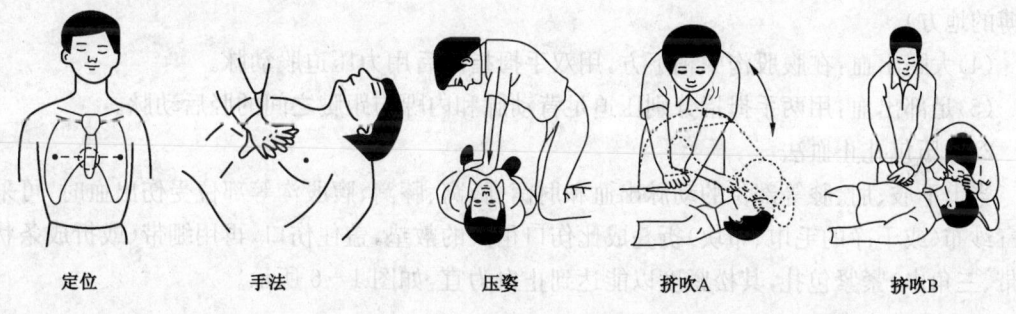

定位　　　　手法　　　　压姿　　　　挤吹A　　　　挤吹B

图1-5　胸外按压示意图

3. 技术要求

(1)拨打120急救电话一定要简要说明患者伤害基本情况和具体位置或地址,如果在野外要说出周围有代表性的建筑物等。

(2)口对口吹气,操作者嘴巴与患者嘴巴一定要密封,同时捏住患者鼻子,确保把气体吹入患者肺部,吹气完毕,放松捏患者鼻子的手,以便患者从鼻孔呼气。

(3)胸外按压部位为两乳头水平连线与胸骨交界处。

(4)胸外按压手法为:将一手掌根部放在按压部位,另一手掌根部置于前一手背上,两手手指交叉抬起,使手指脱离胸壁。

(5)胸外按压频率为100次/min,胸骨下压深度为4～5cm,按后放松臂力,但手掌不能离开胸骨,应紧贴在胸壁上。

(6)无论单人抢救还是双人抢救,均为按压胸部30次后吹气两口,即30:2,吹气时暂停胸外按压,且中途不能停止操作。

**4. 安全要求**

(1)实施心肺复苏前一定要把患者正确搬运到安全位置,避免二次受伤。

(2)抢救患者前,操作者一定要观察患者受伤原因,如果是触电或机械伤害等,一定要关闭电源或者关停机械设备等,避免二次事故发生。

### (三)外伤止血技术

外伤出血常采用手指压迫、加压包扎、止血带(布条)等方法止血。

**1. 人员要求及准备工作**

(1)操作人员1人,能够正确判断出血特点,采取恰当的方法临时处置。

(2)消毒纱布或干净的毛巾、布块,橡皮管(止血带)或布条(三角巾、布带、毛巾、衣袖等)。

**2. 操作方法**

1)手指压迫止血法

只适用头、面、颈部及四肢的动脉出血,但时间不宜过长。

(1)头顶部出血:在受伤一侧的耳前,对准下颌耳屏(即耳廓前面的瓣状突起,俗称"小耳朵")上前方1.5cm处,用拇指压迫颞浅动脉(太阳穴附近)。

(2)上臂出血:操作者一手抬高伤员患肢,另一手四个手指对准上臂中段内侧压迫肱动脉(即常规测血压的地方)。

(3)手掌出血:将患者上肢抬高,用两手拇指分别压迫患者手腕部的尺、桡动脉(即平时搭脉搏的地方)。

(4)大腿出血:在腹股沟中稍下方,用双手拇指向后用力压迫股动脉。

(5)足部出血:用两手拇指分别压迫足背动脉和内踝与跟腱之间的胫后动脉。

2)加压包扎止血法

当上下肢、肘、膝等部位的动脉出血和肘窝、腋窝、膝窝、腹股沟等部位受伤出血时,可采用消毒纱布(或干净的毛巾、布块)折叠成比伤口稍大的敷垫,盖住伤口,再用绷带(或折成条状的布带、三角巾)紧紧包扎,其松紧度以能达到止血为宜,如图1-6所示。

3)止血带止血法

四肢大动脉出血时,用橡皮管或布条缠绕伤口近心端部位,且松紧度要恰当,过松无止血作用,过紧会影响血液循环,易损伤神经,造成肢体坏死,如图1-7所示。

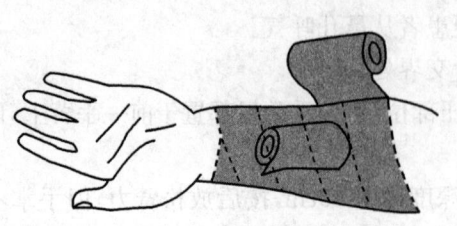

图1-6 加压包扎止血示意图

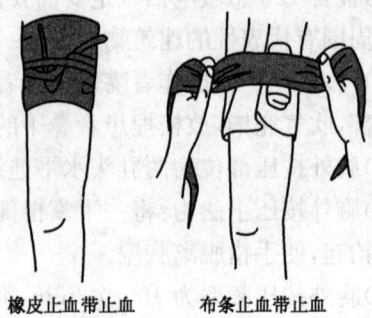

橡皮止血带止血　布条止血带止血

图1-7 止血带止血示意图

3. 技术要求

(1)有骨折、可疑骨折或关节脱位时,不宜使用加压包扎止血法。

(2)止血带止血法操作时,使用的止血带上要标示开始使用时间。

(3)止血带止血法操作时,使用止血带部位必须露出,以便观察患者情况。

4. 安全要求

(1)止血带止血法操作时,不可贸然解开止血带,否则会使血液冲向伤口,造成内脏迅速失血而休克。

(2)止血带止血法操作时,止血带使用时间不宜过久,2h 内尽快送往医院救治。

(3)操作时要初步查明出血原因,根据现场情况,在安全位置操作,避免二次事故发生。

# 第二节 安全标志

安全标志是为了防止事故的发生,用形象而醒目的信息语言向人们提供表达禁止、警告、指令、提示等信息。了解它们所表达的安全信息含义对于我们在工作、生活中趋利避害、预防事故发生具有重要作用。

## 一、安全色

我国规定了红、蓝、黄、绿四种颜色为安全色。

### (一)红色

红色的含义为禁止停止,主要用于禁止标志、停止信号,如机器上的紧急停止按钮以及禁止人们触动的部位。

### (二)蓝色

蓝色的含义为指令必须遵守的规定,主要用于指令标志,如必须佩带个人防护用具、道路指引车辆和行人行走的方向的指令。

### (三)黄色

黄色的含义为警告注意,主要用于警告标志、警戒标志,如厂内危险机器的坑池边周围的警戒线、安全帽等。

### (四)绿色

绿色的含义为提示安全状态通行,主要用于提示标志,如车间内的安全通道、行人和车辆通行标志、消防装备和其他安全防护装置的位置。

## 二、安全标志

安全标志是由安全色、几何图形和图形符号所构成,用以表达特定的安全信息。安全标志的作用是引起人们对不安全因素的注意,防止事故发生,但不能代替安全操作规程和防护措施。安全标志分为禁止标志、提示标志、警告标志和指令标志四类。

### (一)禁止标志

禁止标志表示不准或制止人们的某些行动。其几何图形为带斜杠的圆环,斜杠和圆环为红色,图形符号为黑色,其背景为白色,如彩图1-8所示(见封二)。

### (二)提示标志

提示标志表示示意目标地点或方向。其几何图形为长方形,底色为绿色,图形符号及文字为白色,但消防的提示标志底色为红色。提示标志如彩图1-9所示(见封二)。

### (三)警告标志

警告标志表示使人们注意可能发生的危险。其几何图形为正三角形,三角形的边框和图形符号为黑色,其背景色为具有警告含义的黄色,图形符号为白色,如彩图1-10所示(见封三)。

### (四)指令标志

指令标志表示必须遵守,用来强制或限制人们的行为。其几何图形为圆形,其背景色为具有指令含义的蓝色,图形符号为白色,如彩图1-11所示(见封三)。

## 思 考 题

### 一、理论题

1-1 简述油气生产过程中的主要危害因素。
1-2 安全色分为哪几种?各表示什么含义?
1-3 安全标志分为哪几种?各表示什么含义?
1-4 触电发生的主要原因有哪些?
1-5 触电的预防措施主要有哪些?
1-6 火灾发生的原因是什么?
1-7 火灾的预防措施有哪些?
1-8 联合站内安全防火主要措施是什么?
1-9 联合站安全管理工作的重点是哪"五防"?
1-10 计量站主要存在哪些危害(危险)因素?

### 二、操作题

1-1 熟悉本章的操作项目。
1-2 简述佩戴正压式空气呼吸器操作步骤(以上海依格空气呼吸器为例)。

# 第二章 有杆泵采油

原油的生产流程一般为：首先通过适当的采油方法把流体从油藏诱导流到井底，再从井筒抽到井口，然后输送到计量站进行初步分离计量，再混输到转油站进行油气水分离处理，气体一般就地处理后输送到用户，水进行处理后回注地层或外排，原油直接外输到集油首站，最后输往炼油厂，如图 2—1 所示。

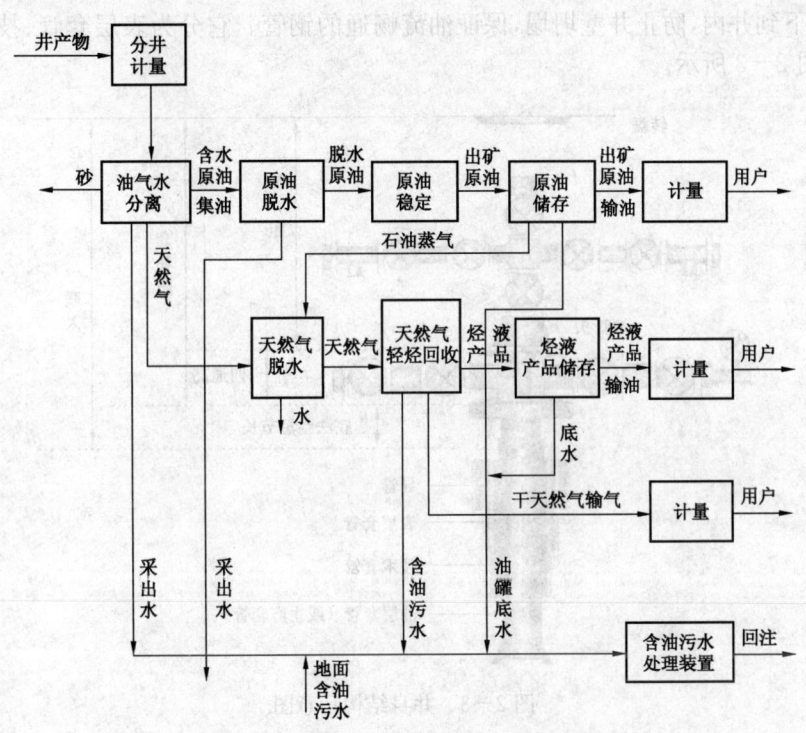

图 2—1 油气水站场集输与处理示意图

## 第一节 井口流程与装置

油气水在井口所通过的管路、设备等构成了相应井的井口流程。如自喷井井口流程，抽油井井口流程，注水井井口流程等。其中油气混输单管流程如图 2—2 所示。

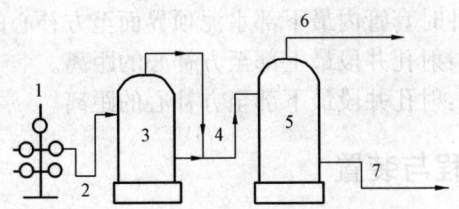

图 2—2 油气混输（单管）流程示意图
1—油井；2—出油管线；3—油气分离器；4—油气混输管线；5—转油站分离器；6—气管线；7—油管线

井口流程主要作用是控制和调节油井的产量;录取油井的动态资料及取样;井下作业的入口通道等。通常不同的井口流程中的装置有所不同,但都应起到上述作用,达到操作和管理方便的要求。

## 一、油水井井身结构

### (一)井身结构

井身结构是指油井钻完后,所下入套管的层次、直径、下入深度及相应的钻头直径和各层套管外水泥的上返高度等。

套管是下到井内,防止井壁坍塌,保证油流畅通的钢管。它分为表层套管、技术套管和油层套管,如图2-3所示。

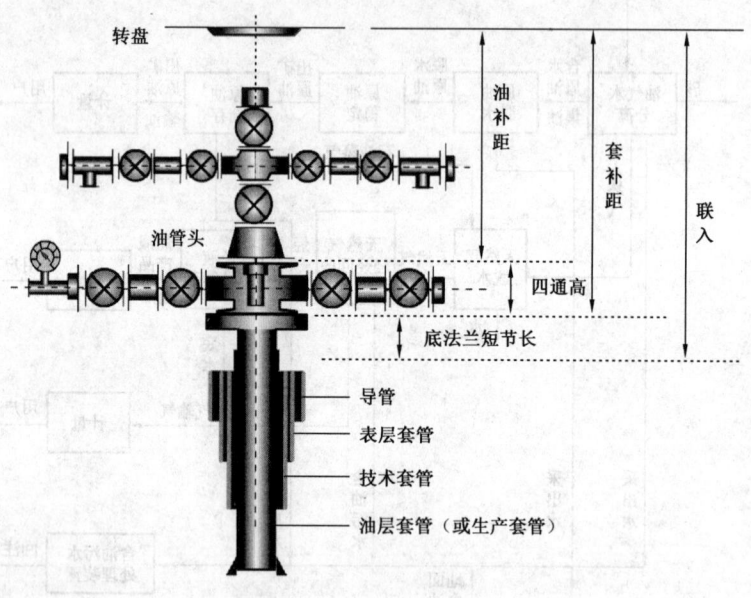

图2-3 井身结构示意图

### (二)相关技术术语

(1)方补心:旋转钻井时,带动井下工具旋转的转盘中间用来卡住方钻杆的部件。
(2)补心高度:是指钻井平台方补心至地面的距离,即方补心的地面高度。
(3)套补距:钻井时的方补心与套管法兰上平面之间的距离。
(4)完钻井深(钻井井深):钻井时的方补心到钻井完成时钻头所钻进的最后深度。
(5)套管深度:钻井时的方补心到油层套管鞋的深度。
(6)套管直径:下入油层套管的公称直径。
(7)人工井底深度:完井时套管内最下部水泥顶界面至方补心的距离。
(8)射开油层顶部深度:射孔井段最上部至方补心的距离。
(9)射开油层底部深度:射孔井段最下部至方补心的距离。

## 二、抽油井井口流程与装置

### (一)井口流程及作用

油气在井口所通过的管路、设备,构成抽油井的井口流程。最简单的井口流程是一套采油树及油、气混输的管线和设备。一般抽油井的井口流程主要作用是录取油井动态资料、投球、油井测试、修井作业等,如图2-4所示。

(a) 抽油井井口流程实物图

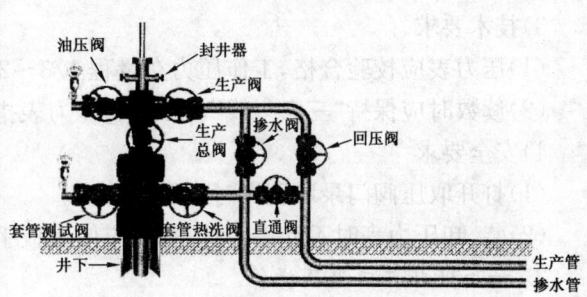
(b) 抽油井井口流程示意图

图2-4 抽油井井口流程

## (二)井口装置及作用

抽油井井口装置如图2-5所示,主要由套管三通、油管三通、填料盒、套管阀门、生产阀门、套压表和油压表等组成。

井口装置的作用主要有:

(1)连接套管,悬挂油管,承受井内生产和作业管柱的载荷。

(2)密封油、套管环形空间,控制套管气。

(3)控制油管内的油气流动,引导油气进入出油管线。

(4)保证洗井、冲砂、酸化、压裂等井下作业的顺利进行。

(5)录取油压、套压资料。

(6)取井口油样,测井内液面深度、压力资料等。

抽油井井口装置的组成各式各样;有的直接利用自喷井口装置改造而成;有的简化得十分简单。但不管结构如何,都应起到上述作用,达到操作和管理方便的要求。

## (三)常见操作项目

### 1. 井口录取油套压力

1)人员要求及准备工作

(1)本项目所需操作人员为1人。

(2)工具、用具及材料准备:250mm、300mm活动扳手各1把,6MPa压力表一块,污油桶1个,记录笔,记录纸,垫片,棉纱若干。

(3)劳保用品准备齐全,穿戴整齐。

2)操作步骤

(1)检查井口流程是否正确,应不渗不漏。

(2)打开取压阀门放出"死油",确认畅通。

(3)关闭取压阀门,安装压力表接头及压力表。

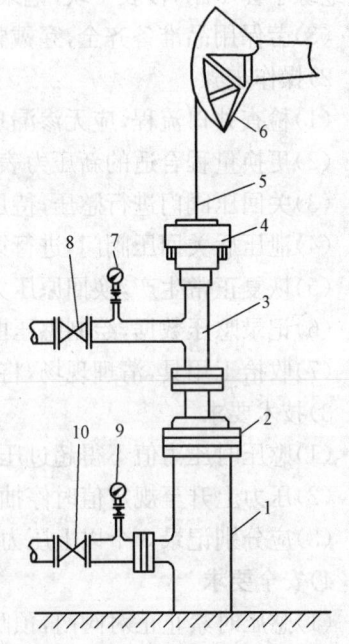

图2-5 抽油井井口装置示意图
1—套管;2—法兰盘;3—三通;4—填料盒;
5—光杆;6—驴头;7—油压表;8—生产阀门;
9—套压表;10—套管阀门

(4)打开取压阀门,确认无渗漏,压力稳定时记录读数。
(5)关闭取压阀门,泄压待压力落零后卸下压力表接头及压力表。
(6)收拾工用具,清理现场,将有关数据填入报表。
3)技术要求
(1)压力表应校验合格,工作压力在量程1/3～2/3之间。
(2)读数时应保持"三点一线",即眼睛、压力表指针和表盘这三点在一条直线上。
4)安全要求
(1)打开取压阀门录取压力时应缓慢打开。
(2)装、卸压力表时不允许手拧表盘,应使用扳手装卸。

2. 抽油机井井口憋压操作

1)人员要求及准备工作
(1)本项目所需操作人员为1人。
(2)工具、用具及材料准备:250mm、300mm活动扳手各1把,6MPa压力表1块,污油桶1只,绝缘手套1副,秒表1块,记录笔,记录纸,垫片、棉纱若干。
(3)劳保用品准备齐全,穿戴整齐。
2)操作步骤
(1)检查井口流程,应无渗漏现象,关闭掺水阀门。
(2)更换量程合适的新压力表,记录初始压力值。
(3)关回压阀门进行憋压,待压力上升至规定值时停抽,观察压力随时间的变化情况。
(4)泄压后关回压阀门,进行第二次、第三次憋压。
(5)恢复正常生产,换回原压力表。
(6)记录憋压数据,绘制憋压曲线,判断泵工作情况。
(7)收拾工用具,清理现场,将有关数据填入报表。
3)技术要求
(1)憋压时压力值不得超过压力表量程的2/3。
(2)压力上升至规定值时停抽,时间应不少于10min。
(3)应分别记录3个以上压力值与对应的时间点。
4)安全要求
(1)憋压时禁止正对阀门,预防丝杆脱出伤人。
(2)启、停抽油机严格按照规程操作。
(3)操作电器设备时必须戴绝缘手套,断电、送电时要侧身。

# 三、注水井井口装置与流程

## (一)注水井井口装置

注水井井口装置组成通常主要由套管四通、套管阀门、油管头、油管四通、总阀门、测试阀门、洗井阀门、单流阀及所属附件组成,如图2-6所示。

## (二)各部件的主要作用

套管四通、套管阀门、油管头、油管四通和总阀门的主要作用与抽油井井口装置中对应部件相同。

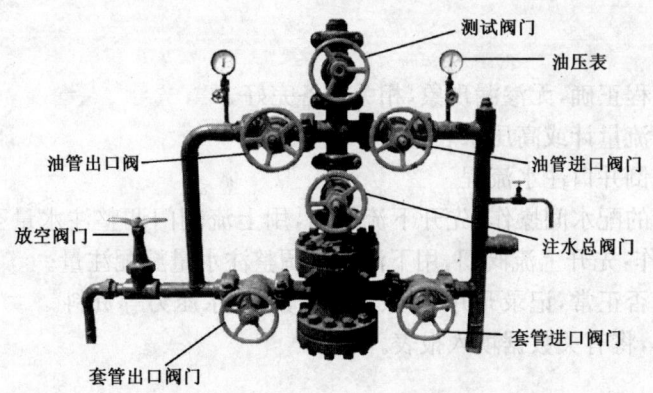

图 2-6 注水井井口装置示意图

测试阀门:控制井下液流,测试时保证测试仪器、工具顺利通过。
洗井阀门:反循环洗井时,洗井液从此阀门流出,也可用于溢流。
单流阀:连接注水管线和井口流程,控制注入水从管线向井内注入,井内液体不能倒流入管线。

### (三)注水井井口流程

**1. 正注流程**

注入水从配水间来水管线来水,经过井口单流阀、生产阀门和总阀门,由油管注入地层。注水井正注流程图,如图2-7所示。

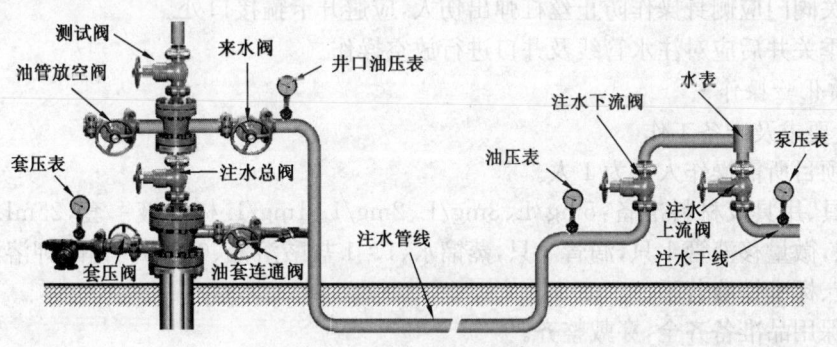

图 2-7 注水井井口流程示意图

**2. 反注流程**

注入水从配水间来水管线来水,经过井口单流阀、套管阀门,由油、套环形空间注入地层。

### (四)常见操作项目

**1. 注水井开关井**

1)人员要求及准备工作

(1)本项目所需操作人员为1人。

(2)工具、用具及材料准备:600mm管钳或F扳手1把,200mm、375mm、450mm活动扳手各1把,记录笔,记录纸,黄油、棉纱若干。

(3)劳保用品准备齐全,穿戴整齐。

2)操作步骤

(1)开井：

① 检查井口流程正确，无渗漏现象，相关设备完好。

② 检查配水间流量计或高压水表完好。

③ 按操作规程倒井口注水流程。

④ 使用流量计的配水间操作：先开下流阀门，用上流阀门调整注水量至配注量。使用高压水表的配水间操作：先开上流阀门，用下流阀门调整注水量至配注量。

⑤ 检查注水是否正常，记录开井时间、水表底数、注水压力等资料。

⑥ 收拾工用具，将有关数据填入报表。

(2)关井：

① 关配水间上流阀门。

② 关井口注水阀门（根据注水方式关生产阀门或套管阀门）。

③ 记录关井时间、原因、压力等资料。

④ 收拾工用具，将有关数据填入报表。

3)技术要求

(1)新投井或停注超过 24h，开井前应先洗井。

(2)多井开井应先开低压井、后开高压井，关井应先关高压井、后关低压井。

(3)开配水间注水阀门时应缓慢打开，听到出水声后停止操作，待压力平衡后再逐渐打开注水控制阀门。

4)安全要求

(1)开关阀门应侧身操作防止丝杠弹出伤人，应避开卡箍接口处。

(2)冬季关井后应对注水管线及井口进行放空操作。

2. 水质化验操作

1)人员要求及准备工作

(1)本项目所需操作人员为 1 人。

(2)工具、用具及材料准备：5mg/L、3mg/L、2mg/L、1mg/L 标准液一套，25mL、50mL 比色管各 2 只，微量移液管 1 只，滴管 1 只，蒸馏水、1：1 盐酸溶液、0.5%高锰酸钾溶液、20%硫氰化钾溶液、标准铁液若干。

(3)劳保用品准备齐全，穿戴整齐。

2)操作步骤

(1)测定水中含铁量。

① 具体步骤：

a. 取 10mL 水样放入 25mL 比色管中。

b. 加入 1：1 盐酸 10 滴，摇匀。

c. 加入 0.5%高锰酸钾 1 滴，使溶液呈微红色。

d. 加入 20%硫氰化钾 5 滴，摇匀。

e. 另取一支比色管取 10mL 蒸馏水，按上述方法加入试剂后，用微量移管加入标准铁液，当溶液与水样颜色一致时记下标准铁液用量。

f. 计算含铁量：

$$铁含量(mg/L) = \frac{标准铁液浓度(mg/mL) \times 标准铁液用量(mL)}{水样体积(mL)} \times 1000$$

g. 清理现场,将有关数据填入报表。
② 技术要求:
a. 硫氰化钾溶液、盐酸、标准铁液要保持无色透明,没有脏物。
b. 两支比色管所加试剂量要一致。
c. 两支比色管玻璃厚度要一致,刻度一致。
d. 比色时两支比色管液面要一致。
(2)测定水中悬浮物含量:
① 具体步骤:
a. 取水样 50mL 装入比色管中,分别与 5mg/L、3mg/L、2mg/L、1mg/L 的标准液比对。若水样的浑浊程度与某一标准液一致时,水样的悬浮物含量等于标准液悬浮物含量。
b. 当水样混浊度偏大时,可将水样稀释后进行比对;最后测定的悬浮物含量应乘以水样稀释倍数。
c. 清理现场,将有关数据填入报表。
② 技术要求:
a. 水样与标准液比对时必须同时摇匀,待无气泡时进行。
b. 两支比色管玻璃厚度要一致,刻度一致。
c. 标准液应每月配制一次。
3)安全要求
加入试剂时严禁滴在比色管管口或管外。

## 第二节 三 抽 设 备

含油流体从井筒被采到井口,使用的主要采油设备是抽油机、抽油杆和抽油泵。为了适应不同的井况,制造了不同类型的抽油机和抽油泵,但工作原理基本相同。

### 一、抽油机

抽油机是目前主要的采油设备,种类很多,最常见的是游梁式抽油机,分为普通型和前置型。为了增大冲程、节能及改善抽油机的结构特性和受力状况,国内外还出现了许多变形游梁式抽油机,如双驴头式、旋转驴头式、大轮驴头式以及斜直井游梁式抽油机。

另外为了扩大有杆泵抽油的适用范围,改善其技术经济指标,国内外还开发了许多类型的无游梁式抽油机,如链条式、增距式和宽带式抽油机等。其特点多为长冲程和慢冲次,以适应深井和稠油井的特殊需要。这些抽油机各有其优缺点,但工作原理基本相同。

(一)普通型游梁式抽油机

1. 结构

普通型游梁式抽油机主要由游梁—连杆—驴头—曲柄机构(称为四连杆机构)、减速箱(减速机构)、动力设备和辅助装置四大部分组成,如图 2—8 所示。

2. 工作过程

电动机(或其他动力机)通过传动皮带将高速旋转运动传递给减速箱的输入轴,经减速后

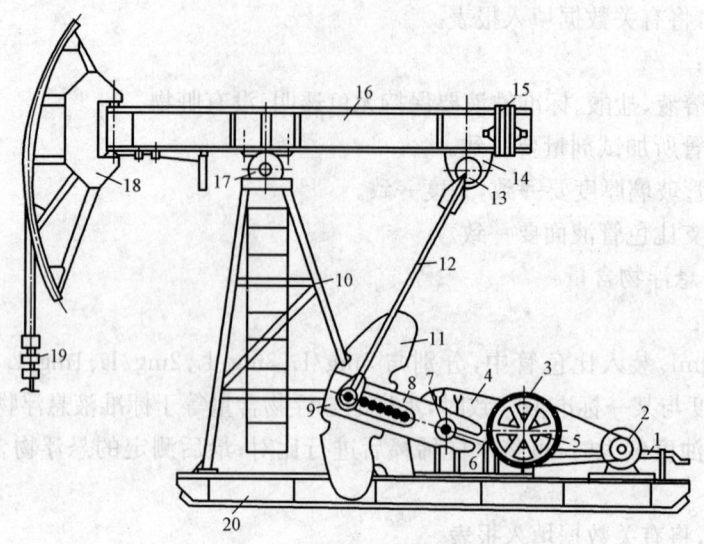

图 2—8 普通型游梁抽油结构示意图

1—刹车装置；2—动力机；3—减速箱皮带轮；4—减速箱；5—输入轴；6—中间轴；7—输出轴；
8—曲柄；9—连杆轴；10—支架；11—曲柄平衡块；12—连杆；13—横梁轴；14—横梁；
15—游梁平衡块；16—游梁；17—支架轴；18—驴头；19—悬绳器；20—底座

由四连杆机构将旋转运动变为游梁的上下往复摆动，经游梁前端圆弧状的驴头，通过抽油杆带动深井泵柱塞作上下往复直线运动，将井内液体抽吸到地面。

3. 游梁式抽油机型号的表示法

游梁式抽油机型号表示法如图 2—9 所示。

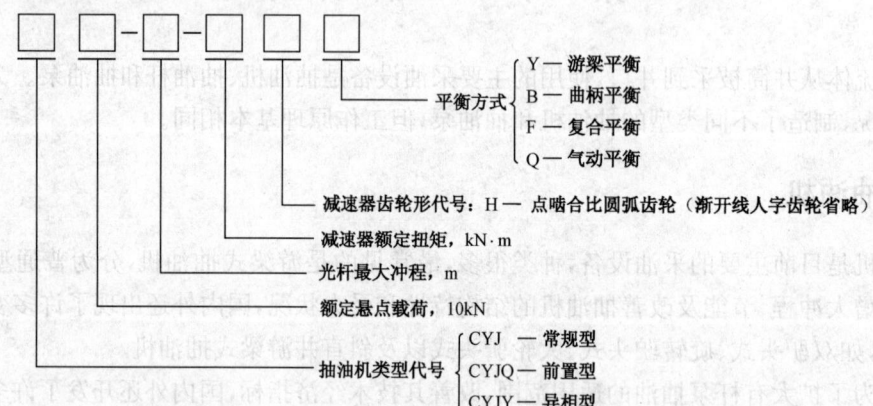

图 2—9 游梁式抽油机型号表示法

例如：CYJ10—3—53B 为常规型游梁式抽油机，额定悬点载荷为 100kN，光杆最大冲程为 3m，减速器额定扭矩为 53kN·m，抽油机的平衡方式为曲柄平衡。

**(二)前置型抽油机**

前置型抽油机结构如图 2—10 所示。这种抽油机的驴头和曲柄连杆同处在支架的一侧。在相同最大冲程下，前置型比普通型小巧。在相同曲柄半径下，前置型的最大光杆冲程更大。因此，前置型抽油机适应于长冲程泵抽油。

### (三)异相型抽油机

异相型游梁式抽油机(图2-11)是20世纪七八十年代发展起来的一种性能较好的抽油机。其结构特点是:(1)曲柄中心轴承与连杆和游梁的连接销(横梁轴)不在一条垂线上。(2)曲柄平衡重的中心线与曲柄中心线之间有一相位角 $\theta$。

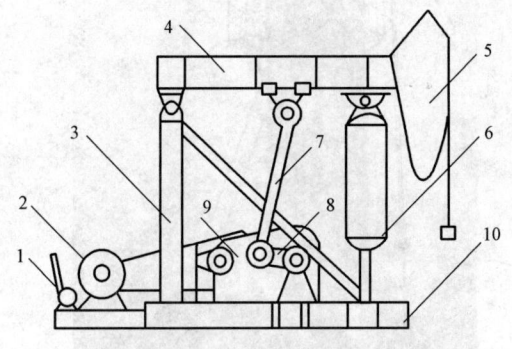 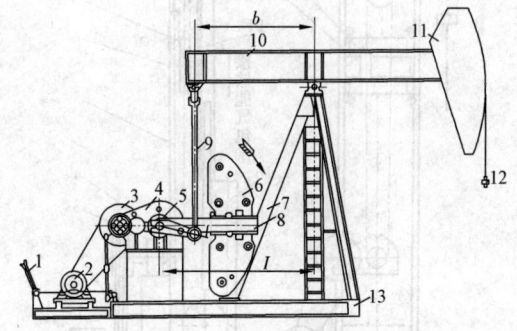

图2-10 前置型气动平衡抽油机结构示意图
1—刹车;2—电动机;3—支架;4—游梁;
5—驴头;6—气平衡活塞缸;7—连杆;
8—曲轴;9—减速箱;10—底座

图2-11 异相型游梁式抽油机结构示意图
1—刹车装置;2—动力机;3—减速箱皮带轮;4—减速箱;
5—输出轴;6—平衡重;7—支架;8—曲柄;9—连杆;
10—游梁;11—驴头;12—悬绳器;13—底座

异相型抽油机结构上的这种特点,就导致了曲柄上冲程转角大于190°,下冲程小于170°,使上冲程驴头悬点运动速度较下冲程慢,相应地降低了上冲程悬点的加速度,从而降低了上冲程悬点的惯性载荷。因此,异相型抽油机的优点是:可减小光杆最大负荷10%,因而能延长抽油杆的寿命,还能节省电力10%左右。

### (四)链条抽油机

链条抽油机是一种新型无游梁抽油机。它具有冲程长(最大冲程已超过12m),工作平稳等特点。

**1. 结构**

如图2-12,为某一型号链条抽油机的结构示意图,主要由五部分组成:

(1)动力传动系统,包括电动机、皮带传动装置和减速箱。
(2)换向系统,包括主动链轮、上链轮、轨迹链条、主轴销、滑块、往返架和导轨等。
(3)平衡系统,包括平衡缸、平衡链轮、储能气包、油泵、压缩机等。
(4)悬挂系统,包括悬绳器、钢丝绳和天车轮。
(5)机器底座系统,包括机架、底座等。

**2. 工作原理**

电动机通过皮带传动、减速箱减速后,驱动主动链轮旋转。使垂直布置的环形闭合轨迹链条在上、下链轮之间运转。在轨迹链条上有一个特殊链节,它通过主轴销、滑块带动往返架。当轨迹链条作环形运动时,特殊链节随着作环形运动。由于导轨的限制,往返架只能沿着机架轨道作上、下垂直往返运动。在往返架上端有钢丝绳通过天车轮连接挂光杆的悬绳器。往返架的上、下垂直往复运动就使光杆和抽油杆相应地进行下冲程和上冲程。往返架的下端有平衡链条、平衡链轮接气动平衡系统,以满足抽油机的平衡要求。

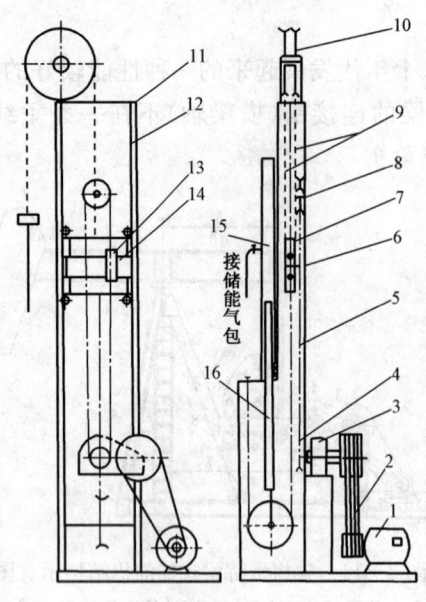

(a) 链条式抽油机结构图　　　　　　　　　(b) 链条式抽油机实物图

图 2—12　链条式抽油机

1—电动机；2—皮带传动；3—减速箱；4—主动链轮；5—轨道链条；6—特殊短节；7—往返架；8—上链轮；
9—上钢丝绳；10—滑轮；11—机架；12—导轨；13—滑块；14—主轴槽；15—平衡缸；16—平衡柱塞

### (五)常见操作项目

**1. 启停游梁式抽油机**

1)人员要求及准备工作

(1)本项目所需操作人员为2人。

(2)工具、用具及材料准备：600mm管钳或F扳手1把，300mm、375mm活动扳手各1把，6MPa压力表1块，150mm平口螺丝刀1把，500A钳形电流表1块，试电笔1只，绝缘手套1副，安全带2副，记录笔，记录纸，黄油、棉纱若干。

(3)劳保用品准备齐全，穿戴整齐。

2)操作步骤

(1)启机：

① 开抽前检查：a. 井口流程正确，井口零部件及仪表齐全完好。b. 毛辫子无断股、毛刺、打扭等现象，铅块无脱落现象，悬绳器处于水平位置。c. 抽油机各部件连接部位紧固可靠，减速箱机油液位、各润滑部位保养到位。d. 刹车灵活好用、无自锁现象，皮带松紧度及皮带轮"四点一线"情况完好。e. 电器设施齐全完好，无老化、裸露现象。f. 抽油机周围无障碍物、基础内无杂物。

② 松刹车、送电，利用曲柄平衡块惯性二次启动抽油机。

③ 开抽后检查：a. 抽油机各连接部位无松动、脱出、滑动现象，减速箱无漏油。b. 油井回压、套压、出液情况正常。c. 方卡子无松动，毛辫子无打扭，井口无碰挂现象。d. 填料盒松紧合适，光杆上行时用手背摸光杆不发烫。e. 测三相电流平衡，电动机温度正常。

④ 收拾工用具，清理现场，待抽油机运转正常后，记录开井时间，井口油压、套压等，将有关数据填入报表。

(2)停机：

① 按停止按钮，根据油井情况确定抽油机停抽位置：出砂井驴头停在上死点，避免砂卡泵。含气大井驴头停在下死点，避免气锁现象。结蜡严重井停在下死点，避免蜡卡泵。一般情况下驴头停在冲程 1/3～1/2 处，曲柄在右上方。

② 刹车，断电。

③ 关生产阀门，记录停井时间和原因。

④ 收拾工用具，清理现场，将有关数据填入报表。

3）技术要求

(1)读取压力时，眼睛、表针、刻度盘成一直线。

(2)检查刹车灵活好用、各部件连接完好。刹车锁块在其行程的 1/2～2/3 之间，刹车片与刹车轮的接触面不低于 80%。

(3)减速箱内机油液面在视窗 1/2 处或两检查孔之间。

(4)操作电器设备前，用验电器检查是否带电，必须戴绝缘手套，送电时要侧身。

4）安全要求

(1)启动抽油机前，必须检查周围无人及障碍物。

(2)检查电动机温度时，必须用手背触摸。

(3)检查皮带松紧时用手掌按压皮带且不能戴手套，不能用手抓皮带。

(4)操作刹车锁块时，必须一人拉紧刹车进行保护，另一人操作刹车锁块。

(5)长时间停抽井，开抽前要先用伴热预热管线后再开井。

(6)冬季停抽时间较长时，应进行扫线。

2. 用钳形电流表检查抽油机井平衡率操作

1）人员要求及准备工作

(1)本项目所需操作人员为 1 人。

(2)工具、用具及材料准备：500A 钳形电流表 1 块，绝缘手套 1 副，计算器 1 个，记录笔，记录纸。

(3)劳保用品准备齐全，穿戴整齐。

2）操作步骤

(1)检查钳形电流表钳口并调整落零，钳形电流表应完好无损，数字清晰，有合格证，在有效使用期内。

(2)选择最大挡位，将导线垂直居中夹入钳型电流表内，依次由大到小选择合适挡位，读取三相电流上下冲程峰值。

(3)计算电流峰值平均值，计算平衡率，判断平衡状况。

(4)收拾工用具，清理现场，将有关数据填入报表。

3）技术要求

(1)禁止拍击、震动电流表。

(2)平衡率 $=\dfrac{\text{下冲程电流峰值}}{\text{上冲程电流峰值}}\times 100\%$

(3)平衡率合格范围为 85%～115%。

(4)读取电流时误差不超过 1A。

(5)使用完毕应及时关闭钳形电流表电源。

4)安全要求

(1)测电流时,注意线缆有无老化裸露现象。

(2)如导线弯曲,须顺直时必须在停机断电状态下进行。

(3)选择挡位时,电流表必须脱离导线。

(4)操作时必须戴绝缘手套防止触电。

## 二、抽油泵

抽油泵是井下抽油的主要设备,种类繁多,有管式泵、杆式泵、整筒泵,为了适应不同井况和抽汲介质,还研制出了抽稠泵、防砂泵、防气泵、斜井泵、水平井注采泵等,但工作原理基本相同。

### (一)抽油泵的工作原理

上冲程[图 2—13(a)]:抽油杆带着活塞向上运动,游动阀关闭,泵缸内压力下降。当泵内压力低于泵入口处压力(泵的沉没压力)时,固定阀打开,泵缸开始吸油。此时,油管内液柱载荷作用在游动阀上(抽油杆承载)。

下冲程[图 2—13(b)]:活塞向下运动,固定阀自动关闭,活塞挤压泵内流体,使之压力上升,当泵内压力大于活塞上部液柱压力时,游动阀打开,泵内的流体进入活塞上部。此时,油管内液柱重力作用在固定阀上(油管承载)。

如此循环往复,抽油泵就不断地把地层流体吸入泵内,并排出地面。

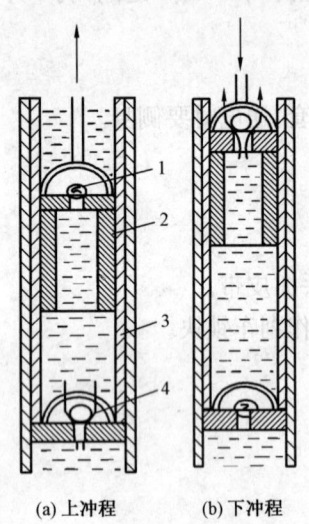

(a) 上冲程　　(b) 下冲程

图 2—13　抽油泵的工作原理

1—排出阀;2—活塞;
3—衬套;4—固定阀

### (二)泵的理论排量

由泵工作原理可知:泵的工作过程是由三个基本环节组成的,即:(1)活塞在泵内让出容积;(2)原油进泵;(3)泵筒排油。

在理想情况下,活塞在一个冲程中,吸入和排出泵筒的液体都等于活塞在上冲程让出的体积 $V$。相应地,在一个冲程中,泵应从地层抽出的液体体积为 $V$。

$$V = f_p S \qquad (2-1)$$

$$f_p = \frac{\pi}{4} D^2$$

式中　$f_p$——活塞截面积,$m^2$;

　　　$S$——光杆冲程,m;

　　　$D$——活塞(泵)直径,m。

每天的理论排量为:

$$Q_t = 1440 f_p S n$$

式中　$n$——冲数,$min^{-1}$。

## (三)泵类型

### 1. 管式泵

结构由泵工作筒,衬套,活塞,游动阀和固定阀部分组成。泵筒可以直接连接在油管末端的深井泵。如图2—14(a)所示:工作筒和衬套在地面组装好后,接在油管尾部下入井内。然后将活塞接在抽油杆末端下入到泵内。

### 2. 杆式泵

泵筒整体可下入到油管内的深井泵,称为杆式泵。如图2—14(b)所示:泵的工作筒和活塞在地面组装好后,接在抽油杆末端,整体下入到油管(外工作筒)内预定深度,由外工作筒内预先安装的卡簧定位。

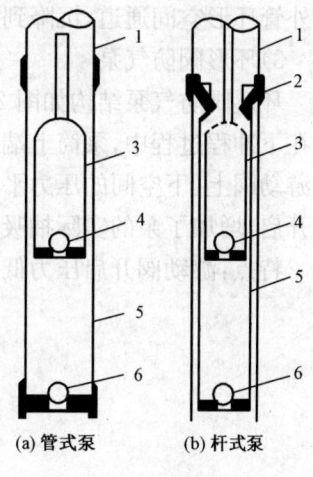

图2—14 抽油泵示意图
1—油管;2—锁紧卡;3—活塞;
4—游动阀;5—工作筒;6—固定阀

### 3. 管式泵与杆式泵特点

管式泵与杆式泵的特点见表2—1。

表2—1 管式泵与杆式泵的特点

| 泵的类型 | 泵工作原理 | 优点 | 缺点 |
| --- | --- | --- | --- |
| 管式泵 | 相同 | (1)结构简单,维修方便;<br>(2)在相同油管内可下入较大的泵,适应高产井 | 检泵时必须起油管 |
| 杆式泵 | | (1)检泵时,不需起油管;<br>(2)适应于深井 | 结构较复杂,在相同油管内,允许下入的泵径较小 |

### 4. 整筒泵

整筒泵的工作筒是由一根钢管组成,里面没有衬套。整筒泵具有泵效高、冲程长、型式多、规格全、重量轻、装卸方便以及在运输中不会发生"错缸"等优点。

### 5. 特种(专用)抽油泵

1)浸入式抽稠油泵

浸入式抽稠油泵结构如图2—15所示。

上冲程:柱塞上行,浸入阀关闭,泵腔内压力升高,当压力超过油管内液柱压力时,排出阀打开,泵内的液体由排出阀经反馈柱塞排入油管直至地面。同时,井内液体在沉没压力的作用下,充满整个泵筒。

下冲程:柱塞下行,排出阀关闭,液体在沉没压力的作用下,充满整个泵筒。油管内液柱压力作用在反馈柱塞上,对抽油杆柱产生一个向下的推力,使抽油杆柱在整个下行过程中处于受拉状态,克服了抽油杆柱下行困难的问题。同时浸入阀打开,浸入式柱塞随抽油杆柱的下行浸入泵筒内液体之中,向井内反压液体,使液体充分充满泵腔,完成进油过程。

特点:与常规泵相比,浸入式抽稠油泵改上冲程吸油为下冲程浸入,克服了稠油充不满的困难。下冲程游动阀关闭,油管内液柱重力作用在柱塞上(即液力反馈力),推动柱塞下行,克服了常规泵抽稠油时下行阻力大的困难。

2)防砂泵

防砂泵工作原理如图2—16所示。在正常抽吸过程中,较小颗粒的砂子随液体带到地面,而较大颗粒的砂子则向下沉降。由于滑套的遮挡作用,使砂粒不能回落到泵内,而是通过泵筒与外管环形空间通道,沉降到泵下面的沉砂管内,避免发生砂子卡泵事故,起到防砂作用。

3) 环形阀防气泵

环形阀防气泵结构如图2—17所示。环阀式防气泵的抽吸过程与常规泵相同。其特殊点是在下冲程过程中,泵筒上端的环形阀首先关闭,随着柱塞下行,泵上腔室压力迅速降低,加速了游动阀上、下空间的压力平衡,降低了游动阀的开启压力,使泵在高气油比井中游动阀能迅速开启,增加了泵的实际抽吸排液量,提高了泵效。

特点:游动阀开启压力低,能减少气体对泵效的影响,防止"气锁",提高泵效。

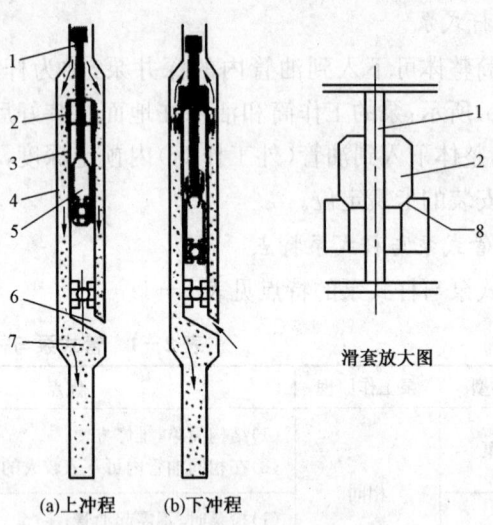

(a) 上冲程　(b) 下冲程

图2—16　防砂泵工作原理
1—特殊连杆;2—滑套;3—泵筒总成;4—外壳;5—柱塞总成;
6—双通接头;7—沉砂管总成;8—密封面

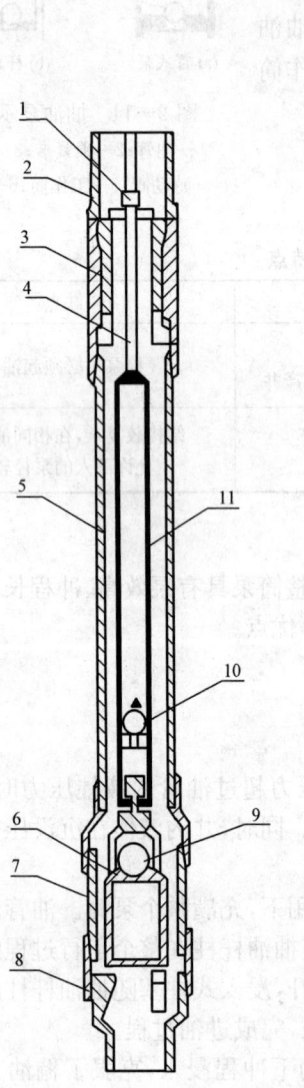

图2—15　浸入式抽稠油泵
1—悬挂接箍;2—油管;3—密封短节;4—导流
短节;5—泵筒;6—浸入式柱塞;7—连通管;
8—导通接头;9—浸入阀;10—排出阀;
11—反馈柱塞

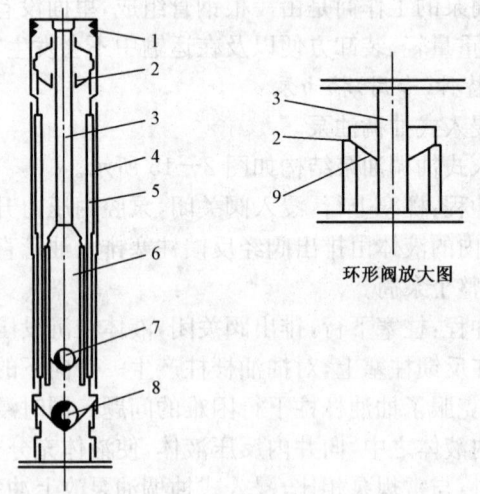

图2—17　环形阀防气泵
1—外管接头;2—环形阀;3—拉杆;4—外管;5—衬套;
6—柱塞;7—出油阀;8—进油阀;9—密封面

## (四)常见操作项目

### 1. 调游梁式抽油机防冲距

1)人员要求及准备工作

(1)本项目所需操作人员为2人。

(2)工具、用具及材料准备:600mm管钳或F扳手1把,300mm、375mm活动扳手各1把,400mm中平锉1把,方卡子1副,0.75kg手锤1把,试电笔1只,绝缘手套1副,划笔,尺子,记录笔,记录纸,黄油,棉纱若干。

(3)劳保用品准备齐全,穿戴整齐。

2)操作步骤

(1)停抽使驴头停在接近下死点位置,刹车,断电,确认刹车牢固可靠。

(2)在井口填料盒上打方卡子、卸掉驴头负荷。

(3)在光杆上做好记号,卸掉悬绳器上方卡子移至记号处、打紧。

(4)慢松刹车使驴头吃负荷,刹紧刹车,卸掉井口填料盒上方卡子,锉净光杆毛刺。

(5)松刹车、送电、启抽,检查调整效果。

(6)收拾工用具,清理现场,将有关数据填入报表。

3)技术要求

(1)停机位置必须合适,保证防冲距调整到位。

(2)做记号时,调大防冲距应从方卡子下平面向下测量、调小防冲距应从方卡子上平面向上测量,如图2-18所示。

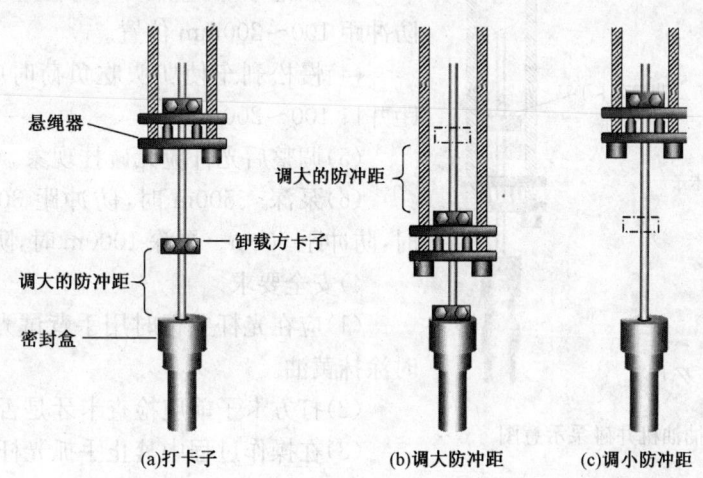

图2-18 抽油机调整防冲距示意图

(3)慢松刹车使驴头吃负荷时应使井口方卡子距井口100~200mm。

(4)调整后光杆应无碰挂现象。

(5)泵深<500m时,防冲距30cm。泵深800m时,防冲距50cm。泵深1000m时,防冲距70cm。

4)安全要求

(1)打方卡子前应检查卡牙是否完好。

(2)在操作过程中禁止手抓光杆。

## 2. 抽油机井碰泵

### 1) 人员要求及准备工作

(1) 本项目所需操作人员为 2 人。

(2) 工具、用具及材料准备：450mm、375mm 活动扳手各 1 把，400mm 中平锉 1 把，方卡子 1 副，0.75kg 手锤 1 把，试电笔 1 只，绝缘手套 1 副，划笔，尺子，记录笔，记录纸，黄油、棉纱若干。

(3) 劳保用品准备齐全，穿戴整齐。

### 2) 操作步骤

(1) 穿戴劳保用品，准备工用具。

(2) 停抽使驴头停在接近下死点位置，刹车，断电，确认刹车牢固可靠。

(3) 在井口填料盒上打方卡子，卸掉驴头负荷。

(4) 在光杆上做好记号，卸掉悬绳器上方卡子移至记号处、打紧。

(5) 慢松刹车使驴头吃负荷，刹紧刹车，卸掉井口填料盒上方卡子，锉净光杆毛刺。

(6) 松刹车、送电、启抽，碰泵 3~5 次，如图 2-19 所示。

(7) 按上述步骤重新调整防冲距，使悬绳器上方卡子移至原标记处，检查调整效果。

(8) 收拾工用具，清理现场，将有关数据填入报表。

### 3) 技术要求

(1) 带脱节器的抽油机井不准进行碰泵操作。

(2) 停机位置必须合适，保证防冲距调整到位。

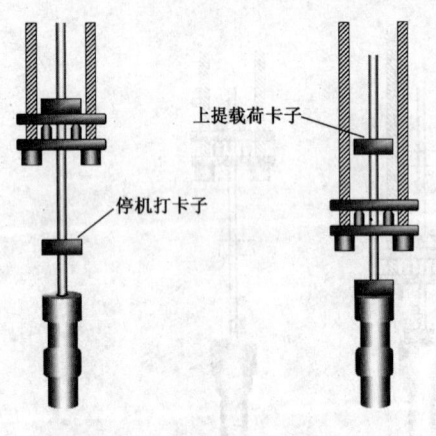

图 2-19 抽油机井碰泵示意图

(3) 做记号时，应从方卡子上平面向上测量超出防冲距 100~200mm 位置。

(4) 慢松刹车使驴头吃负荷时应使井口方卡子距井口 100~200mm。

(5) 调整后光杆应无碰挂现象。

(6) 泵深＜500m 时，防冲距 30cm。泵深 800m 时，防冲距 50cm。泵深 1000m 时，防冲距 70cm。

### 4) 安全要求

(1) 应在光杆上行时用手背试光杆温度，在下行时涂抹黄油。

(2) 打方卡子前应检查卡牙是否完好。

(3) 在操作过程中禁止手抓光杆。

## 三、抽油杆

### (一) 抽油杆作用与类型

抽油杆的作用是连接抽油机和抽油泵，给井下泵传递动力。常用的有钢制抽油杆、玻璃纤维抽油杆和空心抽油杆三种类型。钢制抽油杆结构简单，成本低，直径小，有利于在油管中上下行运动，主要用于常规有杆泵抽油方式。玻璃纤维抽油杆耐腐蚀，重量轻，有利于降低悬点载荷，节约能量，适应于含腐蚀介质的油井进行深抽。空心抽油杆成本较高，适应于高含蜡、高凝固点的稠油井，有利于热油循环，热电缆加热等特殊抽油工艺。另外还有连续抽油杆、钢丝绳抽油杆、非金属带状抽油杆等特殊抽油杆。

抽油杆(图2—20)的规格主要有$\frac{5}{8}$in,$\frac{3}{4}$in,$\frac{7}{8}$in,1in和$1\frac{1}{8}$in五种,长度一般为8m。为保证抽油井井口密封,抽油杆最上端要使用一根十分光滑的特殊抽油杆——光杆。

 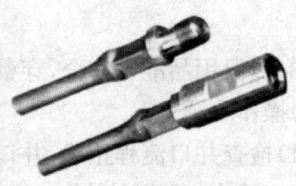

(a)抽油杆实物图　　　　　　　　　　　　　　(b)抽油杆接头

图2—20　抽油杆

根据抽油杆的材料及机械性能,可分为C、D、K三个等级。D级抗拉强度最高,C级抗拉强度次之,K级抗拉强度最低。冲击韧性K级最好,C级次之,D级最差。

### (二)常见操作项目

**1. 更换抽油机井光杆密封圈**

1)人员要求及准备工作

(1)本项目所需操作人员为1人。

(2)工具、用具及材料准备:600mm管钳或F扳手1把,150mm平口螺丝刀1把,胶皮密封圈若干,细铁丝1根,污油桶1个,锯条1根,绝缘手套1副,黄油、棉纱若干。

(3)劳保用品准备齐全,穿戴整齐。

2)操作步骤

(1)用锯弓切割密封填料。

(2)停抽使驴头停在接近下死点位置,刹车、断电、锁死刹车。

(3)倒流程泄压或关闭胶皮阀门,卸掉填料盒压帽、格兰,用挂勾挂牢在悬绳器上。

(4)取出旧密封填料,加入新密封填料。

(5)放下格兰,上紧填料盒压帽。

(6)恢复流程或打开胶皮阀门。

(7)打开刹车锁死装置,松刹车、送电、启抽,检查填料盒松紧度。

(8)收拾工用具,清理现场,将有关数据填入报表。

3)技术要求

(1)密封填料切口应为顺时针方向,应与平面呈30°~45°角。

(2)停抽时驴头应停在距下死点500mm左右位置。

(3)关闭胶皮阀门时应两侧交替关闭,使光杆居中。

(4)旧密封填料必须取干净。

(5)加入的新密封填料应涂抹黄油,切口必须错开120°~180°。

(6)填料盒松紧合适,手摸光杆不发热不带油不漏气。

4)安全要求

(1)密封盒压盖悬挂牢固,防止滑落伤人。

(2)启、停抽油机严格按照规程操作。

2. 抽油机井巡回检查操作

1) 人员要求及准备工作

(1) 本项目所需操作人员为 1 人。

(2) 工具、用具及材料准备：300mm、375mm 活动扳手各 1 把，600mm 管钳或 F 扳手 1 把，150mm 平口螺丝刀 1 把，500A 钳形电流表 1 块，绝缘手套 1 副，记录笔，记录纸，黄油、棉纱若干。

(3) 劳保用品准备齐全，穿戴整齐。

2) 操作步骤

(1) 检查井口流程正确，井口零部件及仪表齐全完好，无渗漏现象，出液、掺水正常，填料盒松紧程度适中，无碰挂现象。记录回压、套压。

(2) 检查驴头无裂纹，驴头销子齐全、无脱出，毛辫子长短一致，无断股打纽现象，光杆方卡子紧固，悬绳器处于水平位置，光杆无弯曲，外露 0.8～1.5m。

(3) 检查抽油机中、尾轴承无异响，固定螺钉无松动；连杆无异响并与曲柄销连接紧固，连杆销子无脱出松动。

(4) 支架、底座部位检查：各部位连接固定螺栓齐全、紧固无松动，底座无悬空、震动现象，基础无下沉，安全防护栏完好，符合安全要求。

(5) 皮带、刹车系统检查：刹车牢固可靠，无磨擦，无自锁现象；皮带松紧度合适，两皮带轮成"四点一线"。

(6) 曲柄、减速箱部位检查：减速箱油位、油质、温度正常，无漏油现象，各轴承运转正常无异响，固定螺钉齐全紧固，冕形螺帽安全线无错位；曲柄键无退出；锁块、平衡块固定螺栓齐全无松动。

(7) 电气设备检查：变压器油量充足，配电柜内电器设备齐全完好，电缆无老化、破损、裸露现象，电动机无松动，温度、声音正常，所有接地线规范完好。

(8) 收拾工用具，清理现场。

3) 技术要求

(1) 读取压力时，眼睛、表针、刻度盘成一直线。

(2) 刹车行程在刹把的 1/2～2/3 之间，刹车片与刹车轮的接触面不低于 80%。

(3) 减速箱内机油液面在视窗 1/2 处或两检查孔之间。

4) 安全要求

(1) 检查皮带松紧时用手掌按压皮带且不能戴手套，不能用手抓皮带。

(2) 操作电器设备时，用验电器检查设备不带电，必须戴绝缘手套，送电时要侧身。

(3) 高空作业时脚下要站稳，必须系安全带。

## 第三节 计 量 站

计量站是采油井集汇油气计量、掺水、热洗的处理单元，并对各井进行油气单独计量。通过站内的各种阀门、管线、设备、仪表等控制、疏导各井原油的流量。

在计量站内，把设备、管件、阀门等连接起来的输油管路系统称为计量站工艺流程，如图 2—21 所示。

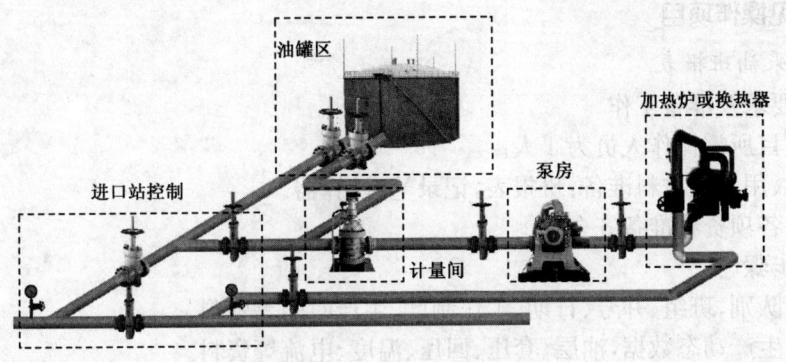

图 2—21 计量站的工艺流程

# 一、计量间及相关设备

## (一)概述

计量间是油气计量、掺水、热洗的处理中心,其主要设备有采油汇管阀组、掺水阀组和油气计量装置三大部分组成。计量间的主要作用是对油井产出的油气进行计量,同时也可以对油井进行掺水控制、热洗,其流程如图 2—22 所示。

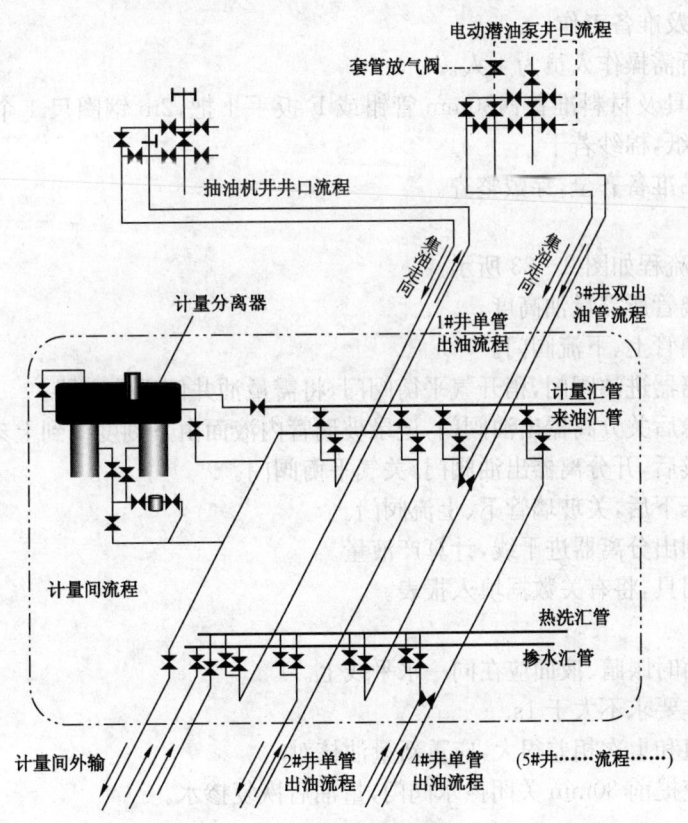

图 2—22 计量间流程

## (二)常见操作项目

**1. 填写采油班报表**

1)人员要求及准备工作

(1)本项目所需操作人员为1人。

(2)工具、用具及材料准备:班报表,记录笔,计算器。

(3)油井各项资料准备齐全。

2)操作步骤

(1)填写队别、班组、井号、日期、工作制度、生产时间等资料。

(2)填写生产动态数据,油层、套压、回压、温度、电流等资料。

(3)填写量油数据。

(4)填写本班生产情况,第三班要结算。

(5)值班人、班组长签名。

(6)收拾工用具。

3)技术要求

(1)字体要求用仿宋体填写。

(2)报表清楚干净,无涂改。

(3)不漏填、错填数据。某井采油日报表见表2—2。

**2. 玻璃管量油操作**

1)人员要求及准备工作

(1)本项目所需操作人员为1人。

(2)工具、用具及材料准备:450mm管钳或F扳手1把,2m钢圈尺1个,秒表1块,计算器,记录笔,记录纸,棉纱若干。

(3)劳保用品准备齐全,穿戴整齐。

2)操作步骤

玻璃管量油流程如图2—23所示。

(1)校对玻璃管所需量油高度。

(2)打开玻璃管上、下流阀门。

(3)打开分离器进油阀门,稍开气平衡阀门,将需量油井倒进分离器。

(4)进油平稳后关分离器出油阀门,记录玻璃管内液面由下刻度线到上刻度线所用时间。

(5)计量完成后,开分离器出油阀门,关气平衡阀门。

(6)待液面压下后,关玻璃管下、上流阀门。

(7)把该井倒出分离器进干线,计算产液量。

(8)收拾工用具,将有关数据填入报表。

3)技术要求

(1)观看液面时眼睛、液面应在同一水平线上。

(2)计时误差要求不大于1s。

(3)如量油值和上次相差很大,应重新量油核对。

(4)掺水井应提前30min关闭掺水阀门,量油后恢复掺水。

4)安全要求

(1)开关阀门要平稳,倒流程时一定要先开后关。

(2)玻璃管阀门一定要先开上,后开下;先关下,后关上。

表2-2 某井采油日报表

| 班次 | 时间(时:分) | 冲程 m | 冲次或油嘴 | 压力,MPa 油压 | 套压 | 回压 | 温度,℃ 出油温度 | 混油温度 | 掺液 温度℃ | 压力 MPa | 加药 药量 | 浓度 % | 量油方式 班次 | 计量时间 起 | 止 | 差值 | 读数 起 | 止 | 差值 | 液量 m³ | 备注 |
|---|---|---|---|---|---|---|---|---|---|---|---|---|---|---|---|---|---|---|---|---|---|
| 一 | 8:00 | 1.8 | 4 |  | 0 | 0.5 | 33 |  | 50 | 1.3 |  |  |  | 13 | 14 | 1 | 55 | 64 | 9 | 10.3 | 一班:9:30落实工况 2/1.7/16 掺水 |
|  | 12:00 | 1.8 | 4 |  | 0 | 0.5 | 33 |  | 50 | 1.3 |  |  |  |  |  |  |  |  |  |  | 值班人: |
|  | 16:00 | 1.8 | 4 |  | 0 | 0.5 | 33 |  | 50 | 1.3 |  |  |  |  |  |  |  |  |  |  |  |
| 二 | 20:00 | 1.8 | 4 |  | 0 | 0.5 | 33 |  | 50 | 1.3 |  |  |  |  |  |  |  |  |  |  | 二班:掺水 值班人: |
|  | 0:00 | 1.8 | 4 |  | 0 | 0.5 | 33 |  | 50 | 1.3 |  |  |  |  |  |  |  |  |  |  |  |
| 三 | 4:00 | 1.8 | 4 |  | 0 | 0.5 | 33 |  | 50 | 1.3 |  |  |  |  |  |  |  |  |  |  | 三班:掺水 值班人: |

| 班次 | 生产时间 时:分 | 产量 产液量 t | 产油量 t | 产水量 m³ | 含水率 % | 罐存 高度 cm | 液量 m³ | 掺液 掺液 m³ | 掺液比 % | 电流,A 上 | 下 | 套压 MPa | 回压 MPa | 冲程 m | 冲次 |
|---|---|---|---|---|---|---|---|---|---|---|---|---|---|---|---|
| 一 | 8 | 3.43 | 2.16 | 1.27 | 37 |  |  | 4 | 1.17 |  | 15 | 0 | 0.5 | 1.8 | 4 |
| 二 | 8 | 3.43 | 2.16 | 1.27 | 37 |  |  | 4 | 1.17 |  |  | 0 | 0.5 | 1.8 | 4 |
| 三 | 8 | 3.43 | 2.16 | 1.27 | 37 |  |  | 4 | 1.17 | 13 |  | 0 | 0.5 | 1.8 | 4 |
| 全日 | 24 | 10.3 | 6.49 | 3.81 | 37 |  |  | 12 | 1.17 |  |  |  |  |  |  |

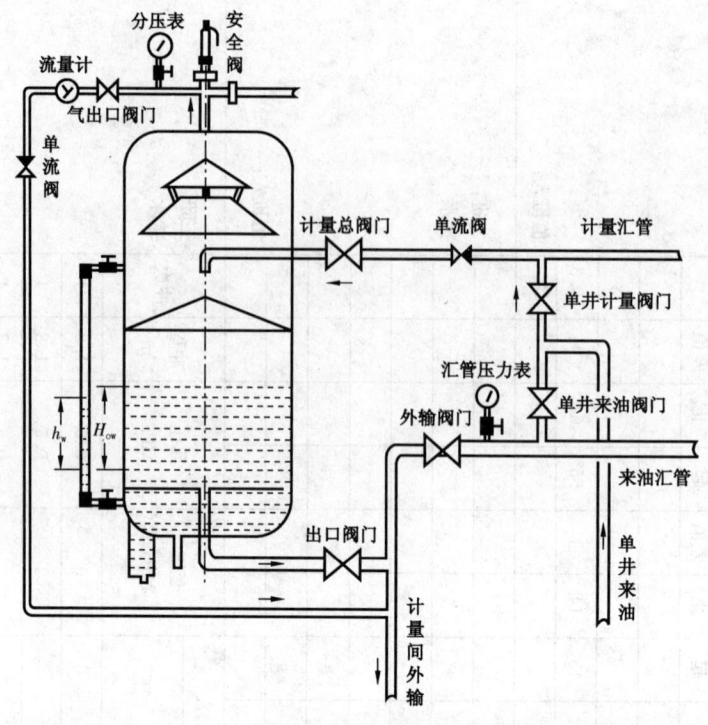

图 2—23　玻璃管量油流程示意图

## 二、配水间及相关设备

### (一)概述

配水间担负着控制、调节各注水井注水量,保证各注水井定压、定量完成注水量的任务。一般配水间有单井配水间和多井配水间两种。配水间流程如图 2—24 所示,配水间流量计量如图 2—25 所示。

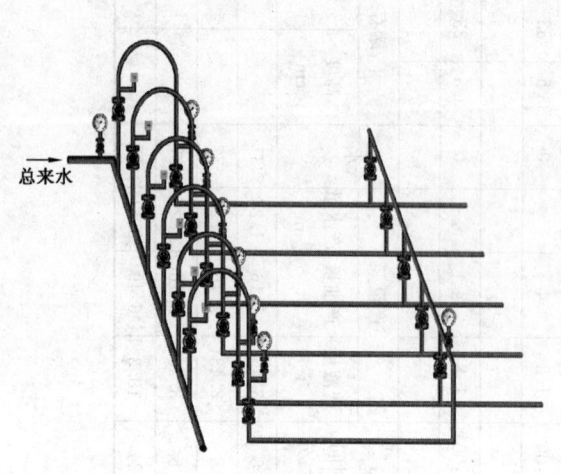

图 2—24　配水间流程示意图

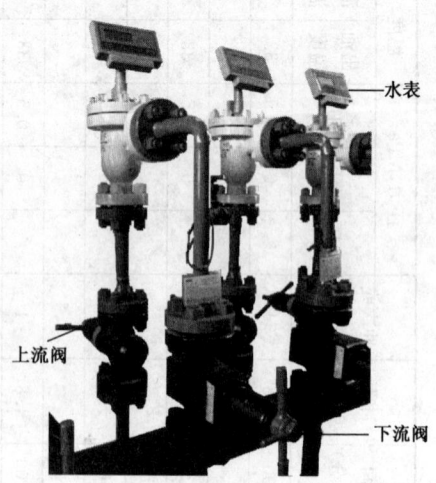

图 2—25　配水间流量计量图

1. 注水井

注水井井口要承受高压,一般用CYB—250采油树。采油树的作用是:悬挂井内管柱,密封油套环形空间,控制注水和洗井方式,进行井下作业。

2. 注水系统流程

注水系统流程是指从水源到注水井的全套设备和流程。通常包括水源泵站、水处理站、注水站、配水间和注水井。

3. 注水站

注水站的任务是将来水升压,满足注水井的注入压力要求。水质合格的水由来水管线进入储水罐,再经过高压泵升压后经计量进入分水器,从分水器分配各配水间。

(二)常见操作项目

1. 调整注水井注水量操作

1)人员要求及准备工作

(1)本项目所需操作人员为1人。

(2)工具、用具及材料准备:250mm活动扳手或F扳手1把,计算器,记录纸,记录笔,棉纱若干。

(3)劳保用品准备齐全,穿戴整齐。

2)操作步骤

(1)检查注水流程完好,装置齐全。

(2)核对注水指示牌有关数据,检查压力在定压范围内。

(3)折算瞬时注水量的定量范围。

(4)注水量达到配注要求,稳定后记录泵压、油压。

(5)录取瞬时注水量等资料。

(6)收拾工用具,将有关数据填入报表。

3)技术要求

(1)注水指示牌未给出定量范围时,按±20%计算。

(2)欠注时开下流阀门使瞬时注水量略高于上限,然后再逐渐关小下流阀门直到注水量达到配注要求。超注时直接调整。

(3)注水量合格后压力应在定压范围内。

4)安全要求

(1)操作前应检查流程正确,防止流程倒错引起高压水刺漏。

(2)操作时应避开卡箍接口处,防止高压水刺出伤人。

(3)开关阀门时禁止正对阀门,预防丝杆脱出伤人。

2. 测注水指示曲线操作

1)人员要求及准备工作

(1)本项目所需操作人员为1人。

(2)工具、用具及材料准备:450mm管钳或F扳手1把,记录纸,记录笔,棉纱若干。

(3)劳保用品准备齐全,穿戴整齐。

2)操作步骤

(1)校对水表、压力表准确、完好。

(2)记录该井正常注水时注水压力与日注水量。

(3)关小配水间下流阀门使注水压力下降 0.5MPa,稳定 15~30min 后记录第二点的注水压力与日注水量;使用同样的方法共测 5 个点的资料。

(4)开大下流阀门,调整注水量达到配注水量。

(5)收拾工用具,清理现场,将有关数据填入报表。

3)技术要求

(1)一般采用降压法,也可采用升压法测注水指示曲线。

(2)测试过程中注水压力应在定压范围内。

4)安全要求

(1)操作时应避开卡箍接口处,防止高压水刺出伤人。

(2)开关阀门时禁止正对阀门,预防丝杆脱出伤人。

## 思 考 题

一、理论题

2—1 简述计量站的主要工作。

2—2 简述计量间的作用,并绘制计量间流程简图。

2—3 简述配水间的作用,并绘制配水间流程简图。

2—4 简述抽油井井口装置作用及主要部件的名称。

2—5 简述抽油井井下管柱主要部件的名称及作用。

2—6 简述游梁式抽油机主要部件名称及作用。

2—7 游梁式抽油机安装平衡重方式有哪些类型?各自适用于什么井深条件?

2—8 简述抽油泵的工作原理。

2—9 影响泵效的主要因数有哪些?并说明提高泵效的主要方法。

2—10 简述常用抽油杆的类型与适用范围。

二、操作题

2—1 了解本章的操作项目。

2—2 简述调整游梁式抽油机冲程操作步骤。

2—3 简述抽油机井巡回检查的操作步骤。

# 第三章　其他机械采油

　　有杆泵抽油(主要是游梁式抽油机抽油)虽然具有设备简单、管理操作容易及工艺方法成熟等优点，但是由于抽油杆柱的存在，使油井的产量、泵挂深度、冲程及泵效都受到限制，更不能应对油田开采中日益增多的复杂情况，如含气、含砂、含蜡、稠油、大排量、深井或超深井以及定向井生产等。针对这种情况，研究和发展了无杆泵采油方法。这样，就从根本上避免了由于抽油杆柱的存在对采油机械的限制，使机械采油能够在油田生产中获得更为广泛的应用。无杆泵机械采油方法与有杆泵采油的主要区别是不需用抽油杆传递地面动力，而是用电缆或高压液体将地面能量传输到井下，带动井下机组把原油抽至地面。利用抽油杆柱旋转运动的井下螺杆泵装置虽然也有抽油杆，但习惯上将其列入无杆抽油设备。常用的无杆抽油设备包括电潜泵、螺杆泵、水力活塞泵和水力射流泵，本章主要介绍电潜泵和螺杆泵抽油装置。

## 第一节　电　潜　泵

　　电动潜油离心泵(Electric Submersible Pump，ESP)，简称潜油电泵或电潜泵，是将电动机和多级离心泵一起下入油井液面以下，地面电源通过变压器、控制柜和电缆将电能输送给井下电动机，带动多级离心泵叶轮旋转，将电能转换为机械能，把井液举升到地面。它具有排液量大、井下工作寿命长、地面工艺简单、管理方便等特点。但一次性投入大，施工、管理要求严格。该泵最适用于受水驱控制的油井、排液量大的油井、高凝油油井、定向井、中低黏度的油井、高含水的油井和低气液比的油井。

### 一、电潜泵采油装置及其工作原理

#### (一)概述

1. 组成

如图3-1所示电潜泵采油装置主要由三部分组成：
(1)井下部分：潜油电动机、保护器、气液分离器、多级离心泵、潜油电缆。
(2)地面设备：控制柜、变压器。
(3)辅助设备：扶正器、测温测压装置、单流阀、泄油阀、接线盒、专用井口(图3-2)。

2. 流程

电潜泵供电流程：地面电源→变压器→控制柜→潜油电缆→潜油电动机。
电潜泵抽油工作流程：分离器→多级离心泵→单流阀→泄油阀→井口→出油干线。

#### (二)电潜泵系统部件

1. 潜油电动机

如图3-3所示，潜油电动机用于驱动离心泵转动。井下电动机一般为两极三相鼠笼感应电动机，工作原理与地面电动机相同，在60Hz时的转速为3500r/min，目前电动机的功率范围为5.5735kW，根据实际需要电动机可以采用几级串联达到特定的功率。电动机内充满电

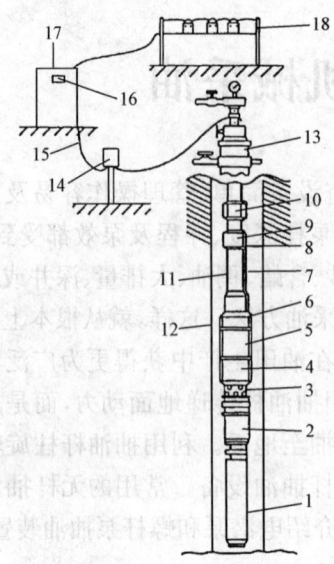

图 3—1 典型的电潜泵采油系统

1—潜油电动机;2—保护器;3—泵吸入口;4—气液分离器;
5—多级离心泵;6—小扁电缆;7—电缆接头;8—圆电缆;
9—单流阀;10—泄油阀;11—油管;12—套管;13—井口;
14—接线盒;15—地面电缆;16—电流表;
17—控制屏;18—变压器

图 3—2 电潜泵井井口

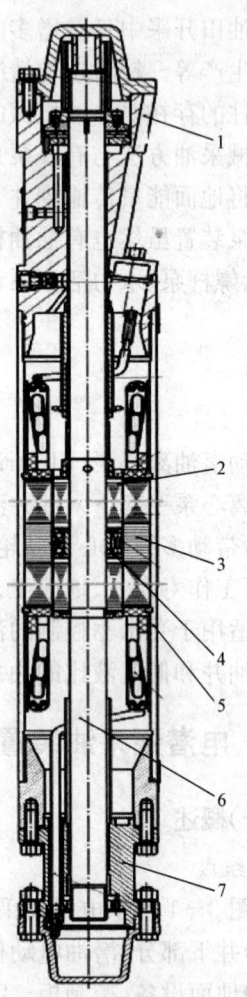

图 3—3 潜油电动机

1—电动机头;2—转子铁芯;3—定子铁芯;
4—转子轴承;5—电动机壳;
6—轴;7—底座

动机油,用于润滑和导热,运行电动机产生的热量由电动机油通过电动机外壳传给井液,井液将热量带走而冷却电动机,因此电动机必须安装在井液流过的地方。

2. 保护器

如图3—4所示,保护器主要用于将电动机与井液隔开,平衡电动机内压力和井筒压力。保护器的作用是连接电动机的驱动轴与泵轴,连接电动机壳与泵壳。保护器的充油部分与允许压力下的井液连通时,保证电动机驱动轴密封,防止井液进入电动机;当电动机运行时,电动机

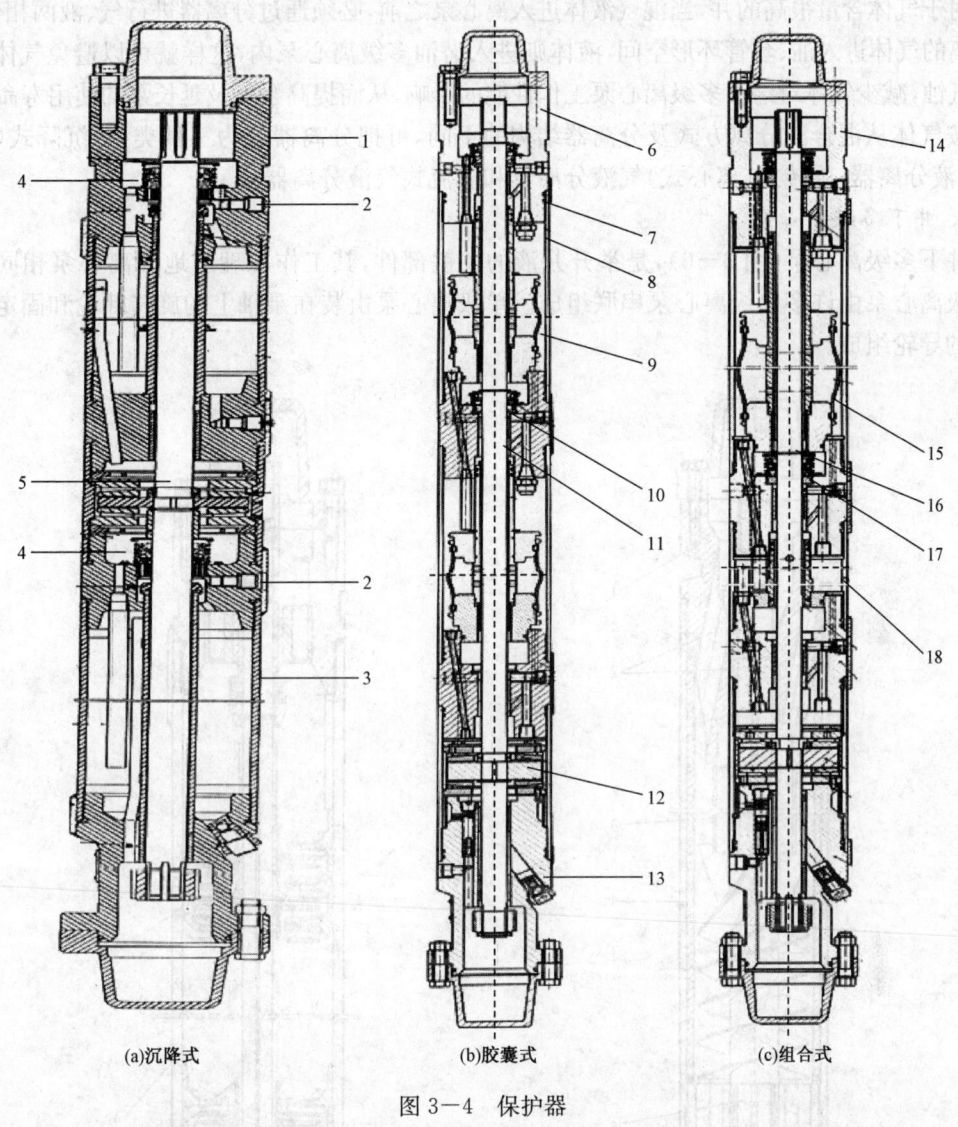

(a)沉降式　　(b)胶囊式　　(c)组合式

图 3-4　保护器

1—保护器头；2—放气阀；3—机壳；4—机械密封；5—轴；6—保护器头；7—密封圈；8—外壳；
9—胶囊；10—机械密封；11—轴；12—止推轴承；13—底座；14—保护器头；15—胶囊；
16—轴；17—机械密封(碳化硅)；18—外壳

内的润滑油因温度升高而膨胀,保护器内有足够的空间储存因膨胀而溢出的电动机油,防止电动机内压力上升过高;反之当油温下降润滑油收缩时,保护器内的油又补充给电动机。保护器中的止推轴承用于承受泵轴重量和各种不平衡力;保护器外壳作为电动机油附加冷却面,也可以罩住电动机的止推轴承。普遍使用的保护器包括连通式、沉淀式、胶囊式和组合式,主要区别在于隔离电动机和井液的方式不同。

**3. 气液分离器**

气液分离器,主要作用是将游离气从井液中分离,减小气体对泵特性的影响。当泵吸入口气液比超过10%时,泵的特性变差,甚至可能发生气锁,因此采用分离器使进泵的气量在泵能承受的范围之内。旋转式气液分离器如图3-5所示。

对于气体含量很高的井,当混气液体进入离心泵之前,必须通过分离器进行气、液两相分离。被分离的气体进入油、套管环形空间,液体则进入潜油多级离心泵内,这样就可以避免气体对泵产生气蚀,减少气体对潜油多级离心泵工作性能的影响,从而提高泵效及延长泵的使用寿命。

按气体从混合液分离方式及分离器结构的不同,可把分离器分为三种类型:沉降式(重力式)气液分离器、旋转式(离心式)气液分离器和涡流式气液分离器。

4. 井下多级离心泵

井下多级离心泵(图3-6),是举升井液的关键部件,其工作原理与地面离心泵相同。井下多级离心泵由许多单级离心泵串联组成。单级离心泵由装在泵轴上的旋转叶轮和固定在泵壳上的导轮组成。

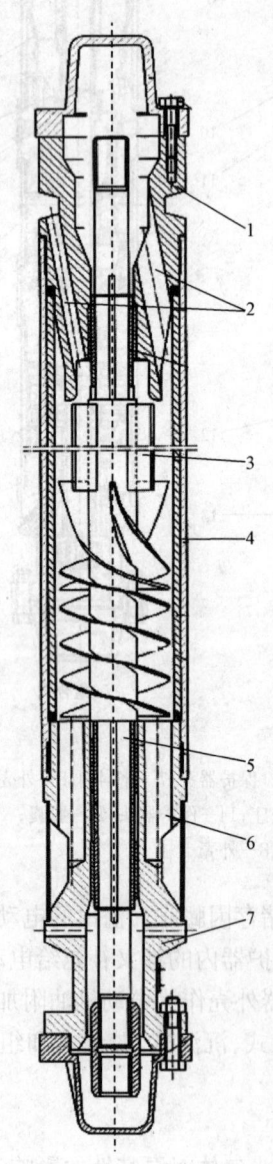
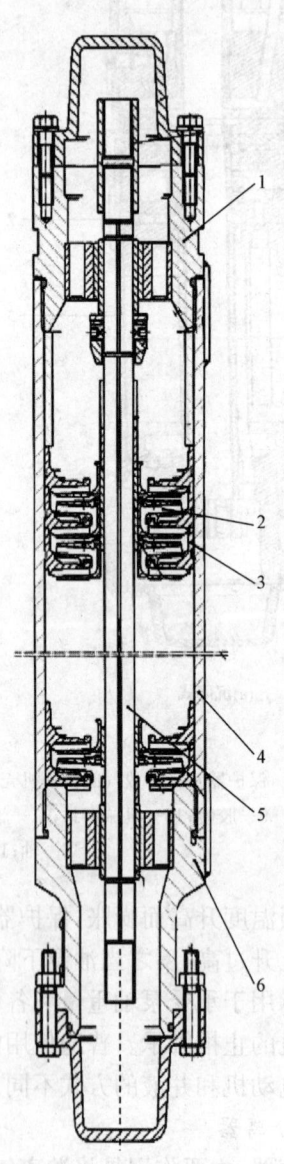

图3-5 旋转式气液分离器  
1—上接头;2—油气分离头;3—分离轮;  
4—壳体;5—轴;6—吸入口;7—下接头

图3-6 井下多级离心泵  
1—上泵头装配;2—叶轮;3—导壳;  
4—泵壳;5—泵轴;6—下泵头装配

离心泵工作原理是:叶轮旋转后在离心力的作用下使叶轮流道中的液体增压和加速,从叶轮流道出口排出,叶轮旋转机械能变为液体增加的压能和动能。流体进入导轮,将一部分动能转变成静压。流体进入下一级叶轮,重复这一过程直到最后一级叶轮。

泵的转速、井液相对密度、黏度不同,泵的特性不相同;井液存在气体使泵的特性变差,另外泵在气蚀情况下工作容易损坏,也使泵特性变差。

5. 潜油电缆

潜油电缆如图3—7所示,用于向井下电动机供电,它由电缆卡子固定在油管上的动力电缆和带电缆头的电动机扁电缆组成,具有耐高温、高压和耐腐蚀特性。

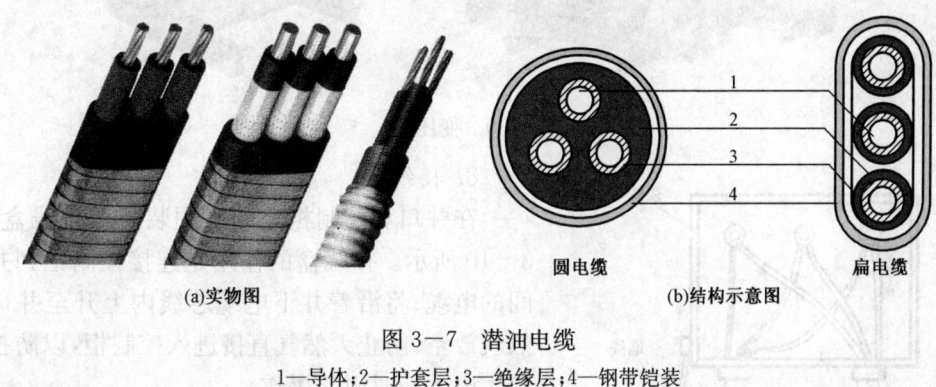

(a)实物图　　　　　　(b)结构示意图

图3—7　潜油电缆

1—导体;2—护套层;3—绝缘层;4—钢带铠装

6. 控制柜

控制柜如图3—8所示,主要用于控制井下电动机的运行,它由电动机启动器、过载和欠载保护器、手动开关、时间继电器、电流表组成。控制柜的电压范围为600~4900V。控制柜的用途是自动控制潜油电泵系统的启动和停机;具有短路、过载、欠载保护功能,以及欠载延时自动启动功能;通过电器仪表随时测量电流和电压,可以跟踪系统运行状况;应用变频控制柜可以灵活调节和控制产量的大小。

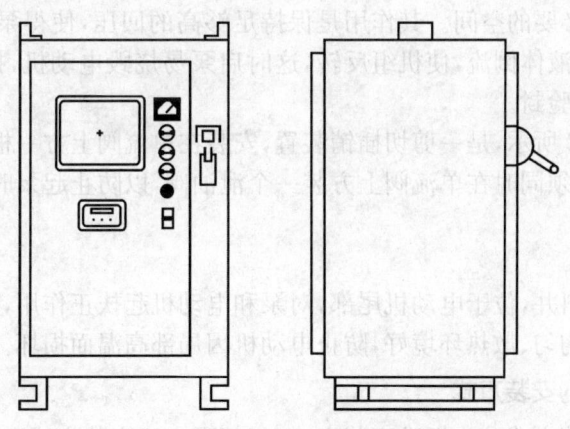

图3—8　控制柜外形结构

7. 变压器

变压器如图3—9所示,用于将交流电的电源电压转变为井下电动机所需要的电压,它是根据电磁感应原理工作的。一般采用三种类型变压器:三个单相变压器、三相标准变压器和三相自耦变压器。

图 3—9 变压器

8. 接线盒

在井口和控制柜之间必须装一个接线盒,如图 3—10 所示。接线盒的作用是连接控制柜到井口之间的电缆;将沿着井下电缆芯线内上升至井口的天然气放空,防止天然气直接进入控制柜,以防控制柜产生电火花时引起爆炸。

9. 压力传感器

压力传感器用于测量井下压力和温度。它可以确定井的产能,便于自动控制。

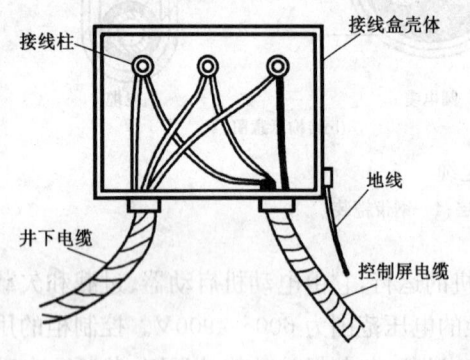

图 3—10 接线盒示意图

10. 单流阀和泄油阀

单流阀如图 3—11 所示,一般装在泵上方 2~3 根油管处。当井液的气液比较高时,单流阀的位置还应上移,因为在停泵和防止气锁时,需要给泵内气体上升留出必要的空间。其作用是保持足够高的回压,使得泵在启动后能很快在额定点工作;防止停泵后液体倒流,使机组反转,这时启泵易烧毁电动机,损坏轴和轴承,发生脱扣现象;便于生产管柱验封。

泄油阀如图 3—12 所示,是一剪切插销装置,安装在单流阀上方一根油管处。在泵的油管柱上装有单流阀时,必须同时在单流阀上方装一个泄油阀,以防止起泵时油管柱中的井液在卸油管时流到地面上。

11. 扶正器

扶正器主要用于斜井,位于电动机尾部,对泵和电动机起扶正作用,使机组处于井筒中间,使得电动机外部过流均匀、散热环境好,防止电动机因局部高温而损坏。

(三)电潜泵系统的安装方式

电潜泵的主要安装方式分为标准安装方式、底部吸入口安装方式和底部排出口安装方式。电潜泵的安装方式不同,系统的组成和用途不完全一样。

对标准安装方式,从下往上依次是电动机、保护器、气液分离器、多级离心泵及其他附属部件,主要用于油井采油。电动机应在射孔段以上,使井液从电动机旁流过,冷却电动机;如果电动机在射孔段以下,应采用电动机罩引导流体从电动机旁流过,电动机罩还起气液分离器的作用。

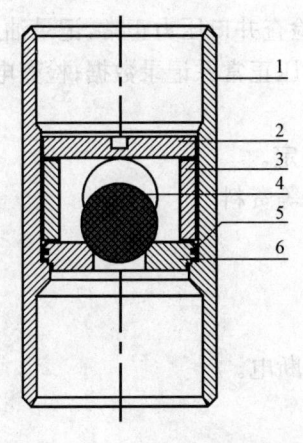 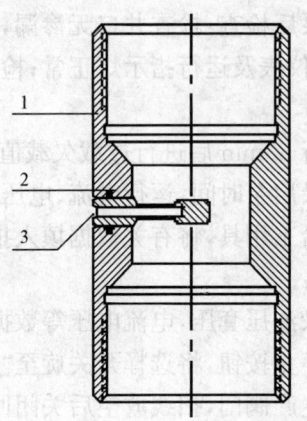

图 3-11 单流阀结构示意图　　　　图 3-12 泄油阀结构示意图
1—接头；2—限制销；3—特制螺母；　　1—接头；2—空芯销钉；3—密封圈
4—球体；5—阀座；6—密封圈

底部吸入口系统用于油管摩阻损失大或泵径大的井。这种系统是从一根插到井底的尾管吸入流体进泵，通过带封隔器的油套环形空间排出流体，因此提高了排量和效率。该系统的安装方式与标准安装方式不同，泵和电动机的位置刚好是颠倒的，从上到下依次是电动机、保护器、排出口、泵、吸入口。

底部排出口系统用于将上部层位的地层水转注到下部层位，适用于油田注水开发或气井排水采气。这种系统是从油套环形空间吸入流体进泵，通过尾管排出到下部层位。该系统的安装方式与标准安装方式也不同，泵和电动机的位置也是颠倒的，从上到下依次是电动机、保护器、吸入口、泵、排出口。

## 二、常见操作项目

### (一)启停电泵井

1. 人员要求及准备工作

(1)本项目所需操作人员为 1 人。

(2)工具、用具及材料准备：600mm 管钳或 F 扳手 1 把，150mm 平口螺丝刀 1 把，电流卡片 1 张，试电笔 1 只，绝缘手套 1 副，记录笔，记录纸，棉纱若干。

(3)劳保用品准备齐全，穿戴整齐。

2. 操作步骤

1)启动：

(1)启泵前检查：检查变压器油量充足，油质合格；检查电路及电器设备完好；检查控制屏内选择开关放在"手动"位置，指示灯正常；检查井下电缆直流电阻绝缘电阻符合要求；检查电流记录仪完好，已安装好电流卡片；检查压力表齐全完好；检查井口流程正确，已安装合适的油嘴，关闭生产阀门。

(2)合闸送电，检查电源电压符合要求，设定好过载欠载整定值。

(3)按启动按钮启泵，待压力上升到规定值时打开生产阀门；正常生产井将选择开关旋至"自动"位置。

(4)启泵后检查:检查井口无渗漏,油井出油正常;检查井口压力正常,记录油压回压值;检查控制屏的仪表及运行指示灯正常;检查电动机电流电压正常并记录数据;检查电流卡片工作正常。

(5)运行 30min 后进行过载欠载值及时间的二次整定。

(6)记录启泵时间,运行电流、电压,井口压力、温度等资料。

(7)收拾工用具,将有关数据填入报表。

2)停止:

(1)记录油压套压,电流电压等数据。

(2)按停止按钮,将选择开关旋至"停止"位置,拉闸断电。

(3)关生产阀门,扫线放空后关闭回压阀门。

(4)记录停井时间,将有关数据填入报表。

3. 技术要求

(1)三相电压不平衡度应不大于5%。

(2)机组过载整定值为额定电流的120%,欠载整定值为工作电流的80%。

4. 安全要求

(1)机组过载欠载时应立即汇报,启泵不成功必须查明原因排除故障后再启泵。

(2)停机时不允许直接断开控制屏总闸,防止烧毁机组。

## (二)检查更换油嘴

1. 人员要求及准备工作

(1)本项目所需操作人员为1人。

(2)工具、用具及材料准备:600mm 管钳或 F 扳手 1 把,375mm 活动扳手 1 把,油嘴专用扳手 1 把,0~150mm 游标卡尺 1 把,合适油嘴 1 只,铁丝 1 段,生料带 1 卷,污油桶 1 个,记录笔,记录纸,黄油、汽油、棉纱若干。

(3)劳保用品准备齐全,穿戴整齐。

2. 操作步骤

(1)检查井口流程,记录井口油压、工作电流值。

(2)停泵,倒流程泄压。

(3)卸掉油嘴套丝堵。

(4)用油嘴扳手卸掉油嘴,清理后用游标卡尺测量油嘴内径。

(5)安装新油嘴及丝堵,如图 3—13 所示。

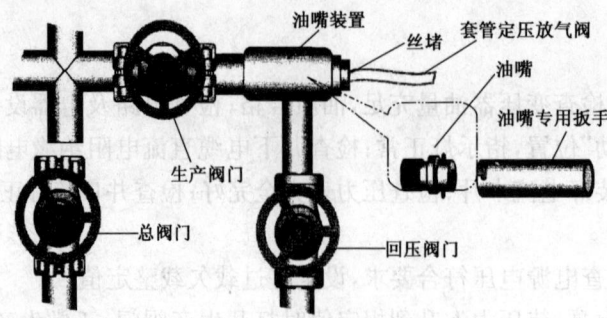

图 3—13 更换油嘴示意图

(6)恢复正常生产流程,启泵。
(7)录取井口油压、回压,检查机组工作电流是否正常。
(8)收拾工用具,清理现场,将有关数据填入报表。

3. 技术要求

(1)测油嘴内径时应采用"十字"法测量,取平均值。
(2)新油嘴孔径误差要求小于 0.1mm。
(3)掺水井应在倒流程前关闭掺水阀门,恢复流程后打开掺水阀门调整掺水量。

4. 安全要求

(1)卸丝堵及油嘴时应侧身,同时应边卸边晃动防止丝堵及油嘴打出伤人。
(2)卸油嘴前应使用通针通油嘴,放净余压。
(3)泄压及卸丝堵、油嘴时必须使用污油桶,防止污染。

### (三)更换电流卡片

1. 人员要求及准备工作

(1)本项目所需操作人员为 1 人。
(2)工具、用具及材料准备:时钟钥匙 1 把,电流卡片 1 张,试电笔 1 只。
(3)劳保用品准备齐全,穿戴整齐。

2. 操作步骤

(1)选择规格合适的电流卡片,如图 3-14 所示,填写井号、日期、时间等资料。

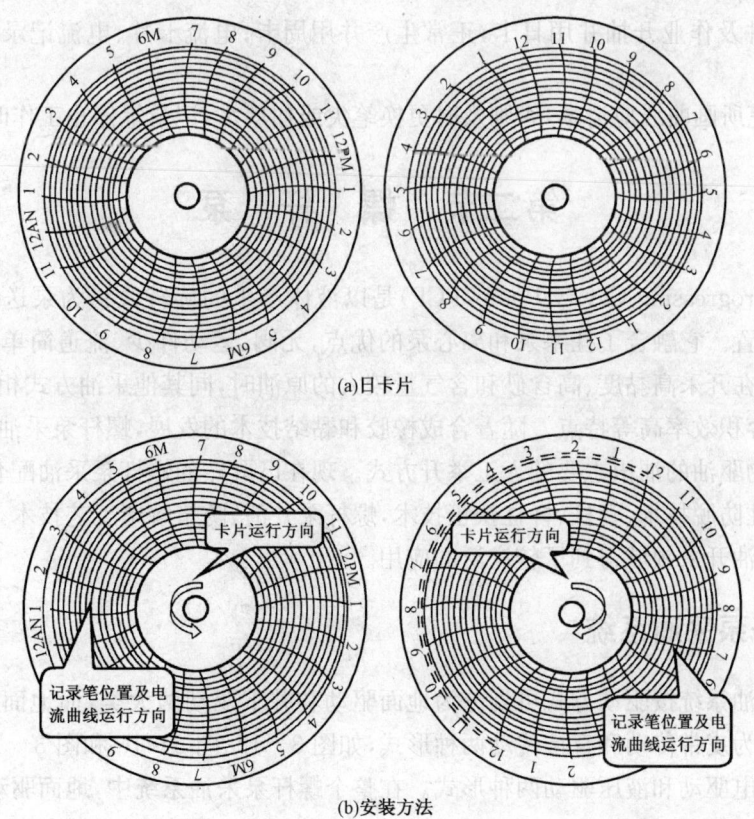

图 3-14 电潜泵井电流卡片

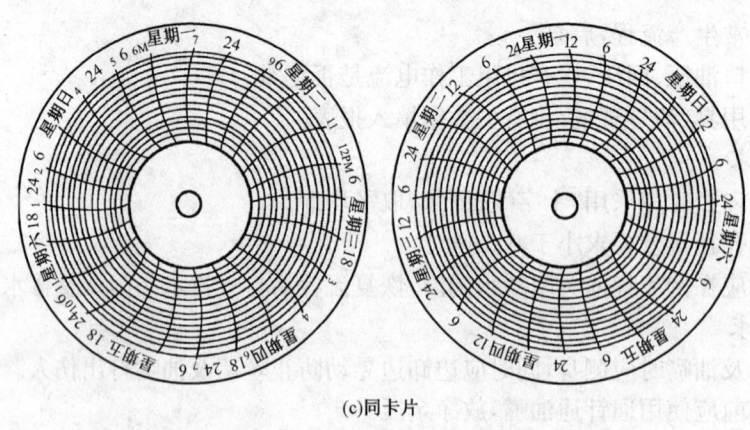

(c)周卡片

图 3—14 电潜泵井电流卡片(续)

(2)打开记录仪表门,抬起记录笔。

(3)取下旧电流卡片,填写取卡日期、时间及取卡人姓名;将时钟上满发条或检查电池完好。

(4)将新电流卡片放好压紧,放下记录笔对准卡片时间。

(5)确认新更换的电流卡片运行正常,关好记录仪表门。

(6)收拾工用具,将有关数据填入报表。

3. 技术要求

(1)新投井及作业开抽井用日卡,正常生产井用周卡;电流卡片、电流记录仪时钟档位与日、周卡对应。

(2)记录笔所画曲线应清晰,否则及时更换笔尖或加墨水,记录笔停止工作时笔尖应落零。

# 第二节 螺 杆 泵

螺杆泵(Progressing Cavity Pump,PCP)是以液体产生的旋转位移为泵送基础的一种新型机械采油装置。它融合了柱塞泵和离心泵的优点,无阀、运动件少、流道简单、过流面积大、油流扰动小。在开采高黏度、高含砂和含气量较大的原油时,同其他采油方式相比具有灵活可靠、抗腐蚀及容积效率高等特点。随着合成橡胶和黏结技术的发展,螺杆泵采油也成为稠油出砂冷采、聚合物驱油的油田主要的人工举升方式。现在已成熟的螺杆泵采油配套技术有:管柱防脱技术,杆柱防脱技术,管柱、杆柱扶正技术,螺杆泵井清、防蜡解堵工艺技术,这些配套技术使螺杆泵在稠油开采领域得到了较广泛的应用。

## 一、螺杆泵采油系统

螺杆泵采油系统按驱动方式可划分为地面驱动和井下驱动两大类,而地面驱动按不同驱动形式又可分为皮带传动和直接传动两种形式,如图 3—15、图 3—16 和图 3—17 所示。井下驱动也可分为电驱动和液压驱动两种形式。在整个螺杆泵采油系统中,地面驱动发展较早,也较成熟,但是井下驱动避免了地面驱动扭矩的损失,设备也比较少,具有较高的采油效率,国内正处于试验阶段。

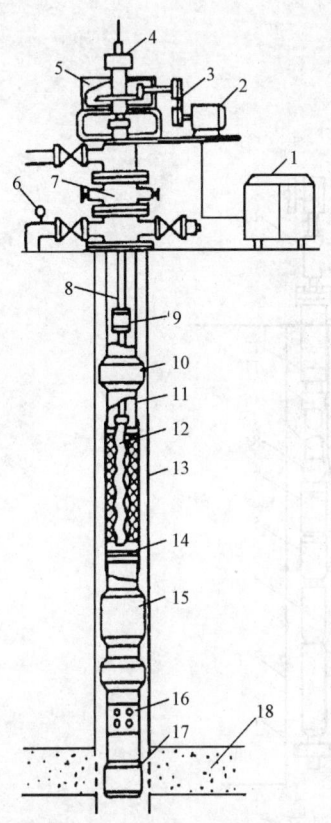

图3—15 地面驱动螺杆泵采油系统结构示意图
1—电控箱;2—电动机;3—皮带;4—方卡子;5—减速箱;
6—压力表;7—专用井口;8—抽油杆;9—抽油杆扶正器;
10—油管扶正器;11—油管;12—螺杆泵;13—套管;
14—定位销;15—油管防脱器;16—筛管;
17—丝堵;18—油层

(a)直接传动井口

(b)皮带传动井口

图3—16 地面驱动螺杆泵采油系统实物图

## (一)地面驱动螺杆泵系统

地面驱动螺杆泵装置是利用抽油杆传递地面电动机的扭矩,带动井下螺杆泵转动来举升原油。就其驱动方式而言,它是一种旋转运动的有杆泵。其装置主要由驱动系统、连接器、抽油杆及井下抽油装置组成。但随着丛式井、定向井及斜井的日益增多,地面驱动螺杆泵开始暴露出其缺陷,由于不断的扭转常使抽油杆接箍松脱、丝扣损坏,特别是在下泵较深、负荷较大的井中更为严重;另外,在丛式井、定向井和斜井中,常规的地面驱动系统还要经受抽油杆损坏和抽油杆与油管偏磨产生的漏失问题,增加了油井因抽油杆失效所造成的损失,使油井作业费用增加。

### 1. 电控箱

电控箱由控制系统、监测和保护系统组成。电控箱完成螺杆泵整机的控制,起着监控和保护作用。电控箱装有JD—5—V系列保护器,实现对电动机的过载、短路、断相、堵转及三相电流严重不平衡的自动保护功能,动作灵敏可靠。

### 2. 地面驱动装置

地面驱动装置是指油管头下法兰以上与地面出油管线相连接部分设备的总称。它的作用

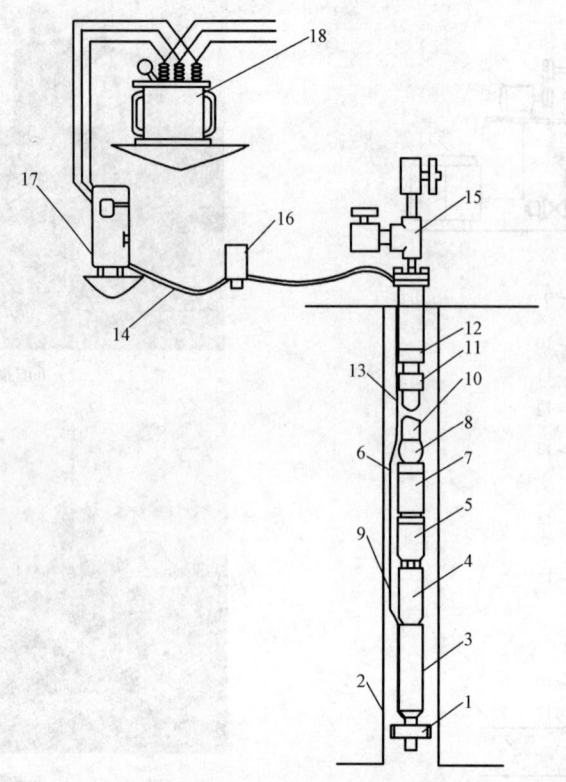

图 3—17 井下驱动螺杆泵采油系统
1—扶正器；2—套管；3—潜油电动机；4—保护器；5—潜油减速器；6—电缆护罩；7—螺杆泵；
8—螺杆泵排出头；9—引接电缆；10—油管；11—单向阀；12—泄油阀；13—动力电缆；
14—地面电缆；15—井口电缆；16—接线盒；17—控制柜；18—变压器

是为井下螺杆泵提供动力和适宜的转速，承受杆柱的轴向载荷，为油井产出液进入地面输油管线提供通道，并密封产出液，防止其渗漏到井场。

根据原动机不同，地面驱动装置可分为电动机机械驱动、内燃机驱动和气压驱动三种方式；按装置调速方式，地面驱动装置可分为无级调速驱动装置和有级调速驱动装置。无级调速方式根据实现方法的不同又可分为机械式无级调速、变频电动机式无级调速。有的产品还将驱动装置和电控箱进行机电一体化技术集成，对驱动装置实行远距离集中监测控制管理。目前国内油田主要应用的是电动机机械驱动、有级调速、井口法兰连接的地面驱动装置。

3. 螺杆泵井口

目前螺杆泵井口如图 3—18 所示，主要有 $\phi25$、$\phi28$、$\phi36$ 和 $\phi38$ 四种型号，分别适应 $\phi25$、$\phi28$、$\phi36$ 和 $\phi38$ 四种光杆。其特点是简化了采油树，减小了地面驱动装置的震动，使用、维修、保养方便，同时增强了井口强度，起到了保护光杆和换密封填料时密封井口的作用。

4. 抽油杆柱

抽油杆柱是螺杆泵采油系统中的主要组成部分，是动力传递的重要环节。螺杆泵井同抽油机井用抽油杆柱不同，螺杆泵用抽油杆不仅承受杆柱自身重量、举升液体的载荷，而且要传递扭矩。要求抽油杆柱具备同等级别普通抽油杆相同的机械性能的同时，还具有承受扭矩、防反转卸扣的机械性能。

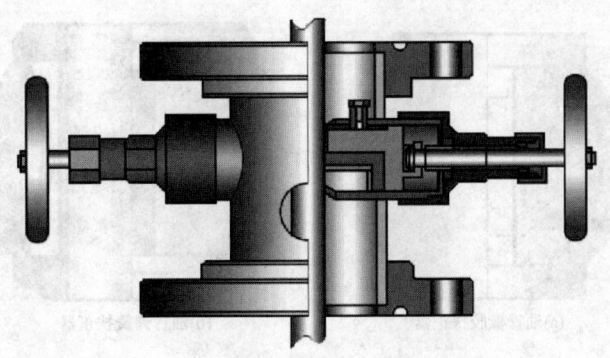

图3—18 螺杆泵专用井口

螺杆泵用抽油杆可以分为以下几种类型：实心抽油杆、实心防脱抽油杆、空心抽油杆和空心防脱抽油杆。

5. 辅助器具

1) 油管锚

由于螺杆泵的工作负载表现为扭矩，转子扭矩通过定子作用在油管上，使用油管锚可以防止油管转动，减轻油管磨损。

2) 抽油杆扶正器

由于螺杆泵转子具有偏心，所以高速转动的抽油杆柱会造成井口振动和杆柱与管柱摩擦，在抽油杆上安装扶正器是解决该问题的主要手段，特别是高转速的螺杆泵井。抽油杆扶正器如图3—19所示，一般采用抗磨损的尼龙材料制造。另外常用的还有抽油杆扶正环，如图3—20所示。

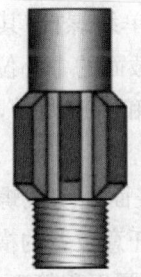
图3—19 抽油杆扶正器

图3—20 抽油杆扶正环

3) 油管扶正器

由于螺杆泵转子离心力的作用，定子受到周期性冲击产生振动，为减小或消除定子的振动，需要在定子附近安装油管扶正器，如图3—21所示。安装时，将油管扶正器直接套在油管上，一般在定子上提拉短节处安装较为适宜，而对于采用反扣油管的管柱，则需在定子上、下接头处分别安装扶正器。目前，油管扶正器的材料主要使用橡胶。

(二) 井下驱动螺杆泵系统

多数井下驱动螺杆泵装置的驱动方式为电动或液压马达，它是另一种形式的潜油电泵（无杆泵）。其井下部分由电动机、保护器和螺杆泵组成。潜油电动螺杆泵井下机组(图3—22)，主要由潜油电动机、电动机保护器、行星齿轮减速器、减速器保护器、螺杆泵组成。地

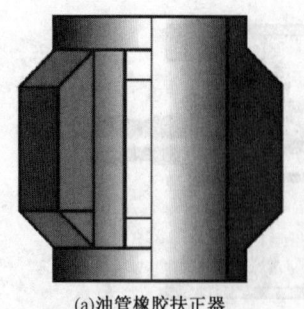

(a)油管橡胶扶正器　　　　(b)油管弹簧扶正器

图 3-21　油管扶正器

面电能通过电缆传递给井下电动机,带动螺杆泵旋转,将井液排到地面。

潜油电动螺杆泵工作原理是:动力及引接电缆将电力传送至井下潜油电动机,潜油电动机通过齿轮减速器和双万向节驱动螺杆泵在低速下转动,井液经过泵增压后,通过油管举升到地面。

目前电动潜油螺杆泵有单螺杆、双螺杆和三螺杆3种形式,其采油系统为上下2个左右旋转的转子并联。

## 二、螺杆泵的结构及工作原理

### (一)螺杆泵的结构

螺杆泵由一个能转动的单螺杆(转子)和一个固定的衬套(定子)组成,如图 3-23 所示。螺杆采用单线螺杆,其任意位置处的横截面积都是相同的圆面积。螺杆横截面的中心位置与它的轴线距离称为偏心距。螺杆的螺线有左旋和右旋两种,对于不同的螺旋方向,电动机转动方向应不同。

衬套是采用弹性橡胶制成,其内表面是双线螺旋面。衬套螺旋面的导程是螺杆螺距的两倍。衬套任意位置的横截面积由两个半圆面积和一个矩形面积组成,两个半圆面积等于螺杆横截面积,矩形的长度是螺杆偏心距的四倍,宽度等于螺杆直径。衬套管内螺旋面是这个面积绕轴线转动和沿轴线平移的结果,衬套内螺旋面的螺旋方向要与螺杆螺旋面相同。

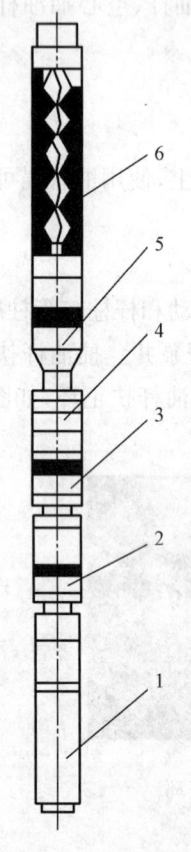

图 3-22　井下驱动螺杆泵
1—潜油电动机;2—电动机保护器;3—行星齿轮减速器;4—减速器保护器;5—吸入口;6—螺杆泵

### (二)螺杆泵的工作原理

螺杆在衬套中的运动有两种:一是螺杆本身的自转;另一种是螺杆沿衬套内表面滚动使螺杆轴线绕衬套轴线旋转。因此螺杆与中间传动轴必须采用万向轴或偏心联轴节连接。

当转子在定子衬套中位置不同时,它们的接触点是不同的。液体完全被封闭,液体封闭的两端的线即为密封线,密封线随着转子的旋转而移动,液体即由吸入侧被送往压出侧。转子螺旋的峰部越多,也就是液力封闭数越多,泵的排出压力就越高。转子截面位于衬套长圆形断面

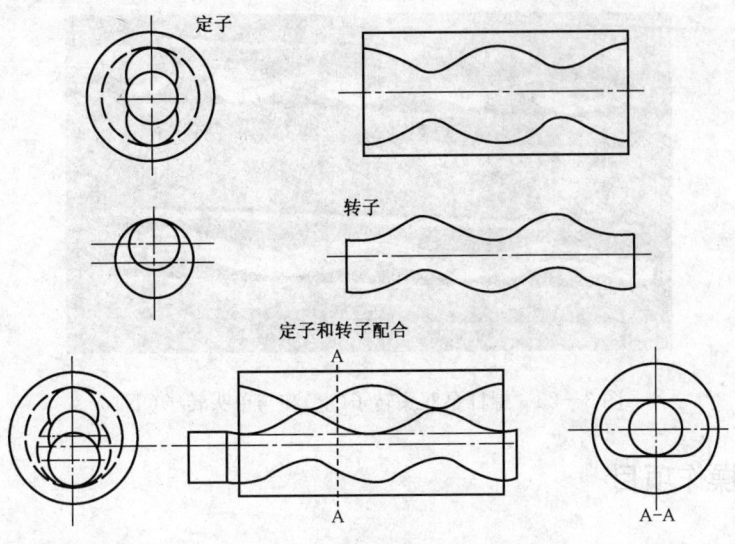

图 3-23 螺杆泵结构示意图

两端时,转子与定子的接触为半圆弧线,而在其他位置时,仅有两点接触。由于转子和定子是连续啮合的,这些接触点就构成了空间密封线,在定子衬套的一个导程内形成一个封闭腔室;这样,沿着螺杆泵的全长,在定子衬套内螺旋面和转子表面形成一系列的封闭腔室。当转子转动时,转子—定子副中靠近吸入端的第一个腔室的容积,在它与吸入端的压力差作用下,举升介质便进入第一个腔室。随着转子的转动,这个腔室开始封闭,并沿轴向向排出端移动,封闭腔室在排出端消失,同时在吸入端形成新的封闭腔室。由于封闭腔室的不断形成、运动和消失,使举升介质通过一个个封闭腔室,从吸入端挤到排出端,压力不断升高,排量保持不变。螺杆泵就是在转子和定子组成的一个个密闭的独立的腔室基础上工作的。转子运动时(作自转和公转),密闭空腔在轴向沿螺旋线运动,按照旋向,向前或向后输送液体。螺杆泵是一种容积泵,所以它具有自吸能力,甚至在气液混输时也能保持自吸能力。

以上概述了单头螺杆泵的举升原理,多头螺杆泵的工作原理与单头螺杆泵基本相似,只是多头螺杆泵的头数增加,密封腔室增多,泵的排量也相应地增大。螺杆泵的转子比定子少一个头,它们之间的螺距与头数成正比,如图 3-24 和图 3-25 所示。定子齿廓的螺距是转子螺距的 2 倍,它等于半径为 $2E$($E$ 为转子的偏心距)的螺旋线转过去 360 度后,沿轴向移动的距离,转子的螺距则是半径为 $E$ 的螺旋线位移的距离。

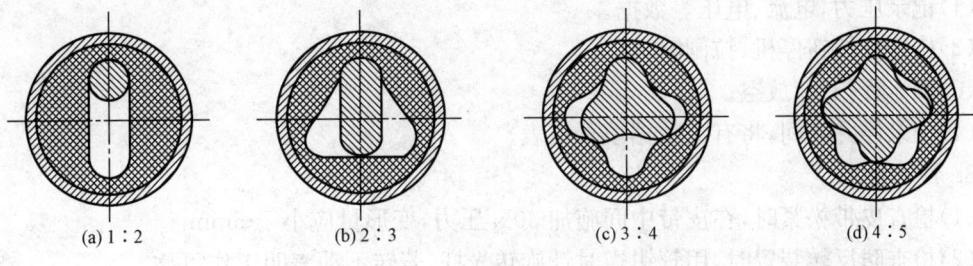

(a) 1:2　　(b) 2:3　　(c) 3:4　　(d) 4:5

图 3-24 多头螺杆泵转子和定子截面图

图3—25 螺杆泵双头转子(上)和与单头转子(下)

## 三、常见操作项目

### (一)启停螺杆泵井

1. 人员要求及准备工作

(1)本项目所需操作人员为1人。

(2)工具、用具及材料准备:600mm管钳或F扳手1把,试电笔1只,250mm活动扳手1把,150mm平口螺丝刀1把,绝缘手套1副,记录笔,记录纸,棉纱若干。

(3)劳保用品准备齐全,穿戴整齐。

2. 操作步骤

1)启动:

(1)启泵前检查:检查皮带松紧度合适;检查防反转装置灵活可靠;检查减速箱内齿轮油的油位合适;检查专用井口清蜡阀门处于开启状态;检查井口流程正确,填料盒密封无泄漏;检查电路及电器设备完好;检查光杆方卡子等部件紧固情况。

(2)合闸送电,检查电源电压符合要求。

(3)按启动按钮,启泵。

(4)启泵后检查:检查井口无渗漏,油井出油正常;检查井口压力正常,记录压力值;检查电器设备运行正常。

(5)记录启泵时间,运行电流、电压,井口压力、温度等资料。

(6)收拾工用具,将有关数据填入报表。

2)停止:

(1)记录压力,电流、电压等数据。

(2)按停止按钮停机,拉闸断电。

(3)倒流程扫线、放空。

(4)记录停井时间,将有关数据填入报表。

3. 技术要求

(1)检查皮带松紧时,在皮带中间施加30N压力,变形量应小于6mm。

(2)检查防反转装置时,用管钳逆时针旋转光杆,若转不动表明工作可靠。

(3)减速箱内油位应在油标1/2~2/3处。

(4)故障停机未排除故障应悬挂警示牌,防止误操作。

4. 安全要求

(1)启动后应检查转动方向,防止反转。

(2)启动后电流过大或设备震动过大,应立即停机查明原因。

## (二)更换皮带

1. 人员要求及准备工作

(1)本项目所需人数为1人。

(2)工具、用具及材料准备:250mm活动扳手1把,150mm平口螺丝刀1把,尖头撬杠1把,合适新皮带1副,手锤1把,试电笔1只,绝缘手套1副。

(3)劳保用品准备齐全,穿戴整齐。

2. 操作步骤

(1)穿戴劳保用品,准备工用具。

(2)按停止按钮停机、拉闸断电。

(3)卸皮带防护罩,松开电动机支架的紧固螺栓及丝杠。

(4)取下旧皮带,换新皮带,如图3-26所示。

(5)调整两皮带轮中心距,使皮带松紧合适,上紧紧固螺栓。

(6)启机、观察运转情况。

(7)收拾工用具,将有关数据填入报表。

3. 技术要求

(1)不能新旧皮带混用,应整组更换。

(2)更换皮带后,两皮带轮应达到"四点一线"。

4. 安全要求

(1)上、卸皮带时,严禁戴手套及手抓皮带。

(2)使用大锤时严禁戴手套。

图3-26 螺杆泵井井口装置

## (三)更换密封填料

1. 人员要求及准备工作

(1)本项目所需操作人员为2人。

(2)工具、用具及材料准备:600mm管钳或F扳手1把,250mm活动扳手1把,150mm平口螺丝刀1把,密封填料若干,试电笔1只,绝缘手套1副,黄油、棉纱若干。

(3)劳保用品准备齐全,穿戴整齐。

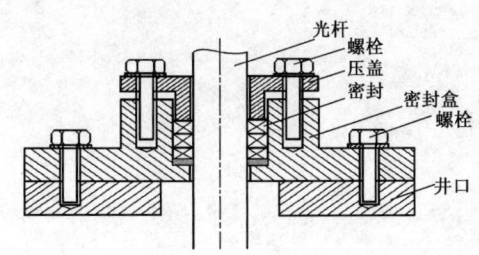

图3-27 螺杆泵井口密封装置

2. 操作步骤

(1)穿戴劳保用品,准备工用具。

(2)按停止按钮停泵、拉闸断电。

(3)倒流程泄压,松开密封盒上压盖。

(4)取出旧密封填料及上下垫片。

(5)依次加入垫片及新密封填料,上紧压盖,如图3-27所示。

(6)倒流程试压,恢复正常生产流程。

(7)送电,按启动按钮启机,检查有无渗漏。
(8)收拾工用具,将有关数据填入报表。

3. 技术要求

(1)取出上下垫片后应检查无损坏,视情况进行更换。
(2)取出旧密封填料后应检查光杆处无磨损,视情况调整防冲距、改变密封位置。
(3)压盖应松紧合适,以刚好不渗漏为宜。

4. 安全要求

(1)操作电器设备时,用验电器检查设备无带电。
(2)必须戴绝缘手套,送电时要侧身。

## 思 考 题

### 一、理论题

3—1 简述电潜泵采油装置主要组成部件。
3—2 简述电潜泵采油的主要特点。
3—3 简述电潜泵机组的特点。
3—4 简述潜油多级离心泵结构的特点。
3—5 简述电潜泵供电和抽油工作流程。
3—6 简述螺杆泵采油系统和其他人工举升方式相比有哪些优点。
3—7 简述螺杆泵地面驱动装置的主要功能。
3—8 简述螺杆泵专用井口的作用。
3—9 螺杆泵采油系统为什么要使用抽油杆扶正器?
3—10 简述潜油螺杆泵的工作原理。

### 二、操作题

3—1 了解本章的操作项目。
3—2 简述电潜泵采油井录取的主要资料。
3—3 请根据实习井站情况,简述电潜泵井的巡回检查主要内容。

# 第四章 油气水处理

## 第一节 联 合 站

联合站是原油生产的一个关键环节,它的主要作用是接收各转油站来油,对油气水进行分离、净化、加热,将处理后合格的原油、净化污水、净化天然气输送向下一级处理单元或使用单元。

### 一、联合站的功能

在实际的生产过程中,采油井产物包括原油、气、水、砂、盐、泥浆等,为了便于处理,必须先对它们进行初步分离预处理。可利用离心力、重力等机械方法,将油井产物分离成气液两相,对于出砂的油井中,还要除掉固体混合物。

在使用溶解气驱和重力驱开采时,易采用气液两相分离器。在使用水驱开采时,需将液相再进一步分离成游离水和含水原油,易采用油气水三相分离器。

油气水的初步分离主要是在油气分离器或油气水三相分离器中进行,对于不同的联合站,分离级数应根据各油田的具体情况而定。

油气水三相分离器采用一级分离。各计量站来油进站后,经油气水三相分离器后,气体去天然气处理区,水去污水处理区,含有一定量水的原油依次进入电脱水器、加热炉、稳定塔,得到稳定的原油,由外输泵提供能量,计量后外输。油气水三相分离器设有伴热管线,压力由气体出口阀控制,它有加热油水混合物的能力。因水的热能不能充分利用,为节约能源应根据油田开采的情况加热,初期原油含水量少,加热温度要高一些,后期原油含水量大,加热温度要低一些。

#### (一)原油脱水

世界上大部分油田是利用水驱开采的,因而从油井产生出来的油气混合物经常含有大量水和泥沙等机械杂质,特别是到了油田的中后期含水量高达90%以上,泥沙含量多达1%~1.5%,故必须对原油进行净化处理。

原油中所含的水分,有的在常温下用简单的沉降方法较短时间内就能从原油中分离出来,这类水称为游离水;有的则很难用沉降法从原油中分离出来,这类水称为乳化水,它与原油的混合物称为乳化液,需用专门的办法才能脱除。

一般采取的脱水方法有:

(1)化学破乳剂脱水。化学破乳剂是人工合成的表面活性物质。向原油与乳状液中加入少量破乳剂即能收到显著的脱水效果。化学破乳剂的破乳机理有正相吸附作用、反相乳化作用、反离子作用、"润湿"和渗透作用等。

(2)重力沉降脱水。将加剂或不加剂的油水混合物引入容器,为混合物提供停留时间依靠重力沉降原理进行油水分离。此方法主要用于高含水原油预脱水。按容器的耐压能力,容器分为耐压的游离水脱除器、压力沉降罐和不耐压的常压沉降罐。

(3)离心力脱水。由斯托克公式可知,水滴的匀速沉降速度和重力加速度成正比,将原油乳状液置于离心场内,水滴所受的离心加速度大于重力加速度,促进了水滴的沉降和油水分层,故离心脱水速度远高于重力沉降脱水,但离心机用于原油处理时需要消耗大量能量,且结构复杂。此方法常用于含较多泥沙、化学絮凝胶体的老化污油的脱水处理。

(4)电脱水。将原油乳状液置于高压直流或者交流电场中,由于电场对水滴的作用,削弱了水滴界面面膜的强度,促进水滴碰撞,使水滴合并成粒径较大的水滴,在原油沉降中分离出来。此方法一般用于原油深度脱水,常在进入炼油装置前设置。水滴在电场中的聚结方式主要有三种:电泳聚结、偶极聚结、震荡聚结。

对于轻质油品来说,分离宜采用热沉降化学沉降法脱水;对于重质含水原油,宜先采用化学沉降法脱水,再经过电脱水。油和机械杂质、盐的分离一般与油水分离同时进行,当含盐、砂量较高时,要用热水冲洗后再降黏分离。

## (二)原油稳定

在通常情况下,原油中含有甲烷、乙烷和丁烷等气体。这些轻烃从原油中挥发出来时会带走大量戊烷、己烷等组分,从而造成原油大量的损失。为了降低油气集输过程中原油的蒸发损耗,一个有效的办法就是将原油中挥发性较强的轻烃比较完全的脱除出来,使得原油在常温常压下的蒸气压低于环境压力,这就是原油的稳定。

原油稳定所采用的基本方法可有:闪蒸法(正压闪蒸,负压闪蒸,常压闪蒸,冷热汽提闪蒸),分馏法(精馏,提馏,分馏和多级分馏)等。

## (三)轻烃回收

在各级分离和原油稳定过程中,经过回收加工得到的轻烃是石油化工的重要原料,是工业和民用洁净燃料。石油工业的迅速发展和原油产量的不断增加,为大量回收利用油中的轻烃创造了条件,同时,也促进轻烃回收技术的飞速发展。因此,轻烃回收将给国家创造更多的财富。

自20世纪60年代以来,轻烃回收工艺技术得到快速发展。总的趋势是力求提高加工深度,合理利用油气资源。

油田轻烃回收技术已由比较简单易行的直接冷冻法,发展为直接膨胀冷凝和冷凝法—膨胀法等多种工艺方法,并注重深度加工,以期回收更多的轻烃产品。可以预言,回收的轻烃将作为油田生产的一种重要产品提供给工业使用。

## (四)天然气脱水

随原油一起生产出来的油田伴生气,一般都含有饱和的水蒸气,伴生气中存在水蒸气不仅减少了管线的输送能力和气体热值,而且当输送压力和环境条件变化时,还可能引起水蒸气从天然气中析出,形成液态水、冰或天然气固体水化物,从而增加管路压降,严重时堵塞管道。

天然气脱水有固体吸附剂吸附法、甘醇吸附法、分子筛吸附法、自然冷冻分离等方法。

当伴生气中存在酸性气体时,更会加速二氧化硫和二氧化碳对管线、设备的腐蚀,同时若将这种天然气作为化工原料也会十分不利,因为这些酸性物质会使催化剂中毒,影响产品和中间产品的质量,并且污染环境。因此,无论作为燃料或化工原料,都必须脱除气体中的水蒸气和酸性物质,以满足输送、加工和化工利用的要求。

## (五)油田采出污水处理

油田采出污水来源于油气生产过程中产出的地层伴生水。油田采出污水以水为主,含固体杂质、油类等复合体系。为了使油田采出污水达到回注和排放的水质要求,必须针对不同的污水水质选用合适的方法进行处理,污水处理是联合站不可缺少的功能。目前回注主要采用的工艺是:浮动收油+斜板沉降除油+气浮除油除杂+两级过滤。湿蒸汽注汽锅炉回用采用的主要工艺是:浮动收油+斜板沉降除油+气浮除油除杂+两级过滤+两级软化。生化达标排放采用的主要工艺是:浮动收油+斜板沉降除油+气浮除油除杂+两级水解酸化+两级(三级)好氧。

## 二、联合站集输系统及其工艺流程

联合站集输系统是进行油水处理的一个重要环节,原油的油水分离过程有自然沉降脱水、化学脱水、机械过滤脱水、电脱水等多种方法。目前我国各油田普遍采用的是沉降脱水、电脱水、电化学脱水、联合使用等方法,脱水流程主要有两种——两段式和三段式。

### (一)两段式处理工艺

如图4-1所示两段式脱水流程为:来自中转站的高含水原油进入联合站后,首先进入三相分离器,在破乳剂的化学作用和重力沉降作用下,经合理控制,分离出大部分游离水,高含水原油变成含水在20%~30%的中含水原油。三相分离器的运行控制非常重要,要求在容器中部安装油水界面检测仪表,适时检测油水界面的变化,并通过控制容器下端放水出口的调节阀开度调整油水界面,使油水界面保持在一定范围内,以保证油出口含水和水出口含油不超标。另外,多台三相分离器的出油汇到一条汇管上,要求在汇管上安装压力检测仪表,适时检测汇管压力的变化,并通过控制安装在汇管上的调节阀开度调整汇管压力稳定在0.2~0.35MPa,同时还要实现当压力超高时,快速泄压连锁保护功能。游离水脱除器的放水汇到一条汇管上,靠自压进入污水沉降罐。

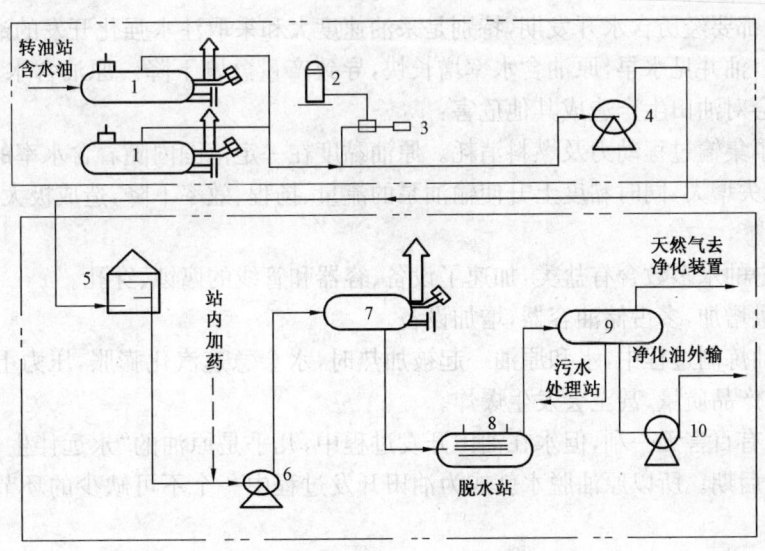

图4-1 两段式处理工艺流程图
1—分离缓冲沉降罐;2—加药罐;3—加药泵;4—输油泵;5—沉降罐;6—脱水泵;
7—加热炉;8—电脱水器;9—净化油缓冲罐;10—外输泵

三相分离器出口原油进入脱水加热炉,加热升温至45~50℃,加热后的含水原油在输送管道中与一定数量的破乳剂混合,进入复合电脱水器进行油水分离。原油在电脱水器内的电场力和化学破乳剂的共同作用下,进行油水的最终分离,经过合理控制电场强度、加药量和脱水器的油水界面,使电脱水后的原油含水达到0.5%以下,从而得到满足要求的净化原油。电脱水器的控制原理和游离水脱出器相同。脱水后的净化原油进入净化油缓冲罐,再经外输泵外输。脱出的污水进入污水沉降罐,进行污水处理。联合站两段式处理系统主要包括两个子系统:自然沉降脱水系统(一段脱水系统)、电脱水系统(二段脱水系统)。

目前,油田绝大多数联合站都采用这种处理系统。该系统简单、节省设备、能耗低、脱水效果较好。但随着分离技术的进步,加上电脱水装置问题较多,许多油田已经停用了电脱水器,采用三相分离+大罐沉降工艺处理原油。

## (二)三段式处理工艺

三段式集输系统与两段式集输系统工艺原理相似,主要的区别在于中转站的来油首先进入游离水脱除器,进行沉降脱水,脱水至含水70%左右,然后进入压力沉降罐,进行压力沉降脱水,脱水至30%左右,再进入电脱水器进行电脱水,经电脱水后,成为净化原油。所以三段式集输系统包括三个子系统:自然沉降脱水系统、压力沉降脱水系统、电脱水系统。这种集输系统虽流程复杂、设备较多、能耗较高,但是脱水效果较好。油田只有极少的一部分联合站采用此种集输系统进行原油脱水。

# 第二节 原 油 脱 水

## 一、原油脱水的原因

所有油田都要经历含水开发期,特别是采油速度大和采取注水强化开发的油田,无水采油期一般都较短,油井见水早,原油含水率增长快,导致产量急剧下降。原油含水不仅对产油量影响极大,还会对油田生产造成其他危害:

(1)增加了集输过程动力及燃料消耗。原油黏度在一定范围内随着含水率的上升而上升,使管线摩阻损失增大,同时黏度上升使输油泵的流量、扬程、效率下降,造成极大的动力及燃料消耗。

(2)原油中的水多数含有盐类,加速了设备、容器和管线的腐蚀、穿孔。

(3)总液量增加,多占储油容器,增加设备。

(4)在石油炼制过程中,水和原油一起被加热时,水会急速汽化膨胀,压力上升,影响炼油厂正常操作和产品质量,甚至会发生爆炸。

原油含水有百害无一利,但水在油田开发过程中,几乎是原油的"永远伴生者",尤其是在油田开发的中后期。所以原油脱水就成为油田开发过程中一个不可缺少的环节,一直受到人们的重视。

## 二、原油脱水的主要装置结构与处理原理

我国大部分油田原油脱水采用的主要装置有动态沉降脱水罐、三(四)相分离器、电脱水器以及水套加热炉等装置。通过这些装置的逐级处理,原油达到净化原油外输交接标准。

## (一)动态沉降脱水罐

动态沉降脱水罐工作原理：含水原油由进口管线，经配液管中心汇管和辐射状配液管流入沉降罐底部的水层内，在水层内进行水洗。破乳剂作为一种表面活性剂，主要作用是降低油水界面的表面张力，由于油水密度的差异，较小粒径的水滴向下运动，油滴向上运动，实现了油水分离。在原油上升到沉降罐集油槽的过程中，其含水率逐渐减小。经沉降分离后的原油进入集油槽后，经原油溢流管流出沉降罐；分离后的污水经上部水箱，由脱水立管排出。动态沉降脱水罐一般用于稠油或高含水原油初级脱水处理，如图4-2、图4-3所示。

 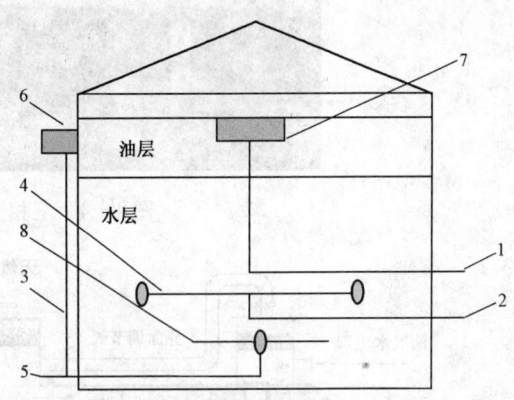

图4-2 动态沉降脱水罐示意图　　　　图4-3 动态沉降脱水罐结构图

1—出油管；2—进液管；3—排水管；4—进液分配管；5—出水管线；6—溢流水箱(可调节)；7—集油漏斗；8—集水管

## (二)三(四)相分离器

三(四)相分离器工作原理：气液混合流体经气液进口进入分离器进行基本相分离，气体进入气体通道并经过整流器和重力沉降，分离出液滴。液体进入液体空间分离出气泡后原油向上流动、水向下流动得以分离，气体在离开分离器之前经捕雾器除去小液滴后从出气口流出，原油从顶部经过溢流隔板进入油槽并从出油口流出，水经溢流挡板进入水槽并从排水口流出。三(四)相分离器脱水效果的关键是油水界面稳定，一般配套DCS控制系统，对分离器操作压力、油室液位、水室液位进行全程自动控制，实现分离器压力、水室液位、油室液位的稳定。采出液含砂量高时配套增设冲排砂装置，对泥砂进行排除处理。一般脱出原油含水小于5％，脱出污水含油小于200mg/L。

图4-4、图4-5是某油田的三相分离器，其工作流程是油气水混合物经设备两端进口进入设备，经进口分气包预脱气后又进入水洗室，在水洗室中油水混合液发生碰撞、摩擦等降低界面膜的水洗过程，分离出了大部分的游离水，然后混合液经分配器布液和波纹板整流后进入沉降室，并在沉降室进行最终的油水分离，分离后的油水分别进入油室和水室，并经油出口和水出口排出设备。

## (三)电脱水器

电脱水器在结构上有一个壳体，壳体内分为上下两个空间，上部为电场空间，下部为油水分离空间，中间有水和油水分界面的控制段。含水原油进入脱水器内经过水洗除去游离水后，自下而上沿水平界面均匀地经过电场空间。在高压电场下，从原油中分出的水滴沉降到脱水器底部，经过放水排空口排出。净化原油经脱水器顶部管线由净化油出口排出。图4-6为卧式静电脱水器结构图。

图 4-4 三相分离器外观图

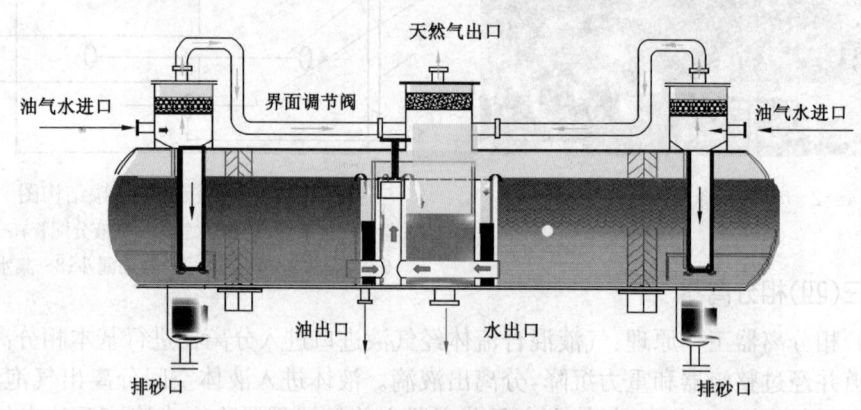

图 4-5 三相分离器结构图

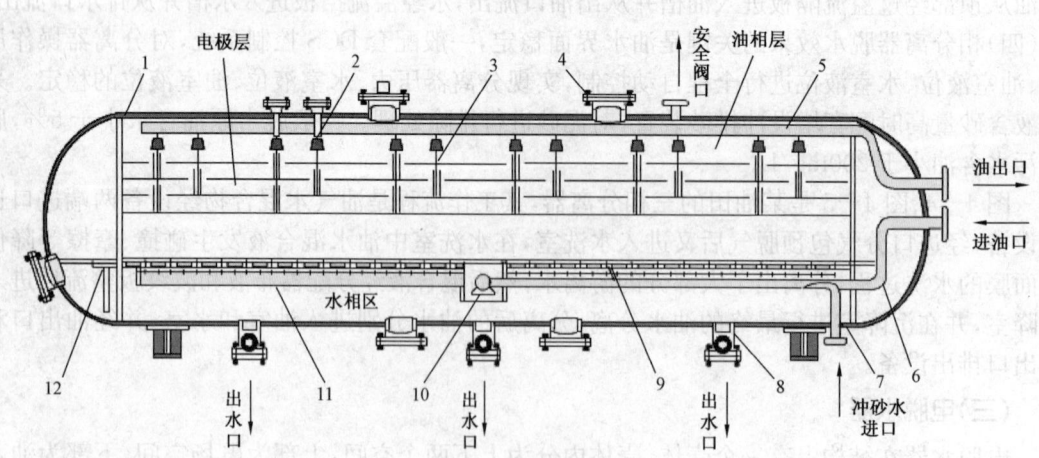

图 4-6 卧式静电脱水器结构图
1—壳体；2—接电装置；3—电极组；4—人孔；5—进液管；6—进油管；7—冲砂装置；8—进液装置；
9—接地电极板；10—中间分配箱；11—分配箱；12—检修平台

### (四)水套加热炉

水套加热炉是为满足油田特殊需要而设计的一种专用加热设备,主要用于油气集输系统过程中,将油气水混合物加热到工艺要求的温度,以便进行输送、沉降、分离、脱水和加工。水套炉在油气集输系统中应用广泛,具有品种多、配置多样、结构紧凑、功能齐全、适用范围广等特点,是理想的加热设备。

水套加热炉是以水作为传热介质的间接加热设备,如图4-7和图4-8所示。水套加热炉是由筒体、烟管、盘管和其他附件组成。盘管和进出筒体处用密封填料密封,松紧由填料压盖调节。水套加热炉通过水箱给炉内加水,水套加热炉炉内压力(壳程压力)为常压。水套加热炉筒体上焊有温度计插孔,装有水位计,以控制水套加热炉运行。水套加热炉筒体靠鞍式支座支撑,筒体上敷设耐火材料保温。

图4-7 水套加热炉实物图

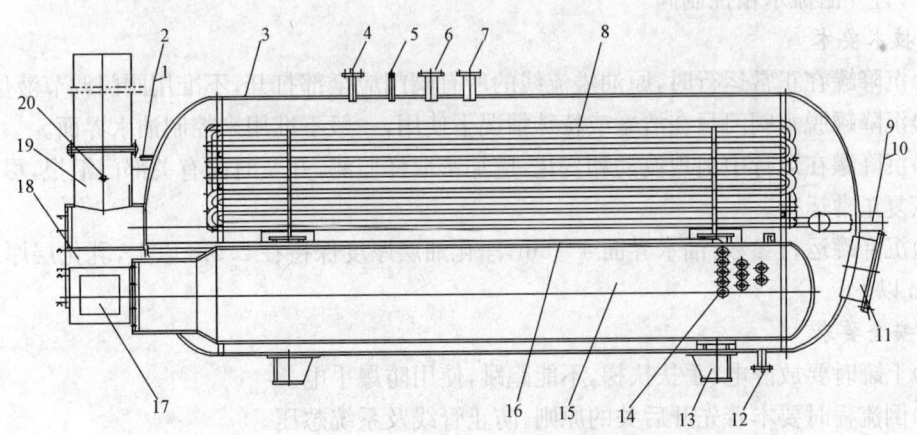

图4-8 水套加热炉结构图

1—温度变送器安装口;2—液位开关安装口;3—壳体;4—加液口;5—压力表安装口;6—放空口;7—安全阀安装口;
8—加热盘管;9—被加热介质进口;10—被加热介质出口;11—人孔;12—排污口;13—鞍座;14—烟管;
15—火筒;16—油盘管;17—燃烧器;18—烟箱;19—烟囱;20—烟囱温度计安装口

水套加热炉工作原理:燃料在炉内下部的火筒内燃烧,燃烧产生的烟气依次通过火筒后的烟管和烟囱排入大气,在这个过程中,燃烧释放的热量以辐射、对流等传热形式传给水套中的水,使水的温度升高,并部分汽化,水及其蒸汽再将热量传递给油盘管中的原油,使油获得热量,温度升高。

### 三、主要脱水装置运行操作

#### (一)动态沉降脱水罐运行操作

1. 人员要求及工作准备

(1)本项目所需操作人员为1人。

(2)工用具准备:200mm活动扳手1把,450mm管钳1把,阀门扳手1个,量油尺1把,记录笔,记录纸,棉纱若干。

(3)劳保用品准备齐全,穿戴整齐。

2. 操作步骤

(1)检查沉降罐进出口阀门、放水阀门、排污阀门是否灵活好用,排污阀是否关闭,各阀门是否处于关闭状态。

(2)检查沉降罐各安全保护设施是否齐全、灵活好用,人孔、透光孔是否密封完好。

(3)检查液压安全阀中的变压器油位高度是否保持在1/3处,应无积水。

(4)检查呼吸阀是否灵活好用,浮标是否灵活完好。

(5)导通流程,缓慢打开进水阀门,听见进水声音正常后开大进水阀门,沉降罐转入正常进水。

(6)进水过程中,随时观察液位计。

(7)进水过程中要随时检查与沉降罐连接的所有法兰、人孔、阀门等有无渗漏。

(8)根据进水量大小,及时检查、计量,做好记录。

(9)打开收油管进行收油。

(10)打开溢流水箱控制阀。

3. 技术要求

(1)沉降罐在正常运行时,原油溢流线的所有阀门应全部打开,不准用阀门调节液位。

(2)沉降罐脱水阀门只在清罐或特殊情况下使用,一般不准用来控制油水界面。

(3)沉降罐在运行中出现波动和变化,应加密取样监测,并及时向有关部门汇报,尽快采取措施,恢复正常运行。

(4)沉降罐运行参数:油水界面4~5m,净化油层厚度保持在2.0m以上,乳化层厚度控制在2.0m以下。

4. 安全要求

(1)上罐时要放静电,手扶扶梯,不能跑跳,使用防爆手电。

(2)倒流程时要本着先开后关的原则,防止管线及系统憋压。

(3)六级以上大风和雨雪天严禁上罐,上罐人员不能超过5人。

#### (二)三(四)相分离器运行操作

1. 人员要求及工作准备

(1)本项目所需操作人员为1人。

(2)工用具准备:200mm活动扳手1把,450mm管钳1把,阀门扳手1个,量油尺1把,记录笔,记录纸,棉纱若干。

(3)劳保用品准备齐全,穿戴整齐。

2. 启动前的准备

(1)打开人孔自然通风或强制通风,待瓦斯浓度合格后,进内检查防腐及结构是否完整。

(2)通知仪表工对相应仪表进行检查,保证投产后指示准确。

(3)导通相应流程,并进行扫线试压,确保管线畅通,连接处无渗漏。

(4)进行水压试验,最高压力≤0.5MPa(按照分离器试验压力确定),稳压30min,压降≤0.05MPa,同时检查容器各部位无渗漏。

(5)对相应机泵进行检查,确保投运后按设计要求运行。

(6)检查各安全附件是否安全正常。

3. 投产运行

(1)打开分离器进液阀门,分离器平稳进液,同时打开分离器油出口阀门。

(2)待分离器油室液位在50%~70%时,投用分离器油出口控制阀。

(3)待分离器水室液位在50%~70%时,投用分离器水出口控制阀,打开分离器放水阀门。

(4)打开分离器压力调节阀,控制好运行压力在0.15~0.25MPa范围内。

(5)通知化验工加密取样,至调整到运行正常。

(6)按要求定期冲排砂,打开安全阀、进出阀,保证不超压运行。

4. 停运

(1)遵循先开后关原则,油水混合物进其他分离器,同时关闭进油阀、分离器放水阀。

(2)打开进热水阀进水顶油,调整好热水排量,认真观察,油出口见水时停止进水。同时也可将水室顶替干净。并关闭相应流程,泄至常压备用。

(3)大修或清砂时,混合室、油室、水室排空并热洗2~3次,最后打开人孔通风,待瓦斯浓度合格后大修或清砂。

5. 技术要求

(1)分离器的安全阀必须每年校检一次。

(2)液面调节机构要灵活好用,平衡杠随液面变化而上下移动。液面在1/2时,平衡杠正好处于水平状态。

(3)分离器液面要保持在液位计的1/3~2/3之间。液面过高,气管线带油;液面过低,油管线中进气。

(4)分离器压力控制在规定范围内:压力过高,增加来油回压;压力过低,气管线易进油。

(5)冬季生产要注意来油温度,同时观察液位计、加热循环系统、安全阀、压力表的工作情况。

(6)经常检查紧急放空阀、管线是否畅通。

(7)每2h活动连杆带动的阀门,以防卡死。

6. 安全要求

(1)分离器的调节机构要定期检查和校正,保证其灵敏可靠,灵活好用;分离器的液面要平稳,保证分离器平衡杠的波动与液面波动相符。

(2)定期更换压力表,保证压力表工作状态正常,防止压力不准造成憋压跑油或分离器工作不正常。

(3) 要经常检查人孔、阀门、法兰、分离器壳体、管线有无渗漏、损坏,发现异常及时处理。

(4) 要对损坏的壳体进行修复,保证保温良好;经常检查采暖管线,保证分离器内温度相对稳定。

(5) 开关分离器阀门必须侧身操作。

## 第三节 原 油 稳 定

### 一、原油稳定基本原理

为了降低油气集输过程中的原油蒸发损耗,一个有效的方法就是将原油中挥发性强的轻烃组分($C_1$～$C_4$)比较完全地脱除出来,使原油在常温常压下的蒸气压降低。因此,如何降低原油的蒸气压是原油稳定的核心问题。

**(一)原油蒸气压与温度、组成的关系**

原油是烃类和少量非烃类物质所组成的复杂混合物。原油中所含的许多组分至今还未完全分析清楚,因此目前还没有原油蒸气压与组成关系的确切表达式。但原油蒸气压与组成之间的关系是清楚的:原油中所含的轻组分越多,挥发性就越强,原油的饱和蒸气压也越高。因此,可用原油饱和蒸气压的大小来表示原油中轻、重组成的比例和原油组分的概况。当然,原油的蒸气压随温度的升高而增大,随温度的下降而减小。在相同温度下,相对分子质量小的烃组分比相对分子质量大的烃组分有较高的蒸气压。

**(二)降低原油蒸气压的方法**

要降低原油蒸气压,可以从降低原油温度或减少原油中轻烃的含量来实现。但降低温度会受工艺条件的限制,不容易在油气集输和处理的整个工艺系统中实现。因而,切实的方法是减少原油中的轻组分含量,尽可能脱除 $C_1$～$C_4$ 组分。

在同一温度下,对烃类组成来说,相对分子质量越小的组分蒸气压越高,相对分子质量越大的组分蒸气压越低。液体的挥发度可用一定温度下的蒸气压来表示,蒸气压大的容易挥发,蒸气压小的不容易挥发,因而组分越轻,越容易从液相中挥发出来。但无论是轻组分还是重组分,从液相中挥发出来都需要消耗能量。

原油在集输和加工过程中都具有一定的压力和温度。在某一温度下,如果降低压力,就会破坏原来的气液平衡状态,使原油中一部分组分挥发出来。在同样温度下,轻组分的饱和蒸气压高,率先挥发出来,重组分虽然不同程度的也有部分挥发出来,但其数量少得多,因而气相中轻组分的含量高,达到了从原油中分离出轻组分的目的。闪蒸稳定法就是利用这一原理来实现原油稳定的。

提高原油温度,可以使液相中的分子运动加速,克服相邻分子间的吸引力,逸散到上层气相空间。轻组分的相对分子质量小,分子间的引力也小,更容易挥发出来。这样,利用轻、重组分挥发度不同,就可以把原油中 $C_1$～$C_4$ 轻组分分离出来。分馏稳定法就是通过把原油加热到一定温度,利用精馏分离原理,气液两相经过多次平衡分离,使其中易挥发的轻组分尽可能转移到气相,而难挥发的重组分保留在原油中来实现原油稳定。从降低原油在储运过程中蒸发损耗和储运安全的角度考虑,稳定原油的饱和蒸气压越低越好。但追求过低的饱和蒸气压,不仅增加了投资和能耗,还使稳定原油收率降低,原油中汽油馏分含量减少。所以在确定原油稳定深度时,一般将稳定原油在最高储存温度下的饱和蒸气压控制在当地大气压的 0.7 倍以内。当采用铁路、水路、汽车装运时,稳定原油的饱和蒸气压可略低一些。但稳定装置对 $C_5$ 和 $C_5$ 以上组分的收率一般不宜超过未稳定原油在储运过程中的自然蒸发损耗率。

## 二、原油稳定方法

由于原油的蒸发损耗与原油性质、原油净化处理工艺、原油储存和输送条件、外界环境、规范要求的稳定深度等因素密切相关,与此相对应,降低原油蒸发损耗的方法也有多种。采用合理的稳定方法,对提高产品收率和降低能耗,取得较好的经济效益是非常重要的。究竟采用何种方法,应根据原油物性参数进行不同方法的物料平衡模拟计算,就产品收率、能量消耗、基建投资、操作费用、经济效益等多方面进行对比分析后,选择最佳方案。目前,国内外采用的原油稳定工艺方法可分为闪蒸稳定法和分馏稳定法两类。

### (一)闪蒸稳定法

液体混合物在加热、蒸发过程中所形成的蒸气始终与液体保持接触,直到某一温度之后才最终进行气液分离,这种过程称为平衡汽化,或称一次汽化。当液体混合物的压力降低时,会出现闪蒸,此时部分混合物会蒸发,这种现象也是平衡气化过程。在这种过程中,相对分子质量小的轻组分,其蒸气压高,容易汽化;当达到平衡时,轻组分在气相中的含量比重组分要高,也即再一次气化过程中进入气相中的轻组分比重组分多。利用这一原理,可以使原油中轻重组分达到一定程度的分离。

1. 负压闪蒸稳定法

原油稳定的闪蒸压力(绝对压力)比当地大气压低,即在负压条件下闪蒸,以脱出其中易挥发的轻烃组分,这种方法称为原油负压闪蒸稳定法,又称负压闪蒸法。负压闪蒸稳定法的操作比当地一般大气压低 $0.03\sim0.05$ MPa,操作温度一般为 $50\sim80$ ℃。此法适用于含轻烃较少的原油。每吨原油的预测脱气量在 $5m^3$ 左右时,适合采用此法。

2. 微正压闪蒸稳定法

微正压闪蒸稳定法又称加热闪蒸稳定法。这种方法的闪蒸温度一般要比负压闪蒸稳定法闪蒸温度高,需要在原油脱水温度(或热处理温度)的基础上再进行加热(或换热)升温,才能满足闪蒸温度要求。由于稳定原油温度较高,应考虑与出塔合格原油换热以回收一部分热量。微正压闪蒸稳定法的操作压力一般在 $0.12\sim0.40$ MPa 范围内,操作温度则根据操作压力和未稳定原油的性质确定,一般为 $80\sim120$ ℃,特殊情况在 $130$ ℃以上。为了降低操作温度,可采取降低油气分压的措施(如适当加入水蒸气、水或不凝气等)。一般情况下不宜提高操作压力,否则闪蒸温度随之提高,会增加能耗。但对于轻组分含量较高的原油,可适当提高操作压力,从而节省压缩机动力,甚至不需要压缩机。对于轻组分含量较低的原油,操作压力可控制为 $0.12\sim0.20$ MPa;对于轻组分含量较高的原油,操作压力可控制为 $0.12\sim0.40$ MPa。

3. 多级分离稳定法

多级分离稳定法是将原油分若干级进行油气分离稳定,每级的油和气都接近于平衡状态。这种方法实际上是用若干次连续闪蒸使原油达到稳定,其典型原理流程如图 4-9 所示。

多级分离稳定是国外采用较多的一种稳定工艺,分离级数一般为 $3\sim4$ 级,原油在逐级降压分离中得到稳定,其稳定程度较低(一般可脱出 $20\%$ 的 $C_4$)。为了使稳定后原油饱和蒸气压

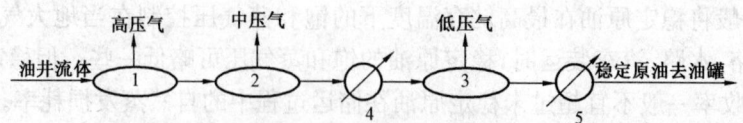

**图 4-9 多级分离稳定法典型原理流程示意图**
1—高压分离器；2—中压分离器；3—低压分离器；4,5—冷却器

不至于太高，末级分离压力一般不超过 0.05MPa，同时储油罐应配有大罐抽气系统，以进一步降低油气损耗。这种稳定工艺简单易行，但前提是油井生产压力较高，油气有足够的剩余能量用于多级分离。

**4. 油罐烃蒸气回收**

在开式油气集输系统中，常采用立式油罐储存油品。在油罐内，原油的蒸发损失严重，特别是在储存未稳定原油的常压固定顶储罐内，除了大、小呼吸损失外，还有闪蒸损失。从全国各油田油气损耗调查测定情况看，油罐蒸发损失约占总损耗的 40% 左右。为了减少这部分损失，有效的措施是采用油罐烃蒸气回收工艺。

### （二）分馏稳定法

分馏稳定法就是根据精馏原理脱除原油中的易挥发组分。精馏是将由挥发度不同的组分所组成的混合液在精馏塔中同时多次地进行部分汽化和部分冷凝，使其分离成几乎纯组分的过程。根据操作压力不同，分馏法可分为常压分馏和压力分馏。常压分馏的操作压力（表压）为常压至 50kPa，需设塔顶气压缩机和塔底泵，适用于密度较大的原油；压力分馏的操作压力（表压）在 50~100kPa 之间，一般可以不设塔顶气压缩机和塔底泵，适用于密度较小的原油。根据精馏塔的结构和回流方式的不同，分馏稳定法又可分为提馏稳定法、精馏稳定法和全塔分馏稳定法 3 种。

**1. 提馏稳定法**

提馏稳定法工艺流程如图 4-10 所示。该稳定塔内只设提馏段，原油从稳定塔的顶部进塔后随即在塔顶闪蒸；闪蒸后的原油在沿着各层塔板流向塔底的过程中，通过与上升油气的多次接触，进行相间传质、传热，使其中易挥发组分不断转入气相，将油气中的重组分不断冷凝下来，最后从塔底获得稳定原油。此法用于稳定原油质量要求高、对挥发出气体纯度没有要求的原油稳定。

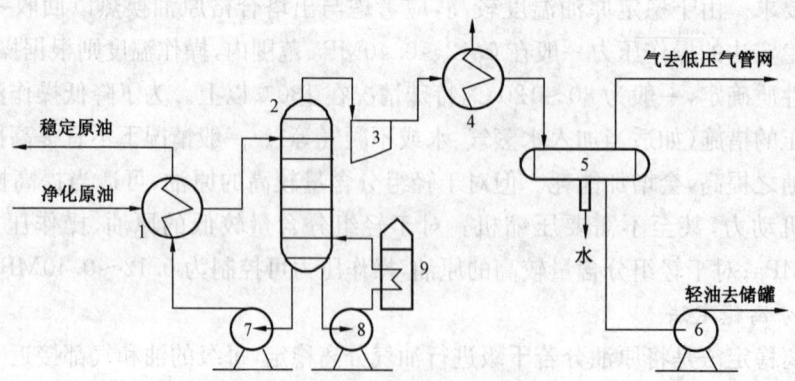

**图 4-10 提馏稳定法工艺流程示意图**
1—换热器；2—稳定塔；3—压缩机；4—冷凝器；5—三相分离器；6—轻油泵；
7—塔底油泵；8—重沸油泵；9—加热炉（器）

## 2. 精馏稳定法

精馏稳定法工艺流程如图 4-11 所示。该稳定塔内只设精馏段,经稳定塔底出来的热稳定原油预热后,再用加热炉(器)升温,然后从塔底进塔闪蒸。闪蒸后的稳定原油从塔底用泵升压经换热后流出装置。闪蒸出来的油气通过多层塔板与塔顶回流进行传质传热。分离出来的不凝气进低压气管网,分离出来的轻油用泵升压后,一部分输往轻油储罐,另一部分作为塔顶液相回流打回塔顶。由于此法能耗大,挥发出组分多为 $C_5$,蒸气压高,储运难,一般不推荐使用。但若站内有凝液分馏装置,此法也可采用。

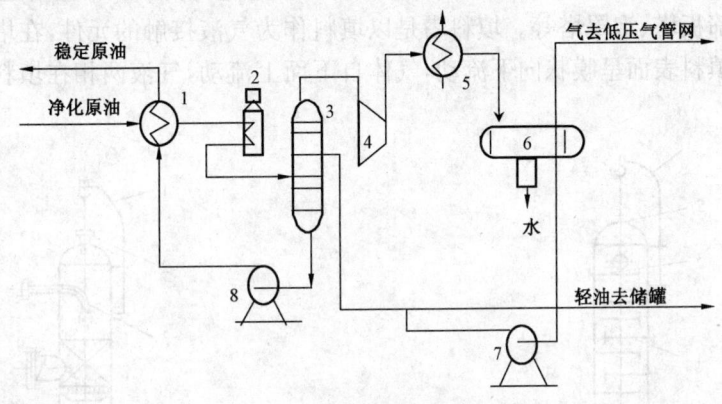

图 4-11 精馏稳定法工艺流程示意图
1—换热器;2—加热炉(器);3—稳定塔;4—压缩机;5—冷凝器;6—三相分离器;7—轻油泵;8—塔底油泵

## 3. 全塔分馏稳定法

全塔分馏稳定法工艺流程如图 4-12 所示。该稳定塔内既有精馏段,又有提馏段。原油经换热和加热后进入稳定塔中部,闪蒸出来的油气穿过精馏段的各层塔板从塔顶逸出,闪蒸后的原油沿着提馏段的各层塔板流到塔底。出塔油气和塔底原油的走向分别与精馏稳定法和提馏稳定法相同。这种工艺虽然复杂,能耗高,但分离效率最高,稳定后的原油质量最好。全塔分馏稳定法适用于含轻烃较多的原油,特别是凝析油。每吨原油预测脱气量在 $10m^3$ 以上时宜采用此法。

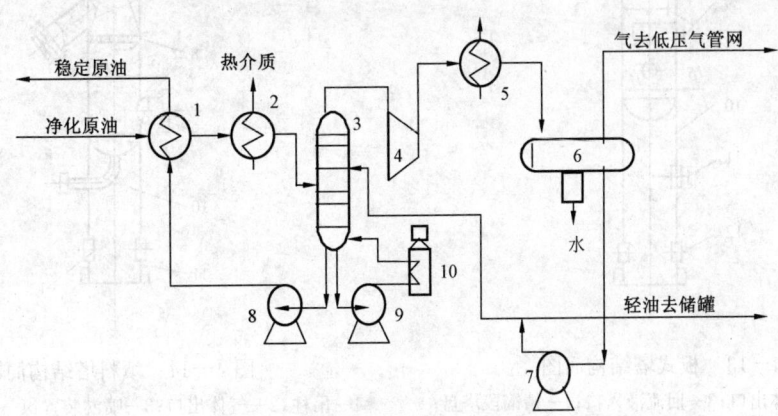

图 4-12 全塔分馏稳定法工艺流程示意图
1—换热器;2—热介质换热器;3—稳定塔;4—压缩机;5—冷凝器;6—分离器;
7—轻油泵;8—塔底油泵;9—重沸油泵;10—重沸加热炉(器)

## 三、原油稳定设备

### (一)塔设备

从原油稳定的工艺流程可知,稳定塔是各种稳定流程中的主要设备。尽管不同稳定方法中的稳定塔名称各异,但按其内部结构来分,无外乎板式塔和填料塔两大类,如图4-13和图4-14所示。其中,板式塔是分级接触型气液传质设备,在塔内装有一定数量的塔盘,气体以鼓泡或喷射的形式穿过塔盘上的液层,通过两相密切接触进行传质。根据塔盘的结构不同,又可分为浮阀塔、筛板塔、泡罩塔等。填料塔是以填料作为气液接触的元件,在塔内装有一定的填料层,液体沿填料表面呈膜状向下流动,气体自下而上流动,气液两相在填料层中逆流接触传质。

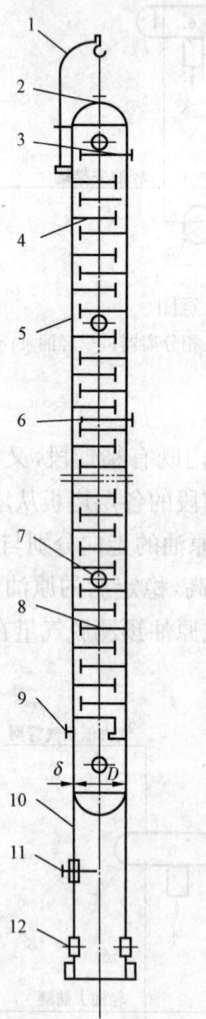

图4-13 板式塔结构简图
1—吊柱;2—气体出口;3—回流液入口;4—精馏段塔盘;
5—壳体;6—料液进口;7—人孔;8—提馏段塔盘;
9—气体入口;10—裙座;11—液体出口;
12—出入孔

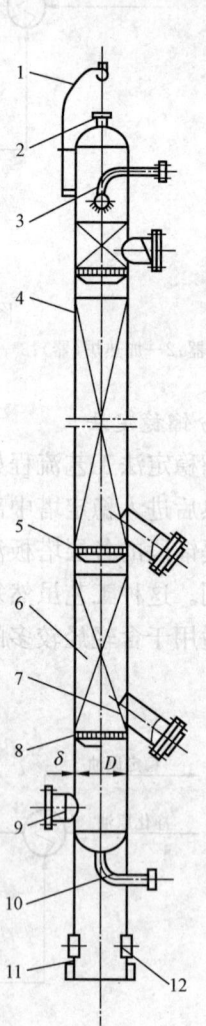

图4-14 填料塔结构简图
1—吊柱;2—气体出口;3—喷淋装置;4—壳体;5—液体
再分配器;6—填料;7—卸填料入孔;8—支撑装置;
9—气体入口;10—液体出口;11—裙座;
12—出入孔

## (二)闪蒸稳定设备

### 1. 负压稳定塔

负压闪蒸稳定效果的好坏,取决于蒸发面积和闪蒸时间。负压稳定塔在结构上,应具有塔内压降小、结构简单、蒸发面积大、闪蒸时间长的特点,以满足一次汽化的需要。目前,在油田原油稳定工艺中,常用的负压稳定塔大多是在塔内设置数层筛板的筛板塔。来料通过筛孔板式喷淋装置(图4-15)或多孔盘管式喷淋装置(图4-16)均匀地进入塔内。另外,为了提高进料的分散度,更利于脱气,进料喷淋装置与第一块塔板之间一般都有较大的距离,其喷淋高度大都在2m左右。

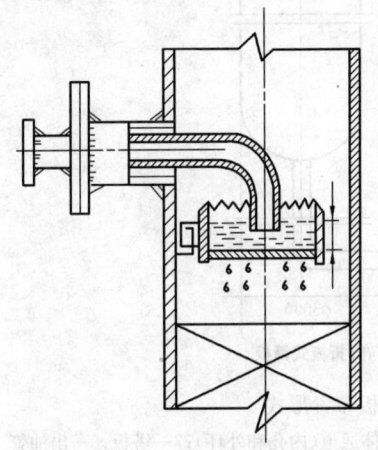
图4-15 筛孔板式喷淋装置

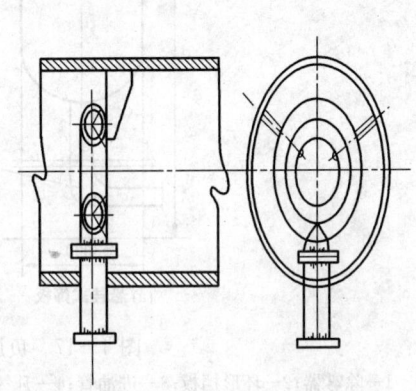
图4-16 多孔盘管式喷淋装置

由喷淋装置均匀喷出的来料,经过多层筛孔式塔板,其闪蒸面积逐渐扩大,加之在一定的负压条件下,原油中的轻组分不断从液相中分离出来。分离出的气体通过塔板的筛孔上升,与筛板上滞留的液体形成良好的气液传质。在负压闪蒸情况下,为获得较大的闪蒸面积,要求筛板塔的筛孔直径足够大,通常要求达到原油能从筛孔中向下淋降的程度。塔板是稳定塔的主体结构,对负压稳定塔来说,塔板数和塔板的布置形式应满足闪蒸面积的需要。由于负压闪蒸过程中,气相负荷一般很小,而且闪蒸过程又是一次平衡汽化,因此,在塔板的配置上不必采取强化传质措施,而应尽可能加大闪蒸面积。在塔内可计入的闪蒸面积的有塔板本身的面积、筛孔淋降的油柱面积和溢流油的油膜面积等。目前,常用的负压稳定塔的塔板块数为4~6块,塔板布置形式有如图4-17所示的悬挂式筛板和折流式塔板两种。

### 2. 闪蒸罐

油田常用稳定闪蒸罐的结构如图4-18所示。它是在罐中间装有一至两层筛板,并装有立式分离头的卧式分离器。

工作时,来料从立式分离头进入,经分离伞形成油膜柱淋降至卧式罐中的筛板上,闪蒸面积大幅度增加,原油中的轻组分不断逸出。逸出的气体在通过筛板上的筛孔和分离伞的上升过程中,不断与液体接触,形成良好的气液传质,达到油气分离的目的。由于卧式容器的筛板面积很大,且筛孔也形成淋降,加大了闪蒸面积,有利于气液分离。同时,面积很大的筛板降低了原油在分离过程中的流速,对消泡也是十分有利。因而,这种闪蒸罐尤其适合于黏度较大的原油的稳定处理。

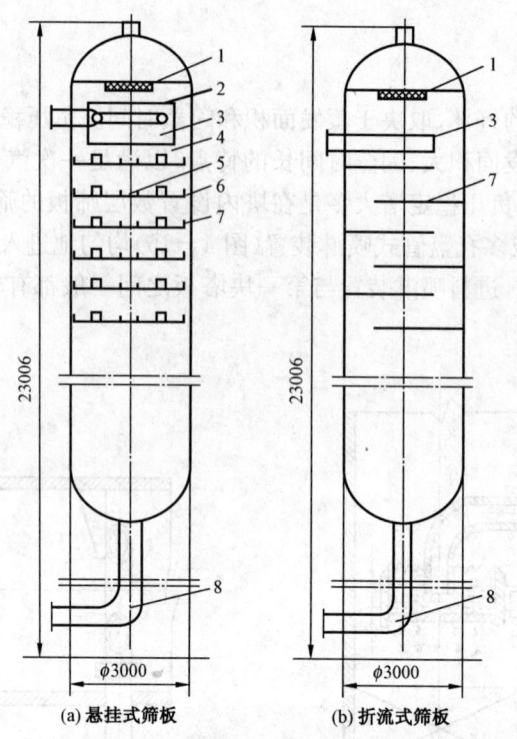

**(a) 悬挂式筛板**　　　**(b) 折流式筛板**

图 4-17　负压稳定塔塔板布置形式

1—除雾器；2—环形挡板；3—进油管；4—升气孔；5,6—气体通道(内孔和外环)；7—塔板；8—出油管

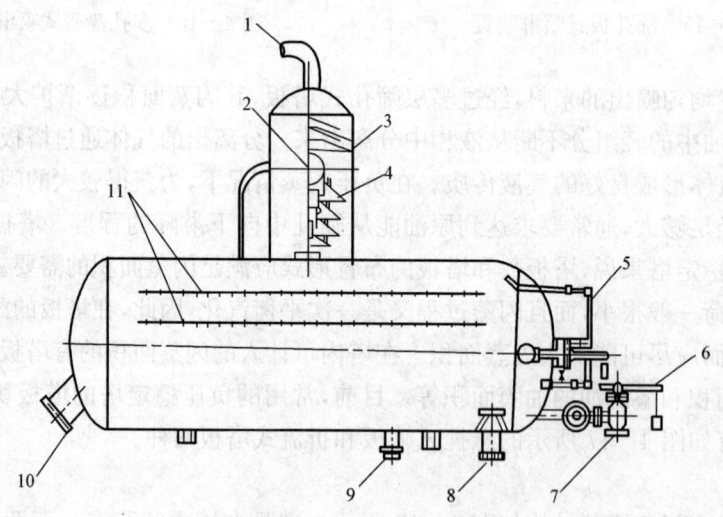

图 4-18　闪蒸罐基本结构图

1—闪蒸气出口；2—来料入口；3—立式分离头；4—分离伞；5—液位计；6—浮子连杆机构；7—出油阀；8—出油口；9—排污口；10—人孔；11—筛板

## (三)分馏稳定设备

分馏稳定的主要稳定设备是分馏塔。分馏塔的工作原理如图 4-19 所示。工作时，进塔原料首先在进料段部分汽化，产生的气体向塔的顶部运动，与此同时塔顶冷凝的液体自塔顶向下运动。逆向运动的气液相物料，在塔内的塔板或填料上密切接触。从塔顶回流下的液相是

经过冷却后的轻组分含量很高的物料,在自下而上的流动过程中,随着温度的不断升高,低沸点组分的浓度不断下降,向塔顶运动的气体在与逆向运动的液体不断接触的过程中,液滴不断凝聚,轻组分的浓度不断升高。气体到达塔顶时,轻组分的浓度达到稳定深度的要求。这一过程,称为精馏。稳定塔的这一工作段,称为精馏段。

在进料段汽化后的液相部分和从精馏段底部流下来的液体,一起自上而下向塔底运动,流至塔底的液体进再涨器加热,加热生成的气体返回塔底,形成与液体反向运动的气相运动。逆向运动的气液两相,在塔内的塔板或填料上密切接触,使液相中的低沸点组分逐渐被提出。这一过程称为提馏。稳定塔的这一工作段,称为提馏段。

从分馏稳定的过程看,要求分馏塔要有良好的气液传质结构,如图4-20所示的浮阀塔就能较好地满足这一要求。

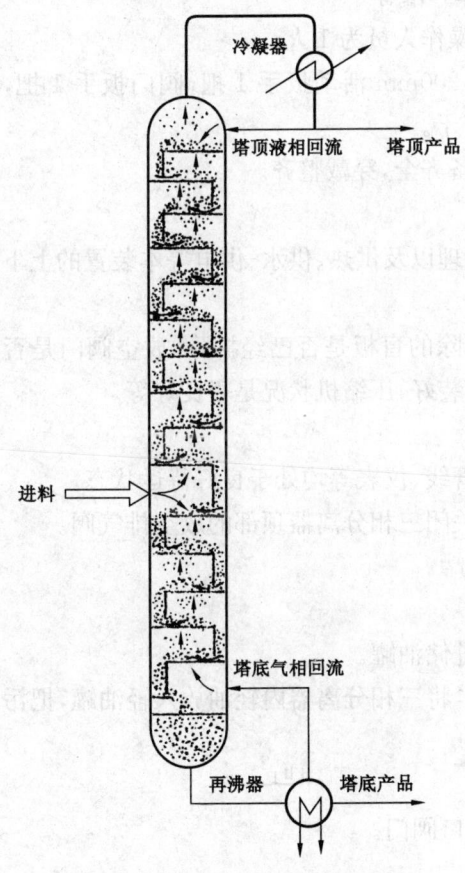

图4-19 分馏塔工作原理示意图

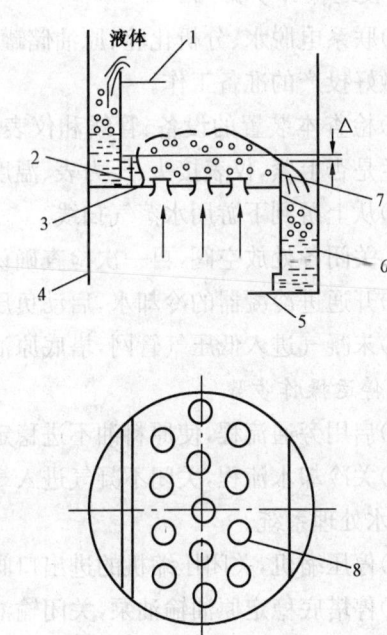

图4-20 浮阀塔结构示意图
1—上层塔板;2—进口堰;3—塔板;4—塔壁;5—下层塔板;6—降液管;7—溢流堰;8—盘式浮阀

## 四、原油稳定操作

### (一)塔顶循环回流的操作

在原油稳定的塔顶产品中,不凝气较多,如果采用冷凝器冷却回流的方法,必然使塔顶冷凝器的传热系数降低,传热面积加大。为了避免使用庞大的塔顶冷凝器,生产中常采用如图4-21所示的塔顶循环回流方法。

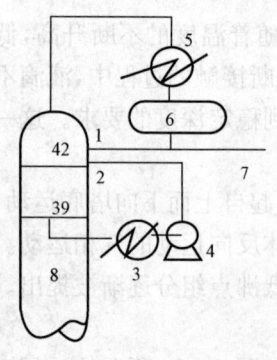

图 4-21 塔顶循环回流示意图
1—塔顶冷回流;2—塔顶循环回流;
3—塔顶循环换热器;4—塔顶循环
回流泵;5—塔顶冷却器;6—塔顶
回流罐;7—塔顶产品引出装置;
8—常压塔;39—第 39 块塔板;
42—第 42 块塔板

塔顶循环回流操作,是将稳定塔内的部分液相抽出,经换热器冷却后,再从抽出点的上方或塔顶送回塔内。该回流液与塔内上升的气相传质、换热,自身温度升高,并把部分上升的气相冷凝成热回流(内回流)。

采用塔顶循环回流的操作,可以提高原油稳定塔的塔顶循环回流量。在处理量一定时,可以减少塔径,节约投资。若用循环回流液来预热原料,还可节省燃料,减少加热炉的负荷。但是,采用塔顶循环回流会降低精馏效果。

### (二)负压闪蒸原油稳定投、停运操作

**1. 人员要求及工作准备**

(1)本项目所需操作人员为 1 人。

(2)工用具准备:200mm 活动扳手 1 把,阀门扳手 1 把,记录笔,记录纸,棉纱若干。

(3)劳保用品准备齐全,穿戴整齐。

**2. 投运操作步骤**

(1)联系电脱水、分析化验、原油储罐、天然气处理以及供热、供水、供电等本装置的上下游岗位,做好投产的准备工作。

(2)检查本装置的设备、管线和仪表,注意应拆除的盲板是否已经拆除,放空阀门是否关闭,法兰是否上紧,仪表接头、压力表、温度计是否安装好,压缩机状况是否良好等。

(3)从上游到下游用水蒸气扫线。

(4)关闭各处放空阀,再一次检查确认各设备、管线、仪表等均处于良好待运状态。

(5)开通进冷凝器的冷却水,启动负压压缩机,关闭三相分离器顶部的放空排气阀。

(6)未凝气进入低压气管网,塔底原油进入储油罐。

**3. 停运操作步骤**

(1)启用旁通流程,使原料油不进稳定塔,直接进储油罐。

(2)关冷却水流程,关闭不凝气进入气管网阀门,将三相分离器内轻油放入轻油罐,把污水放入污水处理系统。

(3)停压缩机,关闭压缩机的进出口阀门。

(4)停塔底稳定原油输油泵,关闭输油泵的进出口阀门。

(5)用水蒸气扫净设备、管线内的油气。

**4. 技术要求**

(1)调节原料油进塔和塔底稳定原油、三相分离器轻油、未凝气的出塔流量,尽量使进料量与产品的出塔量保持平衡。

(2)注意调节稳定塔进料、产品出塔温度及冷凝器冷却水量和温度,保持进入与流出稳定系统的热量平衡。

(3)按要求正确操作、维护和保养负压压缩机,使其保持良好的工作性能。

(4)保证三相分离器自动调节阀的灵活,配合仪表显示勤观察,控制好三相分离器的油气界面和油水界面。

5. 安全要求

(1)输油泵不允许抽空。

(2)三相分离器水包要防冻。

(3)开关阀门时侧身站立。

(4)设备的进出料要保持平衡,不能超压或抽空。

## (三)原油稳定进料操作

1. 人员要求及工作准备

(1)本项目所需操作人员为1人。

(2)工用具准备:200mm活动扳手1把,阀门扳手1把,记录笔,记录纸,棉纱若干。

(3)劳保用品准备齐全,穿戴整齐。

2. 操作步骤

(1)检查系统各设备、管线、仪表。

(2)冷却水自然循环,冷却水泵正常。

(3)检查供电系统正常,电压稳定。

(4)从进料口吹入水蒸气,三相分离器的出口阀关闭,逐渐升压。

(5)启动进料泵,将部分来料打入稳定塔内。

(6)手动操作控制塔底的液面高度,逐渐增大稳定塔的进料量,关闭来料进储油罐的旁通阀门。

(7)当重沸器加热到规定温度、稳定塔进料达到满负荷后,关闭向塔顶通蒸气的阀门。

(8)通冷却水进冷凝冷却器,稳定塔顶出来的油蒸气冷凝,三相分离器逐渐建立起液面。

(9)先手动操作,再将手动控制改为自动控制。

3. 技术要术

(1)分馏塔的物料和热要达到平衡。

(2)稳定塔的操作压力、温度、进料含水量和塔底原油饱和蒸气压要达到技术要求。

(3)要保证冷却水和重沸器加热介质的正常供应。

4. 安全要求

冬季要注意防冻。对三相分离器油水界面、塔底液面等处的板式液位计更要特别注意伴热和保温。

## (四)常见事故处理

(1)停电:若停电时间较短,按临时停车处理;否则按长期停车处理。

(2)重沸器热源中断:来料通过旁通管线进原油储罐,关闭稳定塔进料阀门,停止塔顶和塔底的产品排出;停止回流泵,冷却水照常循环;如热源不能在较短时间内恢复供给,应按长期停车处理。

(3)仪表供风中断:改自动控制为手动控制,查找停风原因,并进行相应的处理;供风正常后,恢复自动控制。

(4)冷却水中断:关闭冷凝冷却器回水阀门,查找停水原因,并进行处理,若停水时间较短,按临时停车处理;若停水时间较长,应按长期停车处理。

(5)管线泄漏:停车,泄压,查找泄漏原因,维修或更换管线。

# 第四节 油气田采出污水处理

## 一、油气田采出污水的性质

由于不同地区、不同地层的油藏中的油层水组成不同,不同采油方法对采出水的影响也不同,使得油气田采出污水的水质有很大的不同,应根据不同的污水性质采用合适的污水处理技术。

### (一)油气田采出污水的共性

1. 富含各种有机物

油气田采出污水中含有溶解的多种原油有机成分,因其在采油及油层改造过程中常使用各种化学添加剂,使得采出水具有较高的化学需氧量。

2. 矿化度高

油气田采出污水的矿化度最低也不小于1000mg/L,某些油气田采出污水总矿化度可高达140000mg/L以上。

3. 含油量高

一般油气田采出污水中的含油量均超过1000mg/L,远大于回注水所要求的水质标准。含油污水中油的存在形式主要有以下三种:

(1)分散油。油珠在污水中的直径较大,为10～100μm,易于从污水中分离出来,浮于水面而被除去。这种状态的油占污水含油量的60%～80%。

(2)乳化油。其在污水中的分散粒径很小,为0.1～10μm,与水形成乳状液,属于水包油(O/W)型乳状液。这部分油不易除去,必须反相破乳之后才能将其除去,乳化油占污水含油量的10%～15%。

(3)溶解油。油珠直径小于0.1μm。由于油在水中的溶解度很小,为5～15mg/L,这部分油是不能除去的,其占污水含油量的0.2%～0.5%。

4. 含有一定量的微生物

油气田采出污水中常见的微生物包括硫酸盐还原菌(SRB)、腐生菌(TGB)和铁细菌(B)等,均为丝状菌,多数油气田采出污水中细菌含量为$10^2$～$10^4$个/mL,有的细菌含量高达$10^8$个/mL。细菌大量繁殖不仅腐蚀管线,而且还将造成地层严重堵塞。

5. 含有大量的可生成水垢的离子

油气田采出污水中常见的阳离子有$Ca^{2+}$、$Mg^{2+}$、$Ba^{2+}$、$Sr^{2+}$等,阴离子有$HCO_3^-$、$Cl^-$、$SO_4^-$等,这些离子在水中的溶解度是有限的。一旦污水所处的物理条件(温度、压力等)发生变化或水的化学成分发生变化,均可能引起结垢。

6. 悬浮物含量高

油气田采出污水中悬浮物,主要成分为石英砂、黏土、细菌聚集体等,颗粒细小,回注地层时容易造成堵塞。

### (二)油气田采出污水的特殊性

(1)对于黏度大的稠油或高含蜡原油的开采,采用蒸汽热采技术,导致采出水温度高,使油田污水中的可溶物含量高。

(2)聚合物驱采油的采出污水,其聚合物含量高达几十甚至几百毫克每千克。由于聚合物的存在,水的黏度增加。聚合物在油水界面上和固体颗粒表面的吸附使油珠和固体颗粒的分散稳定性增强,导致油水分离更加困难。

(3)三元复合驱采油的污水中不仅含有聚合物,还含有碱、表面活性剂以及碱与原油中酸性、醋类物质反应形成的界面活性物质。这些界面活性物质在油水界面上和固体颗粒表面的吸附使原油与水乳化更为严重,固体颗粒更稳定,导致油水分离、固液分离十分困难。

(4)有的地层中砂粒的胶结物易流失,或由于添加了化学剂的溶解作用造成胶结物黏土和砂粒被水带出地层,可能导致井筒、管线和设备严重磨损,使污水中的砂粒和铁屑等机械杂质含量增加。

### (三)油气田采出污水处理利用的意义

油气田采出污水是油田开发过程中不可避免的产物。随着油田开发时间的延长,产出的污水也随之增加,因而污水回注或回用意义重大。

(1)污水中含有表面活性物质,能提高洗油能力。

(2)高矿化度污水回注后,不会使黏土颗粒膨胀而降低地层渗透率。

(3)污水回注保护了环境,提高了水的利用率。

(4)污水回用可以充分利用污水中的热能,替代清水,减少无效回注或外排,保护油气田周边环境。

## 二、油气田采出污水处理工艺

在油气田采出污水处理过程中,除油工艺起着重要的作用。常用除油工艺有重力除油工艺、斜板除油工艺、粗粒化除油工艺、气浮除油工艺、旋流除油工艺、生物降解除油工艺等。

### (一)重力除油工艺

1. 基本原理

重力除油属于物理法除油范畴,是一种重力分离技术,其原理是根据油气田污水中油和水的密度不同,利用油和水的密度差使油上浮,从而达到油水分离的目的。目前各油田采用较多的重力除油装置是立式重力除油罐。

2. 装置结构及工作原理

立式重力除油罐如图4—22,图4—23所示,上部设集油槽收油,中上部设分流配水系统,中部为沉降区域,中下部设集水系统,底部设排污系统排出污泥。

图4—22 立式除油罐实物图

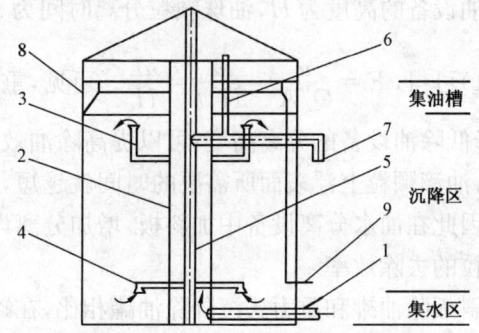

图4—23 立式除油罐结构示意图
1—进水管;2—中心筒;3—配水管;4—集水干管;5—集水总干管;
6—虹吸破坏管;7—出水管;8—蒸气管;9—出油管

油气田采出污水经进水管流入除油罐内中心筒，经配水管流入除油罐上部均匀分布，在沉降区域内，根据油、水及悬浮固体的相对密度不同而实现重力沉降。水中粒径较大的油珠在油水相对密度差的作用下首先上浮至上部油层，粒径较小的油珠随水流向下流动。在此过程中，水流以一定速度向下流动，污水中的油珠以一定速度向上浮升，当油珠上升速度大于水流下流速度，油珠即可浮升到油层面而被去除掉；当油珠上升速度与水流下流速度相同时，油珠被截留在水中；油珠上升速度小于水流下流速度，油珠就被水流带走。这样，有的油珠上浮，有的油珠悬浮，有的油珠下降，油珠之间不断碰撞使油珠发生凝聚作用，粒径变大，浮升速度也就加快，从而使无上浮能力的部分小粒也浮至油层面被去除掉。水面上的油层进入集油槽内汇集后排出。悬浮固体沉到罐底经排污管排出。污水进入集水管经出水系统流出除油罐，进入下一处理单元。

## （二）斜板除油工艺

### 1. 基本原理

斜板除油原理是基于浅池沉降理论。该理论忽略了水流的不均匀性，油珠颗粒上浮中的絮凝等因素，认为油珠颗粒在理想状态下进行重力分离，即假定：

(1) 过水断面上各点的水流速度相等，且油珠颗粒上浮时的水平分速度等于水流速度；

(2) 油珠颗粒是等速上浮的；

(3) 油珠颗粒上浮到水面即被去除。

油气田采出污水在这种重力分离池中的分离效率（也称除油效率）以大于浮升速度 $u$ 的油珠颗粒去除率来表示：

$$E = \frac{u}{Q/A} \tag{4-1}$$

式中　$E$——油珠颗粒的分离效率；
　　　$u$——油珠颗粒的上浮速度，m/s；
　　　$Q$——处理流量，m³/s；
　　　$A$——除油设备水平面工作面积，m²。

$\frac{Q}{A}$ 为表面负荷或过流率，其意义是单位沉淀池面积在单位时间内所能处理的污水量。当除油设备通过的流量 $Q$ 一定时，加大面积 $A$，可以提高除油效率或增加设备的处理能力。假设除油设备的高度为 $H$，油珠颗粒分离时间为 $t$，则表面负荷率可表示为 $\frac{Q}{A} = \frac{H}{t}$，将其代入式 (4—1) 可得，$E = \frac{u}{Q/A} = \frac{u}{H/t} = \frac{ut}{H}$。可见，重力分离除油设备的除油效率是其分离高度的函数，降低除油设备的分离高度，可以提高除油效率。在其他条件相同时，除油设备的分离高度越小，油滴颗粒上浮表面所需要的时间就越短，除油效率就越高，就是所谓的"浅层原理"。

因此在油水分离设备中加斜板，增加分离设备的工作表面积，缩小分离高度，可以提高油珠颗粒的去除效率。

斜板除油罐和重力式沉降除油罐相比，在罐的中部多了一层倾斜安装的斜板。装入斜板以后，水和油滴的相对运动状态和不装斜板时有所不同。首先是几百块斜板使除油罐的油水分离工作面积成倍增加，每块斜板都相当于一个小的分离设备，这就使得在相同处理量下除油效率大为提高。其次，由于斜板之间的距离很小，使油珠浮升的距离大大缩短，相应缩短了沉降时间。另外,罐中部的斜板使进罐以后的水流更为平稳均匀,降低了水流向下运动的速度,有利于油水分离。斜板除油罐的优点是除油效率高,相同容积的斜板除油罐比一般重力式除油罐的处理量要增大一倍。缺点是罐内斜板容易被油层污染,一旦污染以后,斜板就失去作用,除油效率反而降低。

2. 装置结构及工作原理

如图4—24所示,斜板除油罐的结构和重力式除油罐基本相同,其主要区别是在普通除油罐中心反应筒外的分离区一定部位加设了斜板组。油气田采出污水进入斜板除油罐后,通过配水系统均匀分布在上部进行初步的重力分离,较大的油珠颗粒先行分离出来,然后污水进入斜板沉降区,浮油和部分乳化油在斜板上聚结成较大颗粒

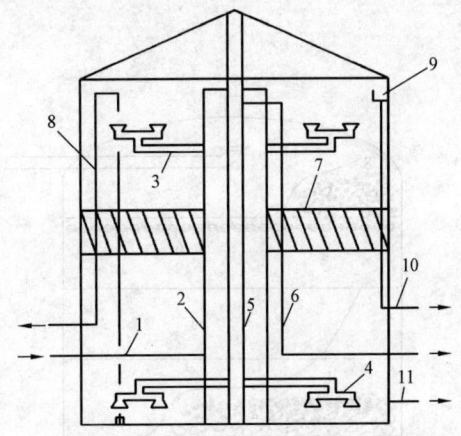

图4—24 斜板除油罐结构示意图
1—进水管;2—中心反应筒;3—配水管;4—集水支管;
5—集水总干管;6—出水管;7—斜板;8—溢流管;
9—集油槽;10—出油管;11—排污管

后向上漂浮,实现油水分离。分离后的污水在下部集水区流入集水管,汇集后的污水由中心管上部流出除油罐。在斜板区分离出来的油珠颗粒上浮到水面,进入集油槽后由收油管排出。

(三)粗粒化除油工艺

1. 基本原理

粗粒化是使油气田采出污水流经装有粗粒化材料的装置,从而使油珠由小变大的过程。粗粒化除油是粗粒化及相应沉降过程的总称,其处理对象主要是水中的分散油。对于温度一定的特定污水,油珠上浮速度与油珠粒径平方成正比。若在污水沉降前设法使油珠粒径增大,可加大油珠上浮速度,进而使污水向下流速加大,提高除油效率。经过粗粒化的油气田采出污水,其含油量及污油性质并无变化,只是更容易用重力分离法将油除去。

粗粒化方法(也称聚结技术)能去除粒径大于 $20\ \mu m$ 的油珠,其主要缺点有:油气田污水流速不能太大,应保持层流(紊流时不但聚结不成较大油珠,反而会使得油珠分布更均匀);需要定期对聚结床层冲洗,从而提高了投资和操作费用。目前粗粒化机理尚未形成统一的理论,大体上有润湿聚结和碰撞聚结两种解释。

1)润湿聚结

润湿聚结理论建立在亲油性粗粒化材料的基础上。当油气田采出污水经过亲油性材料组成的粗粒化床时,分散油珠便在材料表面润湿并附着,这样材料表面几乎被油包住,再流来的油珠也更容易润湿并附着在上面,因而附着的油珠不断聚结扩大并形成油膜。由于浮力和反向水流冲击的作用,油膜开始脱落,于是材料表面得到一定更新。脱落的油膜到水相中形成油珠,该油珠粒径比聚结前的油珠粒径要大,从而达到粗粒化的目的。例如,使用聚丙烯塑料球及无烟煤作粗粒化材料的聚结,就属于润湿聚结。

2)碰撞聚结

碰撞聚结理论建立在疏油性粗粒化材料基础之上。无论是由粒状还是纤维状粗粒化材料组成的粗粒化床,其孔隙均构成互相连续的通道,犹如无数根直径很小并弯曲交错的微管。当油气田采出污水流经该床时,因粗粒化材料的疏油性,两个或多个油珠有可能同时与管壁碰撞或相互之间碰撞,其冲量足可以使它们合并成为一个较大的油珠,从而达到粗粒化的目的。例

如,使用蛇纹石及陶瓷作粗粒化材料的聚结,就属于碰撞聚结。

其实,无论是亲油或疏油的粗粒化材料,两种聚结都同时存在,只是前者以润湿聚结作用为主,后者以碰撞聚结为主。因此,无论是亲油性材料还是疏油性材料,只要粒径合适,就会有比较好的粗粒化效果。

2. 装置结构及工作原理

目前油田上采用的粗粒化除油装置多为粗粒化罐,其结构一般为压力反向流形式,与其配套的除油罐原则上各种形式结构的均可以使用。粗料化罐结构如图4-25所示。油气田采出污水从粗粒化罐底部进入配水系统,使水流均匀分布,再通过以卵石组成的垫层,进入粗料化材料组成的粗粒化区,污水在粗粒化区实现油珠由小变大的过程,经过粗粒化后的水由上部排出,进入除油罐中实现油水分离。部分粒径较大的油珠经顶部出油管进入收油池回收。

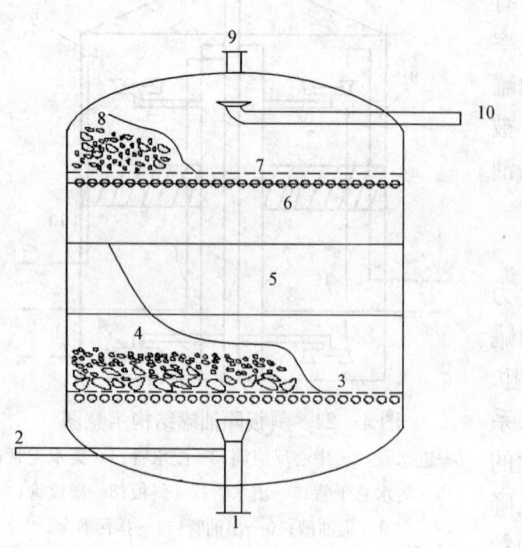

图4-25 粗粒化罐结构示意图
1—进水管;2—反冲补充水管;3—不锈钢网;4—卵石垫层;
5—粗粒化材料;6—钢格栅;7—不锈钢丝网;
8—卵石;9—出油管;10—出水管

### (四)气浮除油工艺

1. 基本原理

气浮法是以微细气泡作为载体,黏附水中的悬浮颗粒上,使其视密度小于水,然后颗粒被气泡挟带浮升至水面与水分离去除的方法。气浮除油就是在油气田采出污水中通入空气(或天然气),使水中产生微细气泡,有时还需加入浮选剂或混凝剂,使含油污水中的乳化油和分散油或水中悬浮颗粒黏附在气泡上,随气泡一起上浮到水面上,然后采用机械的方法撇除,从而达到油气田采出污水除油的目的。该法主要用于去除粒径为$10 \sim 60 \mu m$的分散油及乳化油。该方法是常用的水质净化处理方法。

2. 装置结构及工作原理

气浮除油装置按照作用机理大致分为溶解气气浮选装置;分散气气浮选装置;电解凝聚气浮法三类。在油气田污水处理中,因气浮多用于去除水中以油为主要危害成分而得到普遍应用。

1)溶解气气浮选装置结构及工作原理

(1)原理。

在加压条件下,使空气溶于水,形成空气过饱和状态,然后减至常压,使空气析出,以微小气泡释放于水中,实现气浮。

(2)特点。

加压条件下,空气的溶解度大,能提供足够的微气泡,确保气浮效果。减压释放,产生气泡不仅微细($20 \sim 100 \mu m$),粒径均匀,密集度大,而且上浮稳定,对液体扰动小。特别适合于疏松絮凝体、细小颗粒的固液分离。

(3)工艺过程。

溶解气气浮选装置工艺过程如图4-26所示,使气体在压力状态下溶于水中,再将溶气水引入浮选器首端或底部均匀配出,待压力降低后,溶入水中的气体便释放出来,使被处理水中的油珠和悬浮固体吸附到气泡上,上浮聚集被去除。溶解气气浮选装置工艺设备和流程较为简单,便于管理维护。处理效果显著、稳定,节约能耗。

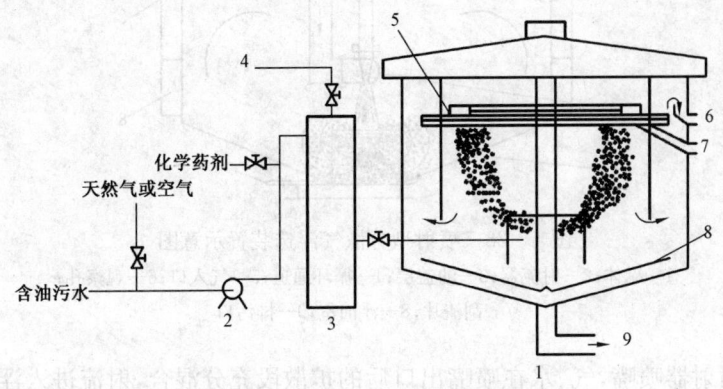

图4—26 溶解气气浮选装置示意图
1—浮选装置;2—提升泵;3—溶气罐;4—溢气口;5—刮渣器;6—净化水出口;
7—污油出口;8—刮泥器;9—固体杂质出口

2)分散气浮选装置结构及工作原理

分散气浮装置分为旋转型浮选装置和喷射型浮选装置两种。

旋转型分散气浮选装置如图4—27所示,是利用电动机带动叶轮旋转,油气田采出污水流入水箱,叶轮旋转产生的低压使污水流入叶轮。叶轮旋转,在离心力的作用下,把水通过叶轮周围的环形微孔板甩出,于是装叶轮的立管形成了真空,使气从水层上的气顶进入立管,同时水也进入立管,水气混合,被一起高速甩出。当混合流体通过微孔板时,剪切力将气体破碎为微细气泡。气泡在上浮过程中,附着到油珠和固体颗粒上。气泡通过水面冒出,油和悬浮固体浮在水面,形成的泡沫不断地被缓慢旋转的刮板刮出槽外。

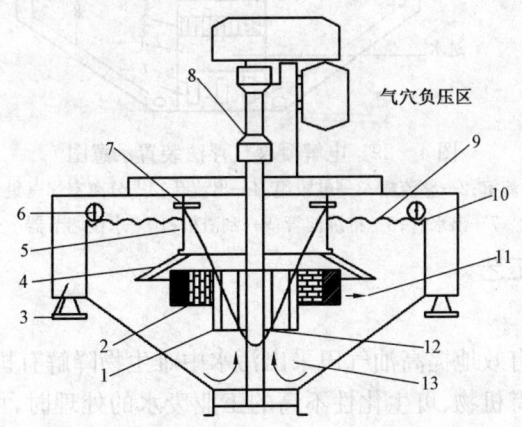

图4—27 旋转型分散气浮选装置示意图
1—转子;2—分散器;3—废渣箱;4—支撑罩;5—立管;6—刮渣器;7—气入口;8—轴承;
9—液面;10—浮渣堰口;11—两相混流;12—液体涡流;13—液体再循环路径

喷射型分散气浮选装置如图4—28所示,该装置每个浮选单元均设置一个喷射器,利用泵将净化水打入浮选单元的喷射器,喷射器内的喷嘴局部产生低气压,引起气浮单元上部气相空

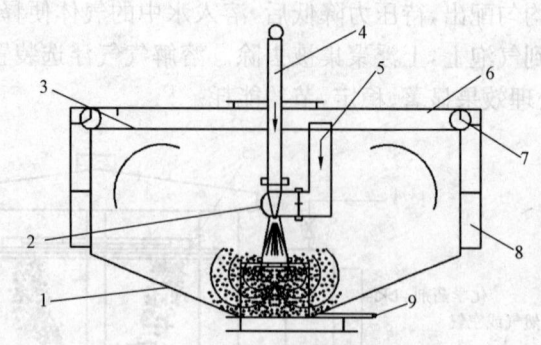

图 4-28 喷射型分散气浮选装置示意图
1—罐体；2—射流器；3—油盖层；4—循环通道；5—气入口；6—观察孔；
7—刮渣片；8—浮油室；9—排污口

间的气体流向喷射器喷嘴，气、水在喷嘴出口后的扩散段充分混合，射流进入浮选单元中下部，与被处理的污水混合，形成油、悬浮固体与气泡吸附、聚集，上浮后被去除。

3) 电解凝聚气浮法

如图 4-29 所示，电解凝聚气浮法是把含有电解质的污水作为被电解的介质，在污水中通入电流，利用通电过程的氧化-还原反应使其被电解形成微小气泡，进而利用气泡上浮作用完成气浮分离。这种方法不仅能使污水中的微小固体颗粒和乳化油得到净化，而且对水中的一些金属离子和有机物也有净化作用。

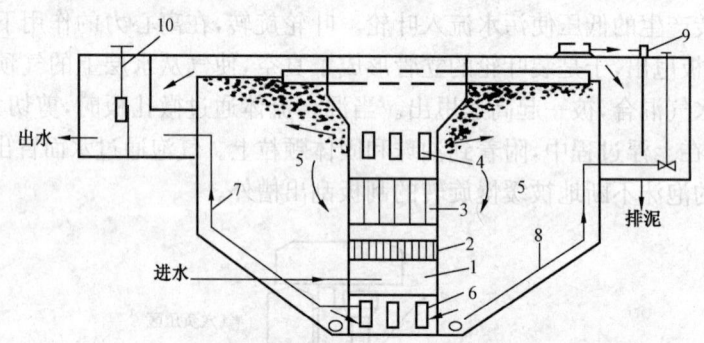

图 4-29 电解凝聚气浮法装置示意图
1—入流室；2—整流栅；3—电极组；4—出流孔；5—分离室；6—集水孔；
7—出水管；8—排沉淀管；9—刮渣机；10—水位调节器

### (五) 生物降解除油工艺

1. 基本原理

水解酸化工艺可以有效地提高油气田采出污水中难生物降解有机物的可生化性。水解酸化过程应用于含难降解有机物、可生化性不高的工业废水的处理时，可作为一种预处理手段，利用有机物厌氧分解过程中酸性发酵阶段的特点，将污水中某些大分子难降解有机物转化为较易降解的小分子有机物，从而改善废水的可生化性，为后续好氧生物处理创造有利条件。污水的水解酸化处理技术主要是将反应控制在厌氧消化过程中的水解和酸化阶段。

2. 装置结构及工作原理

河南油田生化降解工艺流程如图 4-30 所示。含油污水由污水提升泵提升至冷却塔降温

(夏天),进入隔油池除去浮油,隔油池出水进入二级水解酸化池,在此除去部分有机污染物、悬浮固体、乳化油及分散油,其主要目的是降解污水中难降解的有机污染物,使大分子、结构复杂有机分子分解成为小分子、结构简单的、易降解的有机污染物,从而提高含油污水的可生化性,为后续的好氧单元做准备。中沉池出水进入三级好氧处理单元,进一步去除污水中的有机污染物以达到排放标准。后接三级二沉池以确保出水稳定达到排放标准;出水进入明渠由标准排放口排入河水中,明渠中安有明渠流量计以监测日排放水量及累积排放水量,排放口处接COD在线监测装置,以对排放水质进行实时监测。整套装置进水由提升泵提供动力,各单元之间以溢流的方式运行。污泥回流以及剩余污泥的输送通过污泥气提器实现,气提器动力来源于鼓风机。

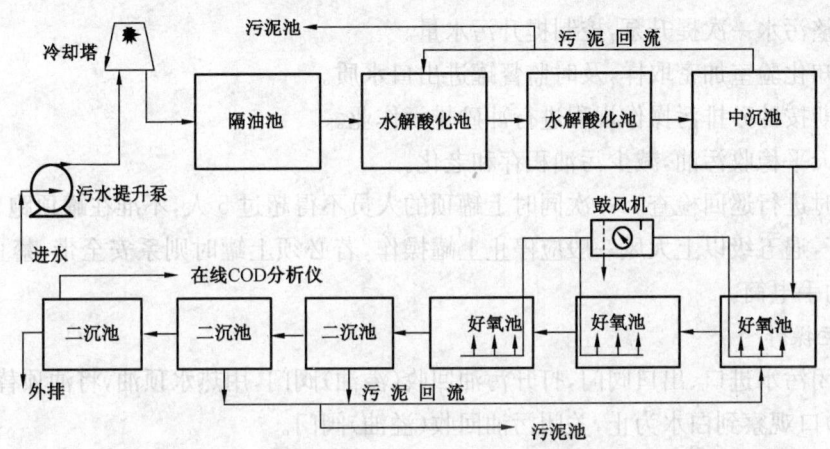

图 4—30 河南油田生化降解工艺流程示意图

## 三、主要污水处理装置运行操作

### (一)除油罐运行操作

1. 人员要求及工作准备

(1)本项目所需操作人员为1人。

(2)工用具准备:200mm 活动扳手1把,450mm 管钳1把,阀门扳手1个,量油尺1把,记录笔,记录纸,棉纱若干。

(3)劳保用品准备齐全,穿戴整齐。

2. 启运前准备

(1)检查各安全附件是否安全正常。

(2)打开人孔自然通风或强制通风,待瓦斯浓度合格后进罐内检查,确认罐内外防腐及罐内构件完好,检查各阀门、法兰是否紧固。

(3)通知仪表工对相应仪表进行检查,保证投产后指示准确。

(4)调校罐内收油装置至正常,同时检查浮动收油装置螺栓是否紧固,万向节是否能转动正常,各节点是否密封严密。

(5)封人孔,导通相应流程,进水试漏,人孔、仪表、工艺管线等连接处无渗漏。

(6)对相应机泵进行检查,确保投运后按设计要求运行。

(7)检查各阀门是否灵活好用,进油前各阀门应处于关闭状态。

(8)罐防雷设施应执行 GB 50074—2014 的规定,防静电接地应符合 SY 5984—2014 的规定。

3. 投产运行操作

(1)缓慢打开进水阀,倾听进水声音是否正常,正常后全开进水阀门,水罐转入正常进水运行。待污水液位超过缓冲最低液位后缓慢打开污油出口阀门,污油倒进污油系统。

(2)待液位达到 9m 以上时,打开出水阀,控制好运行液位在 9~11m 缓冲范围内。

(3)在整个进水过程中认真检查与罐连接的所有法兰、人孔、阀门等有无渗漏,基础有无异常情况。

(4)调整污水一次提升泵,控制提升污水量。

(5)通知化验室加密取样,及时监督罐进出口水质。

(6)定期按冲砂排污操作规程进行冲砂排污作业。

(7)每天平稳收污油,减少污油积存和老化。

(8)定时进行巡回检查。一次同时上罐顶的人员不得超过 5 人,不准在罐顶跑、跳,上下罐应手扶栏杆,遇五级以上大风一般应停止上罐操作,若必须上罐时则系安全带;禁止在罐顶上开不防爆的手电筒。

4. 停运操作

(1)关闭污水进口、出口阀门,打开污油回收(溢油)阀门,用热水顶油,将油顶替干净,污油回收(溢油)口观察到白水为止,关闭污油回收(溢油)阀门。

(2)打开污水出口阀门,用提升泵将水罐液位缓慢下降到最低液位,关闭污水出口阀。

(3)打开底部排污阀将罐内剩余污水排放至污水池,将缓冲除油罐内液体放空,使该罐处于停运状态或检修状态。

5. 技术要求

(1)配套工艺正常,无渗漏、无泄漏。

(2)安全附件检测合格。

(3)流程标注正确。

(4)罐内收油装置安装正常。

(5)液位显示仪表显示正常。

6. 安全要求

(1)上罐时要放静电,手扶扶梯,不能跑、跳,使用防爆手电。

(2)倒流程时要先开后关,防止管线及系统憋压。

(3)六级以上大风和雨雪天严禁上罐,上罐人员不能超过 5 人。

(二)污水过滤器操作

1. 人员要求及工作准备

(1)本项目所需操作人员为 1 人。

(2)工用具准备:200mm 活动扳手 1 把,450mm 管钳 1 把,阀门扳手 1 个,记录笔,记录纸,棉纱若干。

(3)劳保用品准备齐全,穿戴整齐。

2. 启动前的准备

(1) 检查机泵保养情况,周围无杂物,各部位螺栓坚固,接地线完好。

(2) 检查压力变送器、压力表、安全阀、流量计、液位计等显示情况,要求准确、灵活好用。

(3) 通知仪表工对相应仪表进行检查,保证投产后指示准确。

(4) 检查缓冲水池、反洗储水池、污水池、外输罐液位能否满足运行条件。

(5) 导通相应流程,管线畅通,连接处无渗漏。

(6) 罐内防雷设施应执行 GB 50074—2014 的规定,防静电接地应符合 SY 5984—2014 的规定。

3. 过滤运行操作

(1) 导通过滤罐进口阀门、出口阀门、顶部排气阀门,将各罐进满水。

(2) 进水过程中注意观察压力表变化,如有憋压等异常现象立即停止进水。

(3) 过滤罐进、出水正常后,调节手动进水阀门使各罐走水量平均。

(4) 调配微絮凝剂导通加药系统流程,投加药剂。

(5) 当班化验工每 2h 检测过滤出水指标,待水质达标后方可进入软化系统或注水系统。

(6) 每 2h 巡查一次,记录过滤罐进水流量及压力。

(8) 同一级过滤罐应确保二运一备,避免憋压。

4. 反洗操作

(1) 打开排气阀门和中排阀门,将滤罐放空,直到听不到中排有流水声为止。

(2) 导通气洗进、出口阀门,启动水环压缩机对滤料进行充分气洗 10~20min。

(3) 停止水环压缩机,关闭上述阀门,静止待滤料回复原位。

(4) 导通反洗进、出口阀门,启动反洗泵将滤料清洗干净,直到出水达标。

(5) 停止反洗泵,关闭反洗进、出口阀门,静止待滤料回复原位。

(6) 打开过滤进、出口阀门及排气阀,滤罐进满水后关闭排气阀投运。

(7) 记录过滤罐进、出口压差,化验出水水质。

(8) 将污水池水打空,反洗储水池储满水,为下次反洗做好准备。

5. 停运操作

(1) 制定过滤罐停运检修方案。

(2) 关闭过滤罐进、出口阀门,打开排气阀门、放空阀门,将罐内水放空。

(3) 罐体放空后关闭所有气动阀门及相应手动阀门,防止出现渗漏情况。

(4) 打开排气阀门、顶部人孔使罐内处于常压。

6. 技术要求

(1) 配套工艺正常,无渗漏、无泄漏。

(2) 安全附件检测合格。

(3) 流程标注正确。

(4) 水流量计、加药流量计完好。

(5) 控制显示仪表完好。

7. 安全要求

(1) 反冲洗时启泵一定要按启泵的操作规程操作。

(2) 倒流程时要先开后关,防止管线及系统憋压。

# 第五节 注 水 站

通过注水向油层补充能量,保持油层压力,是在依靠天然能量进行采油之后或油田开发早期为了提高采收率和采油速度而被广泛采用的开发措施。

## 一、注水站的作用与流程

来自地面水源和地下水源的水,首先要送到水处理站进行处理,经过处理达到油田注水水质标准后,再送往注水站,通过注水泵加压,使其达到注水所需要的压力后,输送到配水间,配水间将水分配到各注水井口,通过井口流程控制,将水注入油层。注水地面系统如图 4-31 所示。

图 4-31 注水地面系统流程图

注水站是将处理后的水升压,以满足注水压力要求。注水站的设计压力是根据油层压力来确定的,在确定注水站的实际压力时应注意两点:一是当多油层混注时,应以各油层均能完成配注量的最高压力为依据,但井底注水压力应小于地层的破裂压力;二是在地层起伏较大的地区,应考虑注水站与注水井之间地面高度差的影响。

## 二、注水站常用设备及原理

如图 4-32 所示,注水站主要是由储水罐、高压离心泵、管汇、输水管路等组成的。另外,注水站还装有水量计量及压力计量的仪表,如流量计、水表及压力表等。

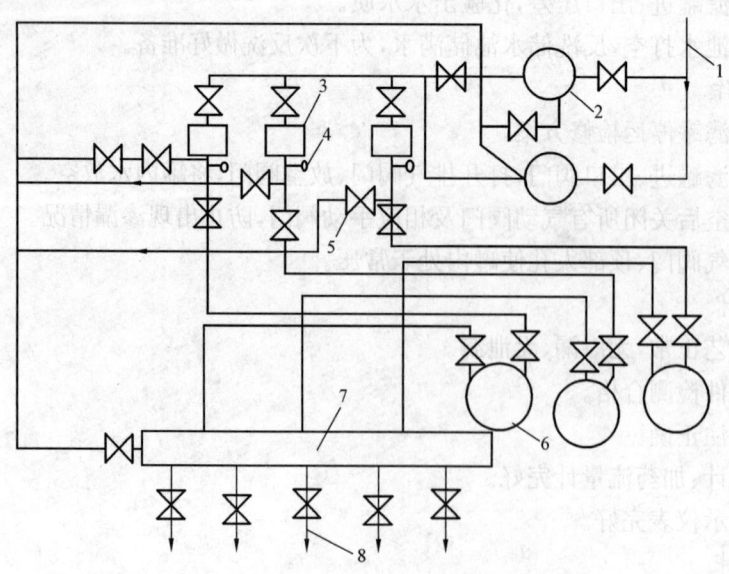

图 4-32 注水站设备流程示意图

1—来水管线;2—储水罐;3—高压离心泵;4—压力表;5—挡板法兰;6—流量计;7—管汇;8—外输管汇

(1)储水罐:储存水源或水处理站调来的合格水。
(2)高压离心泵:给注入水增压,以克服沿程阻力及油层阻力。
(3)管汇:连通储水罐与泵的管汇叫汇水管汇,为倒罐、倒泵提供方便。连通注水泵与配水间的管汇叫分水管汇,分水管汇的作用是将高压水分输到各配水间。
(4)流量计计量装置:主要有流量计或高压水表,用于计量注水站输往各配水间的水量。

## 三、常用注水设备操作

### (一)离心泵运行操作

1. 人员要求及工作准备

本操作规程适用于 DG 25—30、SLG 16—12 等型离心泵。

(1)本项目所需操作人员为 1 人。
(2)工用具准备:200mm 活动扳手 1 把,450mm 管钳 1 把,阀门扳手 1 个,润滑油,记录笔,记录纸,放空筒,试电笔,温度计,棉纱若干。
(3)劳保用品准备齐全,穿戴整齐。

2. 启泵前的准备

(1)检查各部位螺钉是否有松动现象。
(2)检查联轴器同心度,靠背轮间距是否合适。
(3)盘泵 3~5 圈,无遇阻和卡泵现象。
(4)检查水泵进出口阀门开关状态(进口阀开启,出口阀关闭)。
(5)打开放空阀,排净泵内气体。
(6)打开冷却水阀门。
(7)检查电源电压、电器设备及保护装置、电动机接地良好。

3. 启泵操作

(1)按下"启动"按钮,压力达到规定值时,缓慢打开水泵出口阀门,调至合适的泵压流量。
(2)水泵正常运行中,泵体应无震动、无杂音,轴承温升≤65℃,润滑油必须清洁透明无变质,运行时机油油位调节到看窗的 1/3~1/2。有水冷系统保证冷却水循环畅通。
(3)检查各种仪表指示是否正常,电动机的实际工作电流不允许超过额定电流。
(4)检查各密封点不渗不漏。
(5)检查密封填料漏失量是否超标,并适当调整,密封填料漏失量应控制在 10~30 滴/min。

4. 停机操作

(1)关闭出口阀门。
(2)按下"停止"按扭,使泵停下。
(3)冬季要做好放水、停运后挂停运牌。

5. 技术要求

(1)配套工艺正常,无渗漏、无泄漏。
(2)安全附件检测合格。
(3)流程标注正确。

(4)水流量计、加药流量计完好。
(5)控制显示仪表完好。

6. 安全要求

(1)启泵时戴绝缘手套,站在绝缘胶皮上。
(2)倒流程时要先开后关,防止管线及系统憋压。

## (二)柱塞泵运行操作

1. 人员要求及工作准备

本操作规程适用于 5ZB—12/30、5ZB—20/28、3H—8/450、5ZB—42.2/16、5ZB—57/15.5、5ZB—15/44、5DS125—42.2/16、5S175—59.3/16 等型号的柱塞式注水泵。

(1)本项目所需操作人员为 1 人。
(2)工用具准备:200mm 活动扳手 1 把,450mm 管钳 1 把,阀门扳手 1 个,润滑油若干,记录笔,记录纸,放空桶,试电笔,平口螺丝刀,棉纱若干。
(3)劳保用品准备齐全,穿戴整齐。

2. 启动前的检查

(1)检查机泵各连接固定部位牢固可靠。
(2)检查曲轴箱、齿轮箱润滑油油面在 1/3~2/3 处,油质符合要求。
(3)检查稳压器压力达到规定标准。
(4)用力盘泵,转动二圈以上,转动要灵活,无阻卡和杂音。
(5)检查电源、电压、电器设备及保护装置,电器接地良好。

3. 启动运行操作

(1)开启喂水泵,向注水泵正常喂水。
(2)打开泵的进、出口阀门及泵的回流阀门,使泵内充满液体,同时打开放气阀门,待放掉泵内气体后,关闭放气阀。
(3)按下启泵按钮启动电动机,空载运行 10~20min,监视各部运转情况,包括温度、响声、润滑、泄漏情况。各部正常后,渐渐关闭回流阀门,直至额定压力。此时,泵已投入正常工作。
(4)对于变频器控制的泵,变频器的参数应进行合理设置、操作(频率由低逐步升高、变频器的频率应在 25~50Hz 之间),回流阀门应关死,调整电动机的转速控制排量(出口压力不得超过额定压力)。
(5)新泵和大修理泵启动后,必须经过 24h 以上的空载运行后方可升压,升压时每隔 20min 升压 5MPa,升至工作压力为止。如果条件不允许,则泵站启泵允许一次升到工作压力,但需要有人现场监视运行 30min 以上。
(6)按时检查曲轴箱油位和温度是否符合要求。
(7)检查泵、电动机、皮带运转声音是否正常。
(8)检查密封填料密封情况,漏失量是否合要求。
(9)检查泵进、出口压力是否合要求。
(10)电动机的实际工作电流不允许超过额定工作电流。
(11)检查各种仪表是否完好。

4. 正常停泵操作

(1)打开回流阀,使泵转入空载运行。

(2)关闭电动机停止按钮。

(3)关闭泵的出口截止阀、关闭回流阀。

(4)关闭进液阀门。

5. 自动停泵操作

当机组发生异常情况,如电动机过载时,电控箱中的保护装置会使电动机断电停车。此时,应立即采取以下措施。

(1)关闭泵的出口截止阀。

(2)关闭回流阀门。

(3)关闭进液阀门,开启放空阀并使排出压力表归"零"。

(4)检查并排除故障。

6. 紧急停泵操作

当发现泵运行异常,如剧烈震动、巨大声响、冒烟等,而自动保护装置又没有对这些异常现象进行自动保护时,应采取紧急停泵措施。

(1)按停泵按钮或拉下电源开关。

(2)关闭泵的出口截止阀。

(3)关闭回流阀门,使排出压力表归"零"。

(4)关闭进液阀门,开启放空阀并使排出压力表归"零"。

(5)故障检修及排除。

7. 技术要求

(1)配套工艺正常,无渗漏、无泄漏。

(2)安全附件检测合格。

(3)流程标注正确。

(4)水流量计、加药流量计完好。

(5)控制显示仪表完好。

8. 安全要求

(1)启泵时要戴上绝缘手套。

(2)倒流程时要先开后关,防止管线及系统憋压。

(3)开关阀门时一定要站在侧面,不能正对阀门。

# 思 考 题

## 一、理论题

4—1 实习地联合站主要功能是什么?站内主要包括哪些处理系统。

4—2 简述原油含水的危害。

4—3 常规原油脱水方法有哪几种?

4—4 简述三相分离器的工作原理。

4—5 简述油田采出污水的共性。

4—6 简述实习地联合站目前处理含油污水主要采用的工艺。

4-7 简述动态沉降脱水罐工作原理。
4-8 注水站常用设备有哪些?
4-9 简述原油稳定所采用的基本方法。
4-10 简述水套加热炉的工作原理。

二、操作题

4-1 了解本章的操作项目。
4-2 画出实习地联合站中污水处理单元的简易流程图,并回答对应的设备(或装置)的名称及作用。
4-3 简述更换法兰垫片操作步骤。

# 第五章 油水井测试

油水井测试是油田动态监测的一部分,是油藏开发中一项重要的基础工作,它贯穿了油藏开发的始终,是了解和认识油藏地质动态变化、搞好油藏开发调整和提高采收率的重要手段。油水井测试应用各种仪表、仪器,采用不同的测试工艺和测量方法,获取油藏开发过程中动态和静态有关的地层数据资料,为油藏动态分析、区块综合调整、油井增产措施、注水井增注措施提供科学依据。

## 第一节 油水井测试简介

### 一、测试分类

油水井测试的内容比较广泛,从理论上可分为不稳定试井和稳定试井。按测试工艺可分为低压测试和高压测试,低压测试主要是抽油机井的动(静)液面和示功图测试;高压测试主要包括油水井的静压、流压、压力恢复、压力降落、分层水量、高温等测试。

(一)不稳定试井

不稳定试井是改变油井工作制度使井底压力发生变化,并且根据这些压力变化资料分析研究油井控制范围内的地层参数和储量、油井的完善程度、推算目前的地层压力和判断油藏的边界情况等。由于井底压力变化是一个不稳定过程,所以称做不稳定试井。

通过不稳定试井主要得到的资料是静压、流压、压力恢复、压力降落、干扰试井等。

通过对油井的流压、静压、温度等进行监测,认识地层的渗流规律,确定地层压力保持水平及注采对应关系,判断井底附近边界位置,为编制开发方案及制订生产井的工作制度提供基础数据。

(二)稳定试井

稳定试井是逐步改变油井的工作制度,测定每个工作制度下的稳定参数,从而识别油井或油层产能的方法。稳定试井包括油井系统试井和水井吸水指示曲线测试等。稳定试井的目的是:

(1)通过录取油水井流压、流量等资料,确定油水井的合理压差。

(2)用油井指示曲线求采油指数,确定油层参数,确定合理工作制度,确定油层压力及其分布规律。

(3)研究注水井吸水能力。

(三)低压测试

抽油机井的测试目的是:研究油层特性,了解油井的生产动态变化,确定合理的工作参数,获得最佳的生产效果。

1. 测示功图的目的和意义

目的是通过测示功图,分析、认识和了解抽油机负荷变化情况,观察深井泵在井下工作状况,判断油层供液能力,检验工作制度是否合理。

意义是为调整工作制度、采取挖潜措施、制订合理开发方案提供可靠依据。

2. 测动液面的目的和意义

目的是通过测动液面资料,了解油层供液能力好坏,分析认识深井泵工作效率及工作状况是否合理,折算流动压力。

意义是为动态分析、采取措施以及确定合理工作制度提供可靠依据。

### (四)高压测试

油藏在开发过程中,由于其内部流体的不断运动而使流体在地下的分布发生一定变化。这种变化主要取决于油层性质和油层压力。对于注水开发的油藏,一般都保持有较高的油层能量,但由于油层性质在纵向上和平面上的非均质性,决定了油层压力的差异,从而导致油藏内各部位流体运动的差异,因此,研究分析油层压力的变化具有十分重要的意义。

1. 油水井静压、流压测试

静压:在油水井关井后,待井底压力恢复到平稳阶段所测取的油层中部压力。

流压:在油井正常生产过程中所测取的油层中部压力。

目的:对油水井的流压、静压和温度进行监测,认识地层的渗流规律,确定地层压力保持水平及注采对应关系。

意义:为动态分析、确定油水井的合理生产压差、增产挖潜措施提供科学有效的依据。

2. 压力恢复、压力降落测试

压力恢复、压力降落测试是油气田勘探开发过程中应用最广泛的一种试井手段,适用于勘探开发各个阶段。在油气井求产(生产)一段时间后下入压力计至预定位置(一般指油层中部深度),井口(井底)关井测压力随时间变化的曲线。通过对压力恢复曲线的解释,可以获得油气层不同阶段的参数,对油气层进行评价,及时调整开发方案。

3. 高温注汽井测试

高温注汽井测试主要是对稠油热采蒸汽吞吐井在注汽、焖井、放喷、生产过程中进行压力、温度、注汽流量、注汽干度等参数的测试。

目的:掌握稠油热采井在生产过程中的压力、温度、注汽流量、注汽干度等参数;掌握井下注汽质量及注入蒸汽在井下的热损失状况;掌握井间油层连通情况和油层温度场分布规律,掌握剩余油分布规律及认清油层动用状况。

意义:在稠油井注汽过程中,需要取得井筒内的温度、压力、蒸汽流量和蒸汽干度等参数,以便对注汽效果进行综合分析,为不断改进、提高热采工艺技术提供依据。

## 二、测试目的

(1)确定油层压力,分析油层压力变化。

(2)判断油井完善程度,作出完井评价,为措施选井提供依据。

(3)了解油层温度及油层内油水的特性等,判断油藏的水动力学系统以及水压系统范围。

(4)获取油层的有关参数(渗透率、流动系数、采油指数等)。

(5)判断油层内各种边界(油水边界、断层位置等)。

(6)对注水开发油藏,根据压力资料判断油田的见水、见效程度,并根据能量守恒,对油水井进行注采比调整,使油田保持在高效开发状态。

(7)根据压力、渗透率、表皮系数等资料的分析结果,对油水井采取压裂、酸化、解堵等有效的增产挖潜措施。

(8)估算油井供油半径、单井控制储量及有关储量参数等。

(9)判断油气藏类型。

# 第二节 测 压

## 一、井下压力计

常用的存储式井下电子压力计测试系统是将已编程井下仪器用钢丝下入井下预定深度,传感器将井下实时参数(压力、温度)频率信号经处理器转换成数字信号存储在存储器中,测试完毕后,在地面用回放设备将数据回放出来,进行打印处理和解释。

目前各油田使用的存储式电子压力计型号较多,但其结构、原理基本相同。本书以 JDY 系列存储式电子压力计为例进行介绍。

### (一)型号

在压力计的外壳上刻有永久性标识,其上标明压力计的型号、工作温度上限值、压力量程和准确度等级。压力计上标识如图 5—1 所示。

例如,JDYE—150—45—0.1 中 JDY 为井下电子压力计拼音首字母,E 为型号,150 指温度测量范围为 $-20 \sim 150℃$,45 指压力测量范围为 $0 \sim 45MPa$,0.1 指压力测量精度为 $0.1\%$。

### (二)结构

JDY 系列压力计的组成基本相同。每一支压力计主要有主机、电源组件和配重组件组成,如图 5—2 所示。

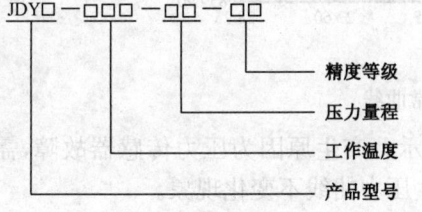

图 5—1 压力计标识表示法

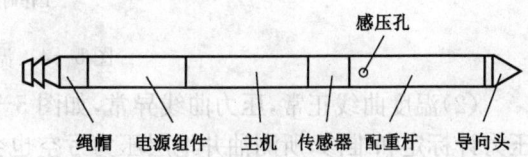

图 5—2 JDY 系列压力计结构示意图

主机是压力计的核心部分,结构上主要分为外壳和连接杆组件。连接杆组件上装有压力传感器、温度传感器和电路板。电池组件包括外壳、绝缘衬套、单芯插头、弹簧座组件、绳帽和电池,配重杆用来增加重量,以便于下井。

## 二、流(静)压曲线的识别与计算

### (一)流(静)压曲线的识别

如图 5—3 为流(静)压测试曲线,横坐标为工作时间,纵坐标为压力和温度 0—a 段表示压力计接电待下井的过程。a—b 段表示压力计下放到第一预定深度时压力随深度增加的过程。b—c 段表示压力计在第一预定深度处停留时压力的变化过程。c—d 段表示压力计从第一预定深度处下到第二预定深度处(一般为100m)时压力随深度增加的过程。d—e段表示压力计在第二预定深度处停留时压力的变化过程。e—f段表示压力计从第二预定深度处下到第三预定深度处时压力随深度增加的过程。f—g段表示压力计在第三预定深度处停留时压力的变化过程。g—h段表示压力计从第三预定深度处上提出液面前的过程。h至横坐标顶端表示压力计起出井口断电过程。

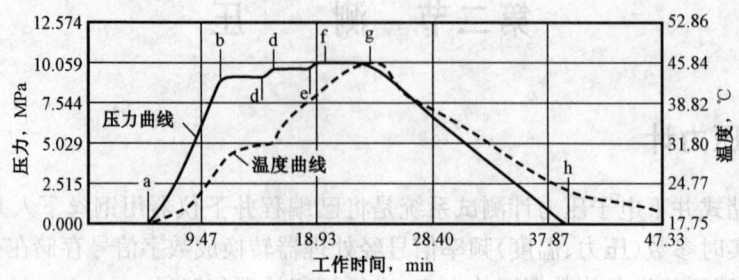

图5-3 流(静)压测试曲线

## (二)异常曲线分析

(1)压力曲线正常,温度曲线异常,如图5-4所示。产生原因为温度传感器故障,需要对压力计标定和维修。

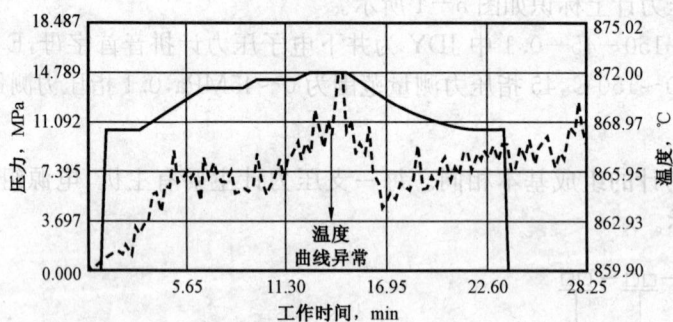

图5-4 温度异常曲线

(2)温度曲线正常,压力曲线异常,如图5-5所示。产生原因为压力传感器故障,需要对压力计标定和维修,所测油井地层压力亏空也会产生压力曲线不变化现象。

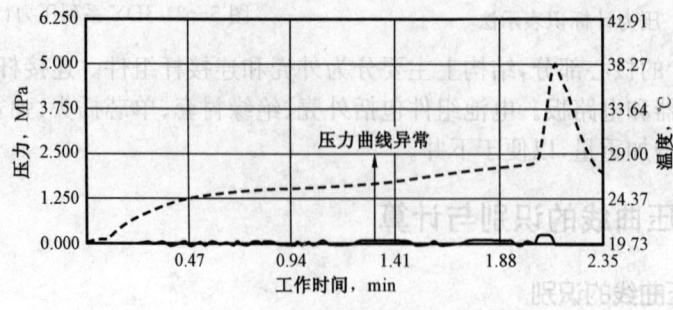

图5-5 压力异常曲线

(3)压力、温度曲线都异常,如图5-6所示。产生原因为压力计故障,需要对压力计标定和维修。

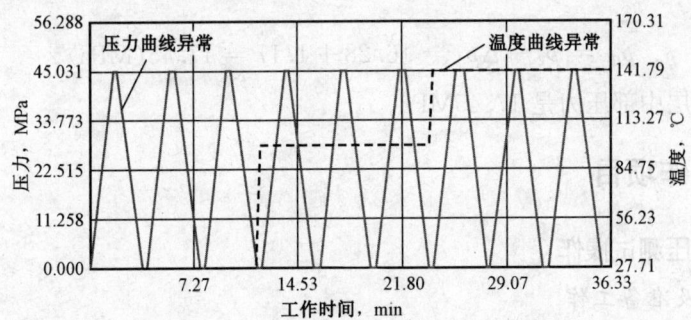

图 5—6 压力、温度异常曲线

### (三)流(静)压曲线的计算

流(静)压梯度公式为：

$$\Delta p = \frac{p_2 - p_1}{H_2 - H_1} \tag{5-1}$$

折算压力公式为：

$$\Delta p_0 = \Delta p(H_中 - H_2) \tag{5-2}$$

计算流(静)压公式为：

$$p_中 = p_2 + \Delta p_0 \tag{5-3}$$

式中 $\Delta p$——流(静)压梯度，MPa/m；
$H_1$——仪器下入井内所测的第一深度，m；
$H_2$——仪器下入井内所测的第二深度，m；
$p_1$——仪器下入井内所测的第一深度对应的压力值，MPa；
$p_2$——仪器下入井内所测的第二深度对应的压力值，MPa；
$\Delta p_0$——油层中部深度到仪器下入井内所测的第二深度之间对应的压力值，MPa；
$H_中$——油层中部深度，m；
$p_中$——油层中部压力，MPa。

使用存储式电子压力计测试完成后，将数据回放保存到电脑，运行压力计测试软件，调出所测井曲线图，输入测试井的各项参数。用鼠标选择各停测点台阶的压力点值(计算公式已固化到软件内)，计算得出流(静)压压力值，可打印生成报表和曲线。

**【例 5—1】** 某油井油层中部深度 2160m，仪器下入深度为 1900m 时压力 15.55MPa，仪器下入深度为 2000m 时压力 16.28MPa，计算该井的油层中部压力是多少？

**解**：因为 $H_中=2160$m，$H_2=2000$m，$H_1=1900$m，$p_2=16.28$MPa，$p_1=15.55$MPa，所以压力梯度为：

$$\Delta p = \frac{p_2 - p_1}{H_2 - H_1} = \frac{16.28 - 15.55}{2000 - 1900} = 0.73(\text{MPa}/100\text{m})$$

油层中部压差为：

$$\Delta p_0 = \Delta p(H_中 - H_2) = \frac{(2160 - 2000) \times 0.73}{100} = 1.17(\text{MPa})$$

油层中部压力为:
$$p_{中} = p_2 + \Delta p_0 = 16.28 + 1.17 = 17.45 (\text{MPa})$$

**答**:该井的油层中部压力是 17.45MPa。

## 三、常见操作项目

### (一)静压、流压测试操作

**1. 人员要求及准备工作**

(1)本项目所需操作人员为 3 人。

(2)工具、用具及材料准备:测试井井口设施齐全;试井液压绞车,高压防喷装置,天滑轮、地滑轮、万用表、电子压力计、电脑各 1 套;6in、24in 管钳各 2 把;15in 活动扳手 2 把;钢丝钳、螺丝刀各 1 把;棉纱、黄油、密封脂若干;测试井基本数据。

(3)劳保用品准备齐全,穿戴整齐。

**2. 操作步骤**

1)仪器检查及设置

(1)压力计地面检测工作正常后用电脑对压力计进行设置。

(2)用万用表检查电池极性电压。

2)仪器下井前

(1)选择好试井车停放位置,用掩木掩好试井车辆。

(2)按打录井钢丝绳结操作方法打好绳结,如图 5-7 所示。

(3)安装防喷管。

(4)卸开电池筒,装入电池,将电池筒与仪器主体连接。

(5)连接绳帽、配重杆:将绳帽、配重杆和仪器连接,用扳手上紧各部位丝扣。

(6)将组装好的压力计装入防喷管内,如图 5-8 所示。拧紧防喷管堵头及压帽,关紧放空阀门,校正天滑轮方向与绞车测试窗口方向一致。

图 5-7 打绳结

图 5-8 压力计下井

(7)松开绞车刹把,摇紧钢丝,利住绞车刹车,分离手摇把,将计数器、张力仪归零。

3)测静压、流压

(1)缓慢渐开测试阀门,待防喷管压力与井口油压平衡后完全打开测试阀门,松开刹车,下放仪器。

(2)将仪器平稳地下放到预定的深度,刹住滚筒,停点测试,如图5—9所示。

(3)停测完毕后,挂合绞车离合器,松开刹把,上提仪器。

(4)将仪器摇入防喷管内,探闸板两次,关死测试阀门,放空,取出仪器。

图5—9 停点测试

(5)将仪器擦拭干净,用专用工具拆卸仪器与加重杆。

(6)用数据线把仪器与电脑连接,打开测试软件回放保存数据。

(7)收拾工具,清理现场。

3. 技术要求

(1)仪器下不到中部时,必须以停测流压、静压梯度为准,停测时间不小于5min。

(2)测压时,要定时、定深、定压力计号、定测压方式,定期校验压力计。

(3)关井后,48h、72h分别测一张合格的静压卡片,两个压力值之差大于0.2MPa时,必须复测,直至合格。

(4)上报资料字迹清楚、整齐、干净、无差错。

4. 安全要求

(1)开关阀门要站在阀门侧面。

(2)操作绞车平稳,起下速度控制在100m/min,上起距离井口150m处减速,距20m时手摇,严禁猛下、猛提、猛刹,严密注视转速表变化。

(二)偏心井口环空测压操作

1. 人员要求及准备工作

(1)本项目所需操作人员为3人。

(2)工具、用具及材料准备:测试井井口设施齐全;试井液压绞车,高压防喷装置,天滑轮、地滑轮、万用表、电子压力计、电脑各1套;6in、24in管钳各2把;15in活动扳手2把;钢丝钳、螺丝刀各1把;棉纱、黄油、密封脂若干;测试井基本数据。

(3)劳保用品准备齐全,穿戴整齐。

2. 操作步骤

1)仪器检查及设置

(1)对压力计进行地面检测工作正常后用电脑对压力计进行设置。

(2)用万用表检查电池极性电压。

2)仪器下井前

(1)选择好试井车停放位置,用掩木掩好试井车辆。

(2)卸开电池筒,装入电池,将电池筒与仪器主体连接。

3) 环空测压操作

(1) 打绳结,加绳结防拉脱环。

(2) 将绳帽与压力计、活节加重杆连结好,放入偏心孔内,上紧堵头,装好滑轮,拉紧钢丝,计深仪回零,如图 5—10 所示。

(3) 将测试仪器从油套环空缓慢下入预定深度进行测试。

(4) 测试完毕后缓慢上起压力计,卸开防喷堵头,取出仪器。

(5) 将仪器擦拭干净,用专用工具拆卸仪器与加重杆。

图 5—10　环空测压

(6) 用数据线将仪器与电脑连接,打开测试软件回放保存数据。

(7) 收拾工用具,清理现场。

3. 技术要求

(1) 必须装有性能良好、转动灵活、能满足测试要求的偏心井口。测试口通径在 30mm 以上,下井仪器直径不大于 25mm。

(2) 与偏心井口油管挂连接的第一根油管必须是一根整油管,管柱上无回音标、磁防蜡器、封隔器等井下工具。

(3) 油管底部必须装上导锥,导锥距油层顶部的距离不小于 10m。

(4) 井斜一般不大于 17°,井口套压应小于 5MPa。套管完好无损,不漏、无严重变形和管外不窜槽。

(5) 仪器下不到中部时,必须以停测流压、静压梯度为准。

(6) 测压时,要定时、定深、定压力计号、定测压方式,定期校验压力计。

(7) 关井后,48h,72h 分别测一张合格的静压卡片,两个压力值之差大于 0.2MPa 时,必须复测,直至合格。

(8) 上报资料字迹清楚、整齐、干净、无差错。

4. 安全要求

(1) 开关阀门要站在阀门侧面。

(2) 操作绞车平稳,起下速度控制在 30m/min,上起距离井口 150m 处减速,距 20m 时手摇,严禁猛下、猛提、猛刹,严密注视转速表变化。

(三) 注蒸汽井测试操作方法

1. 人员要求及准备工作

(1) 本项目所需操作人员为 3 人。

(2) 工具、用具及材料准备:测试井井口设施齐全;试井车、可调整平台、应急逃生滑梯、防喷管、滑轮各 1 套;测试井设计、测试记录报表,高温密封脂、密封带;手钳 1 把、黄油 1 桶;高温密封氟填料、高温测试仪、$\phi$45mm 通井规 1 根;笔记本电脑、36in 管钳、18in 管钳各 1 套;专用扳手 2 把;毛毡、棉纱、毛刷若干。

(3) 劳保用品准备齐全,穿戴整齐。

2. 操作步骤

1) 测前检查

(1) 检查高温防护面罩、服装、靴子、手套应整齐完好无损。

(2)检查防喷管、测试堵头的丝扣应无损坏。

(3)检查测试井井口阀门应完好齐全,井口各连接处无刺漏,井口油、套压力表、温度计应齐全完好。

(4)对新投注汽井高温测试应检查大四通下部是否有表层水受热造成喷射的迹象,并制定表层水受热喷射应急预案。

(5)在测试井记录报表上记录注汽锅炉出口的压力、温度、干度、流量、管线长度和井口压力、温度等参数。

2)测前准备

(1)将平台安装在井口各阀门手轮的反方向,便于开关阀门,调整四脚螺栓使其平整牢靠,安装应急逃生滑梯。

(2)缓慢打开堵头上放空针形阀手轮,确认余压泄净后用管钳将堵头卸掉,检查测试和尚头内丝扣应完好无损。

(3)将防喷管丝扣连接处均匀缠上密封带并涂抹上高温密封脂,将防喷管安装在井口测试阀门上,用管钳加力旋紧,防喷管放空阀门不能朝向测试阀门手轮方向,装上滑轮,关闭防喷管放空阀门,如图5—11所示。

(4)更换测试堵头内高温密封氟填料,压好密封填料压帽。按打录井钢丝绳结操作打好绳结。将堵头均匀缠绕上密封带并涂抹高温密封脂。

3)通井

(1)将绳帽与 $\phi 45mm$ 通井规连接可靠后放入防喷管内,对正滑轮,用管钳将堵头紧固可靠,摇紧钢丝,操作人员侧方站立缓慢渐开测试阀门,待蒸汽充满防喷管后再全部打开测试阀门。

(2)绞车岗人员将计数器清零,松开刹车按小于30m/min速度下放,对照测试井方案将通井规下放至最下一级停测点,若下放过程中遇阻则在测试井记录报表上记下遇阻深度。

(3)通井完毕后,挂合绞车离合器,松开刹把,上提仪器。

(4)将仪器摇入防喷管内,探闸板两次,关死测试阀门,放空,取出通井规。

4)测试

(1)更换测试堵头内高温密封氟填料,压好密封填料压帽。按打录井钢丝绳结操作打好绳结。将堵头均匀缠绕上密封带并涂抹高温密封脂,如图5—12所示。

图5—11 安装防喷管

图5—12 涂抹高温密封

(2)将绳帽与检查好的高温测试仪连接可靠后放入防喷管内,对正滑轮,用管钳将堵头紧固可靠,摇紧钢丝,操作人员侧方站立缓慢渐开测试阀门,待蒸汽充满防喷管后再全部打开测试阀门。

(3)绞车岗人员将计数器清零,松开刹车按小于30m/min速度下放,对照测试井方案将通井规下放至最下一级停测点,若下放过程中遇阻则在测试井记录报表上记录遇阻深度。

(4)对照测试井设计将高温测试仪进行各点停测,井口岗记录好各停测点井口、压力、温度、停测深度、时间等参数,完成停测后,记录上起时间。

(5)停测完毕后,挂合绞车离合器,松开刹把,上提仪器。

(6)将仪器摇入防喷管内,探闸板两次,关死测试阀门,放空,取出仪器。

(7)将仪器擦拭干净,用专用工具拆卸仪器。

(8)用数据线将仪器与电脑连接,打开测试软件回放保存数据。

(9)收拾工用具,清理现场。

3. 技术要求

(1)当井口压力波动±1MPa时及时记录在报表上。

(2)仪器下井后连续工作时间不超过6h,需要连续测试井时,要有两支以上备用仪器,单支仪器下井后要间隔24h以后再次工作。

(3)蒸汽吞吐阶段选取3‰的生产井作为固定井点,每周期末测静压一次。每个开发单元选一定比例的井数测焖井压力曲线。汽驱阶段选取3‰的生产井作为固定井点,每年测试2次。

4. 安全要求

(1)操作绞车平稳,起下速度控制在30m/min,上起距离井口150m处减速,距20m时手摇,严禁猛下、猛提、猛刹,严密注视转速表变化。

(2)严格按照测试井方案执行高温测试操作,注意安全。

(3)装卸防喷管时,操作人员勿站在采油树上,开关阀门时应侧身平稳操作。

(4)通井规通井遇阻后严禁猛冲猛放,在遇阻点直接上提。测试时仪器在遇阻点以上停测。

(5)人员站在平台上操作应处在上风口。

(6)防喷管丝扣、堵头连接处要上紧,不刺不漏。钢丝下行速度缓慢时,密封填料压帽不能一次松扣过多,以防蒸汽刺漏。

(7)上起仪器遇阻时,及时汇报并停止注汽,泄压后起出仪器。

## 第三节 抽油机井示功图测试

示功图是由载荷随位移的变化关系曲线所构成的封闭曲线。熟悉和掌握示功图,能正确了解抽油机井的工作情况,并要结合油井的动态数据进行分析,及时发现影响泵正常工作的原因,制定出有针对性的下步措施,使抽油泵保持正常工作,延长抽油泵的使用寿命。理论示功图如图5—13所示。

图5—13中横坐标表示按比例记录的光杆移动的距离,纵坐标表示按比例记录的光杆上的负荷,曲线圈闭面积的大小表示了泵做功的多少。在绘制理论示功图之前,必须首先算出有关的基本数据,再求出光杆静负荷在纵坐标上的高度及抽油杆、油管的伸缩长度在横坐标上的相应长度,最后,在直角坐标内作出平行四边形,就是所求的理论示功图。

# 一、示功仪

目前各油田使用的电子示功仪型号较多,但其结构、原理基本相同。本书以 SGT 系列不停抽式电子示功仪为例进行介绍。

## (一)结构

示功仪由载荷与位移变送器、键盘、CPU 板、显示器、电源等组成,其实物如图 5—14 所示。

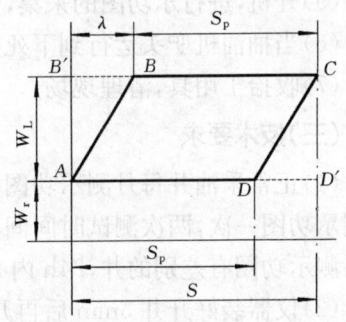

图 5—13 理论示功图

$S$—光杆冲程,m;$S_p$—活塞冲程,m;
$W_r$—抽油杆在液柱中的重量,N;
$\lambda$—冲程损失,m;
$W_L$—液柱载荷,N

## (二)工作原理

由载荷和位移传感器组成的一体化传感器组合,装夹在悬绳器上,将抽油机的载荷、位移量变成电信号输出到 CPU 板进行数据处理,CPU 板完成对信号的控制、采集、计算、存储,显示器显示测试示功图,输出端与计算机连接打印出示功图。

# 二、示功图测试操作

## (一)人员要求及准备工作

(1)本项目所需操作人员为 2 人。
(2)工具、用具及材料准备:测试井井口设施齐全、示功仪一台,棉纱若干。
(3)劳保用品准备齐全,穿戴整齐。

## (二)操作步骤

(1)开机,检查示功仪是否正常,液压油面应在 $1/2\sim2/3$ 处。
(2)按要求输入数据,关机。
(3)当抽油机驴头运行到下死点时,将示功仪缺口对准专用定位器,将示功仪嵌入专用定位器中,插好安全销。
(4)每一次在下冲程死点位置时打压,直到仪器完全承载全部光杆负荷为止,挂好位移载荷线,如图 5—15 所示。

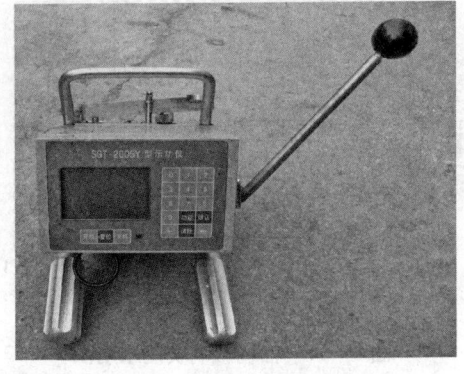

图 5—14 示功仪实物图

图 5—15 示功仪打压

(5)开机,进行示功图的采集,当示功图发出报警蜂响时,测试完毕,保存数据,关机。

(6)当抽油机驴头运行到下死点时,按下仪器卸压按钮,拔出安全销,取出仪器。

(7)收拾工用具,清理现场。

### (三)技术要求

(1)正常采油井每月测示功图两次,相邻两次测试时间间隔不少于10d,稠油热采油井每月测示功图一次,两次测试时间间隔不少于20d,测试示功图要求与测试动液面同时进行,两次所测示功图有差别的井,24h内必须复测。

(2)仪器装好开井5min后再开始测示功图。

(3)作业施工和措施后,应在开井24h内测示功图,油井有突然变化要及时检测,所测示功图随当天日报上报。

### (四)安全要求

(1)测试过程中,出现异常情况,应先停机后处理。

(2)在结蜡、出砂严重的井上测试时,操作要迅速,停泵时间要短,以免卡泵。

(3)装卸仪器时,若悬绳器上下夹板顶开的高度不够时,不准强行装卸。

(4)测试时操作者应站在安全位置,不许正面对着驴头及悬绳器,以防卡泵时仪器摔出伤人。

## 三、示功图分析

### (一)典型示功图

典型示功图是指某一因素的影响十分明显,在理论上有代表性。分析典型示功图,可以使工作人员清楚各种载荷变化的原因,帮助工作人员分析实测示功图,进行正确判断。

### (二)分析方法

(1)泵工作正常实测示功图如图5—16所示。

特点:图形正常为近似平行四边形。

原因:地层供液充足,泵况好,无漏失,无气体、含水影响。

措施:加强油井正常管理判断实测示功图所代表的井下情况。

(2)油稠影响实测示功图如图5—17所示。

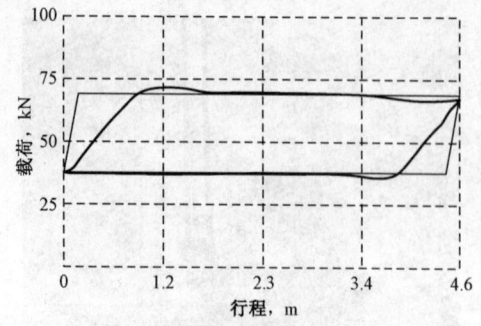

图5—16 泵工作正常实测示功图

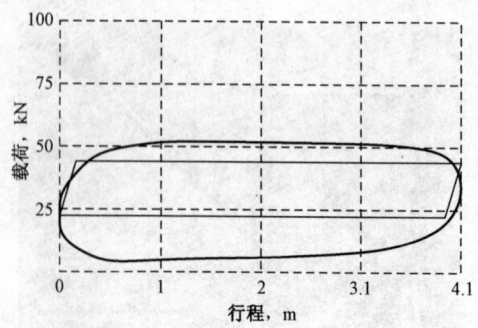

图5—17 油稠影响实测示功图

抽稠油正常工作时由于油稠阻力大,使上冲程载荷增大,下冲程载荷减小。

(3)气体影响实测示功图如图5—18所示。

特点:增载线加长,缺失右上角,卸载线变为弧线。

原因:在上冲程时,由于气体膨胀,固定阀打开滞后,光杆加载变缓。在下冲程时,活塞下面的气体被压缩,游动阀不能立即打开,光杆不能立即卸载,当活塞下面的泵内压力大于游动阀上面的液柱压力时,游动阀才能打开,光杆卸载。工作筒内气体越多则卸载线曲率越小,进入的气体越多,曲线半径越大。

措施:加强放套管气的工作,尽量调小防冲距,加深泵挂深度,井下加气锚。

(4)供液不足实测示功图如图5—19所示。

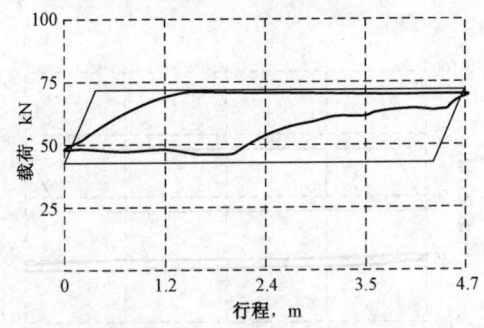

图5—18 气体影响实测示功图　　　图5—19 供液不足实测示功图

当沉没度过小或供液不足使液体不能充满泵筒时,均会影响示功图的形状。地层供液不足,泵充不满时,示功图上冲程部分是正常的,下冲程开始时,活塞碰不到液面,不能及时卸载,直到活塞碰到液面时才开始卸载,示功图上出现刀把现象。充满程度越差,刀把就越长。

(5)吸入部分漏失实测示功图如图5—20所示。

下冲程开始时,由于吸入部分(固定阀)漏失,使泵内压力上升缓慢,悬点卸载变慢,直到活塞下行速度大于漏失速度时,悬点卸载才结束,此时游动阀才打开。下冲程后半冲程中因活塞速度减小,当小于漏失速度时,泵内压力降低使游动阀提前关闭,悬点提前加载。

(6)排出部分漏失实测示功图如图5—21所示。

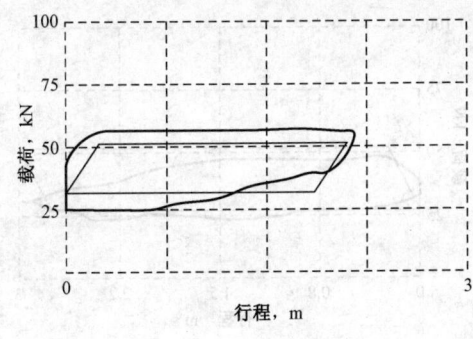
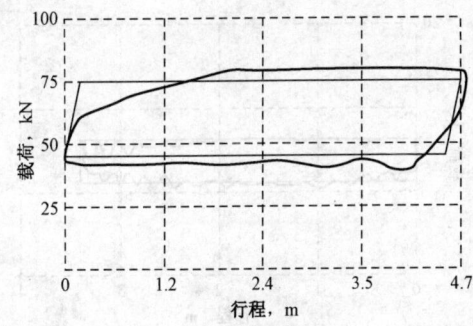

图5—20 固定阀漏失实测示功图　　　图5—21 游动阀漏失实测示功图

上冲程中活塞向上运动,在活塞两端形成压差。如果泵的排出部分密封性差(游动阀座不严及活塞与衬套间隙过大),活塞上面油管内的液体就会漏到活塞下面的泵筒内。当上冲程开始时,由于液体的漏失,使泵内压力下降缓慢,导致悬点增载缓慢。当活塞运动速度达到一定值,即单位时间活塞让出的容积大于漏失量时,载荷才达到最大值。当上冲程快结束时,活塞上行速度下降,当漏失速度大于活塞运动速度时,又出现漏失液体对活塞的"顶推"作用,使光杆提前卸载。

(7)排出和吸入部分都漏失实测示功图如图5-22所示。

排出和吸入部分都漏失时,即为两种状态下示功图的叠加。

(8)抽油杆断脱实测示功图如图5-23所示。

特点:图形呈窄条状,位于最小理论载荷线附近,并呈一水平条带状。

原因:抽油杆由于弹性疲劳,深井泵遇卡使抽油杆柱超过拉伸屈服极限等原因而断裂,或由于抽油杆之间未上紧而发生脱扣,上下冲程中悬点载荷只有抽油杆柱在液体中的重量,由于摩擦阻力的存在,所以图形呈条带状。断脱位置越往上,图形越靠近基线。

措施:作业检查。

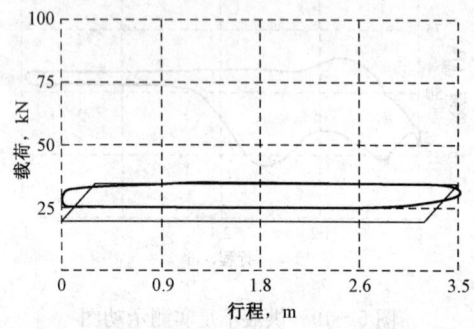

图5-22 双阀漏失实测示功图　　图5-23 抽油杆断脱实测示功图

(9)出砂影响实测示功图如图5-24所示。

特点:上下行程载荷线呈锯齿状或牙齿状。

原因:由于油井出砂,当活塞在工作筒中运行时,砂子在活塞和工作筒中造成阻力,悬点负荷在极短的时间内发生很大的变化,所以负荷线出现不规则的锯齿状。

措施:轻微砂卡可以碰泵或洗井,严重砂卡应修井,装砂锚。

(10)活塞脱出工作筒实测示功图如图5-25所示。

由于防冲距过大或光杆冲程过大造成,还有作业完井数据误差较大所造成。

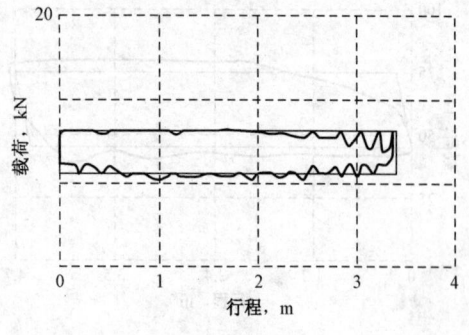 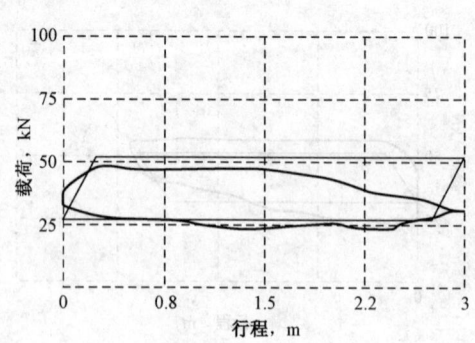

图5-24 出砂影响实测示功图　　图5-25 活塞脱出工作筒实测示功图

(11)结蜡影响实测示功图如图5-26所示。

原油温度降低蜡凝析出来,黏附在油管、抽油杆、泵等井下设备上,增大光杆负荷,引起阀失灵或堵死,卡死活塞,堵死油管,结蜡部位不同,影响程度不同。

(12)柱塞遇卡实测示功图如图5-27所示。

在上冲程时,首先是弯曲的抽油杆被拉直,悬点载荷慢慢增加,到柱塞卡死点时,柱塞不活动,抽油杆受拉伸而伸长,悬点载荷急剧增加,直到上死点。在下冲程时,先是抽油杆弹性收缩,到柱塞卡死点时,抽油杆受压缩而弯曲,所以出现两个斜率段。

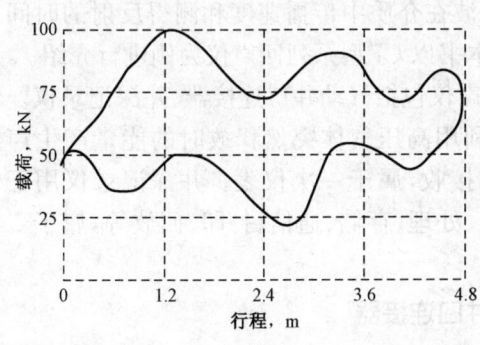

图5-26 结蜡影响实测示功图　　图5-27 柱塞遇卡实测示功图

(13)活塞下行碰泵实测示功图如图5-28所示。

由于防冲距过小,当活塞下行接近下死点时,活塞与固定阀相碰撞,光杆负荷急剧降低,引起抽油杆柱剧烈振动,这时活塞又紧接着上行而引起的。

(14)油管漏失实测示功图如图5-29所示。

该示功图油管漏失油井出液量减少,泵效降低,造成图形宽度变小,漏失量越大,功图宽度越小。

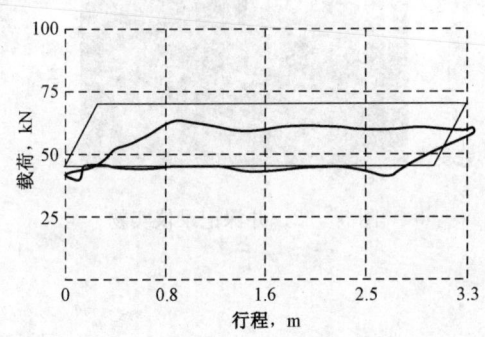

图5-28 活塞下行碰泵示测示功图　　图5-29 油管漏失实测示功图

在实际生产测试中还有许多情况的示功图,影响深井泵工作状况的因素是比较多的,除了利用实测示功图与理论示功图对比的方法分析深井泵工作状况外,还要结合具体的井况、地层情况等因素综合分析,才能做到准确判断。

## 第四节　抽油机井液面测试

油井在正常生产时,油套环形空间有一个液面,这个液面就叫做动液面。静液面是关井后油套环形空间中液面恢复到静止(与地层静压相平衡)时的液面。动静液面如图5-30所示。通过液面测试资料,了解油层供液能力好坏,分析深井泵工作效率及工作状况是否合理,为动态分析、采取措施以及确定合理工作制度提供可靠依据。

# 一、回声仪

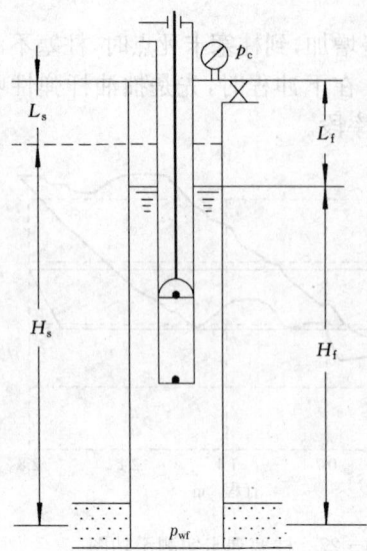

图 5-30 动静液面示意图
$H_s$、$L_s$——静液面高度、深度，m；
$H_f$、$L_f$——动液面高度、深度，m；
$p_c$——测液面时的套管压力，Pa；
$p_{wf}$——井底流压，Pa

回声仪用于抽油机井油套环形空间测试动、静液面深度。现各油田使用仪器型号较多，但其构造原理大致相同，都是利用声波在介质中传播速度和测得反射的时间来计算其位置。本书以 CJ 型系列回声仪为例进行介绍。

CJ 系列回声仪包括气动井口连接器、井深记录仪。气动井口连接器利用高压气体突然释放时的能量产生声脉冲信号、信号的接收，属于一次仪表。井深记录仪用于信号的采集、显示、处理、存储、通信、打印、回放等，属于二次仪表。

## （一）气动井口连接器

气动井口连接器主要由壳体、微音器、阀杆组件、充放气阀、拉杆组件，如图 5-31 所示。

## （二）井深记录仪

井深记录仪主要由放大电路、走纸电动机构、记录笔、电源等组成，如图 5-32 所示。

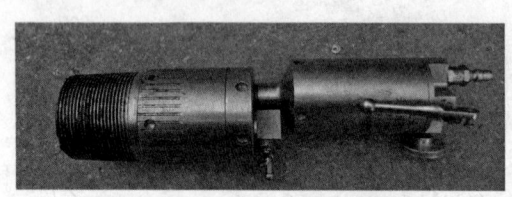

图 5-31 井口连接器实物

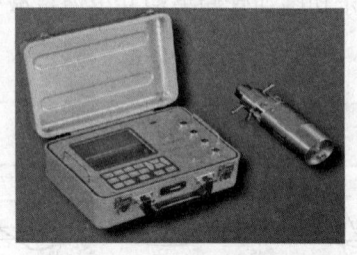

图 5-32 井深记录仪实物

## （三）工作原理

回声仪采用回声测深的原理来测试抽油机井油套环形空间液面。通过操作人员充气击发，产生声脉冲，由安装在井口的微音器（声传感器）和压力传感器，接收井口声波和井下声反射波及井口套压信号，经滤波放大后，由单片机系统进行 A/D 采集，并将采集的数据显示在液晶屏上或用磁电笔绘制出曲线来，操作人员在现场观察到测试结果。声波反射曲线如图 5-33 所示。

# 二、液面曲线的识别与液面深度的计算

## （一）液面曲线的识别

（1）低频记录曲线。如图 5-34(a)所示为记录液面和其他较大障碍物的反射波，曲线特点为波峰比较圆滑呈弧形、波宽、变化起始点很明显。

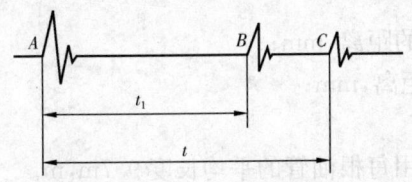

图 5—33 声波反射曲线示意图

$t_1$—声波从井田口到音标,再返回到井口所用时间,s;
$t$—声波从井田口到液面,再返回到井口所用时间,s

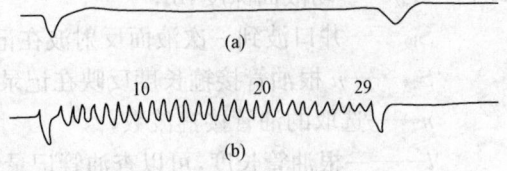

图 5—34 液面曲线记录图
(a)低频液面曲线;(b)高频液面接箍曲线

(2)高频记录曲线。如图 5—34(b)所示为记录油管接箍的反射波,曲线特点为波峰尖、波窄、呈脉冲波状。

在不影响计算液面曲线深度时,识别液面曲线需要准确选择井口波起点,正确选择高频曲线上清楚的接箍波和接箍个数,合理选择液面波的起点,能减少液面曲线计算的结果与实际情况的误差。

### (二)液面深度的计算

1. 数油管接箍法

(1)确定一次液面反射波的起点和终点。如图 5—35 所示低频、高频曲线左边同时发生明显偏转的点为起点,曲线延伸一段后,低频曲线出现较大的波形,同时高频曲线也出现较大向下的脉冲,两曲线同时发生偏转的点为终点。

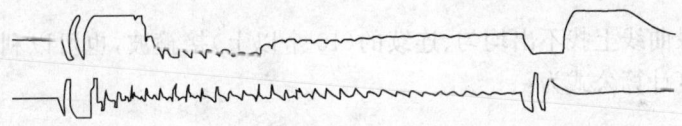

图 5—35 液面曲线记录图

(2)如图 5—36 所示量出一次液面反射波起点和终点的距离 $S_{液}$,在高频曲线上选出接箍波分辨明显、连续均匀的一段曲线,量出其距离 $S_{箍}$。

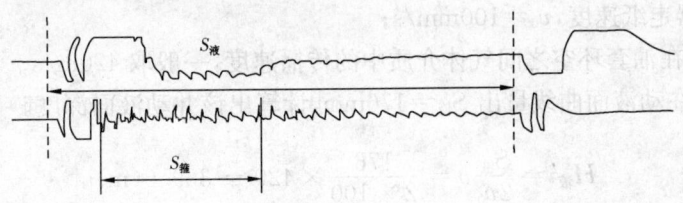

图 5—36 液面曲线记录图

现场上,由于井筒条件、仪器、操作水平等多方面因素影响,井筒中液面以上的接箍并不明显地全部反映在曲线上,因此可在曲线上选出不少于 10 个分辨明显、连续均匀的接箍波进行计算。

动液面深度计算公式为:

$$H_{液} = \frac{S_{液}}{S_{箍}} nl \tag{5-4}$$

式中　$H_液$——动液面深度，m；
　　　$S_液$——井口波到一次液面反射波在记录带上的距离，mm；
　　　$S_箍$——n 根油管接箍长度反映在记录带上的距离，mm；
　　　$n$——选取的油管接箍波数；
　　　$l$——一根油管长度，可以查油管记录资料，或用每根油管的平均长度 9.7m，m。

**【例 5—2】** 如图 5-37 所示是某油井动液面测试曲线，计算出该井动液面深度。

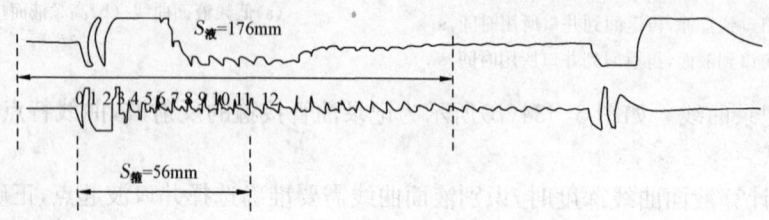

图 5-37　某油井动液面测试曲线

**解**：在高频曲线上选取 $n=12$，$nl=12×9.7=116.4$(m)，由动液面曲线量出 $S_液=176$mm，$S_箍=56$mm，则：

$$H_液 = \frac{S_液}{S_箍}nl = \frac{175}{56} × 116.4 = 365.8(m)$$

**答**：该井动液面深度为 365.8m。

2. 音速法

若在高频记录曲线上找不出均匀、连续的(10 个以上)接箍波，也可以利用低频记录曲线计算。动液面深度计算公式为：

$$H_液 = \frac{S_液}{2v_0}v \tag{5-5}$$

式中　$H_液$——动液面深度，m；
　　　$S_液$——井口波到一次液面反射波在记录带上的距离，mm；
　　　$v_0$——仪器走纸速度，$v_0=100$mm/s；
　　　$v$——声音在油套环空之间气体介质中的传播速度，一般取 420m/s。

**【例 5—3】** 在动液面曲线量出 $S_液=176$mm，计算出该井动液面深度。

**解**：
$$H_液 = \frac{S_液}{2v_0}v = \frac{176}{2×100} × 420 = 369.6(m)$$

**答**：该井动液面深度为 369.6m。

3. 计算液面深度注意事项

(1)在分析液面曲线时应注意区分将偶尔干扰波峰误认为音标波或液面波，因此应用多条液面曲线对比法或测试时能测到液面重复反射波峰。

(2)分析曲线应正确判断曲线上各个波形的起始点。

(3)若多条液面曲线对比中其液面波峰总是对不起来，没有一个相对稳定的值时，一般应判断为可能有"泡沫段"的影响。这类井往往是经常放套管气的井，测试时应预先关闭套管阀门待套压稳定后，方可进行液面测试。

(4)液面深度的准确计算与准确选择实际油管总长度有关(即找准由接箍1到接箍2在井下对应的准确位置,再根据井史资料查出对应的实际油管长度是关键)。

## 三、动液面测试操作

### (一)人员要求及准备工作

(1)本项目所需操作人员为2人。

(2)工具、用具及材料准备:测试井井口设施齐全、24寸管钳一把、活动扳手一把、回声仪一台、井口连接器一套、气瓶一支、连接电缆一根、记录纸一卷。

(3)劳保用品准备齐全,穿戴整齐。

### (二)操作步骤

(1)将井口装置安装到套管阀门上,用数据线连接回声仪。

(2)打开回声仪电源,按要求输入数据。

(3)拉动井口装置上的拉环进行充气击发,输出液面曲线,按"确认"键停止测试,如图5—38所示。

(4)关回声仪电源,取出曲线填写数据,关闭套管阀门,拆掉信号线,放空后卸下井口装置。

(5)安装好堵头,打开套管阀门,检查恢复流程。

(6)收拾工用具,清理现场。

图5—38 动液面测试

### (三)技术要求

(1)正常采油井每月测动液面两次,两次测试时间间隔不少于10d。稠油热采油井每月测动液面一次,两次测试时间间隔不少于20d。特殊要求井,按特殊要求执行。

(2)每次测出两条以上重复相同的曲线,所测动液面深度与上一次测得动液面之差超过100m时,必须在48h内复测。

(3)未下音标、音标被动液面淹没或音标波峰显示不明显时,必须采用查油管接箍的方法计算动液面。新井投产、作业、改变工作制度,开抽3~5d测液面。液面要密闭测试,不得放气测试。

### (四)安全要求

(1)搬运井口装置、仪器时应轻拿轻放,严禁乱扔乱摔。

(2)经常保持井口装置、仪器各部分零件和组件的清洁,定期将其分解进行清洗,要保持微音器表面及微音器的干净,以确保仪器的使用效果和测试的准确性。

(3)测试油井套压必须小于8MPa。

(4)开关阀门及搬动击发时,一定要侧身操作。

(5)套管阀门关闭后,套压放空未落零时,不准卸堵头。

# 第五节　注水井测试

油藏由于地层渗透率的不同,注入水在纵向不能均匀注入油层,为了控制高渗透层的注水量,加强中、低渗透层的注水,开发中在注水井上采取了分层注水。注水井分层测试每个层段的注水量、压力、温度等参数,能真实的反映出各个层段的吸水状况,鉴定分层配水方案的准确性,检查封隔器是否密封、配水器工作是否正常,检查井下作业施工质量。采用测试仪器定期测量注水井各注水层段在不同压力下的吸水量。

## 一、流量计、投捞器

### (一)流量计

非集流式流量计的工作特点是通过测试注水管道内的中心流速而推算出流量的。测试时无需坐封,不用密封段。所以,在测试中避免了由于坐封不严而引起的测试误差。目前各油田使用的存储式电子流量计型号较多,但其结构、原理基本相同,本书以 CLJ 系列非集流式超声波流量计为例进行介绍。

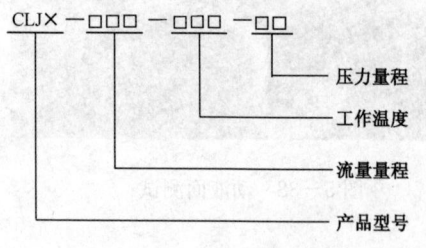

图 5-39　流量计标识表示法

1. 型号

在流量计的外壳上刻有永久性标识,其上标明流量计的型号、工作温度上限值、流量量程和准确度等级。流量计上标识如图 5-39 所示。

例如:CLJF—200—125—60 中 CLJ 为超声波流量计拼音首字母,F 为型号,200 指流量测量范围为 $1\sim200m^3/d$,125 指温度测量范围为 $-20\sim125℃$,60 指压力测量范围为 $0\sim60MPa$。

2. 结构

CLJ 系列非集流式超声波流量计组成基本相同,如图 5-40 所示,每一支流量计均由四个部分:流量计主机、电池组件、上下扶正器组件、导流管组件。

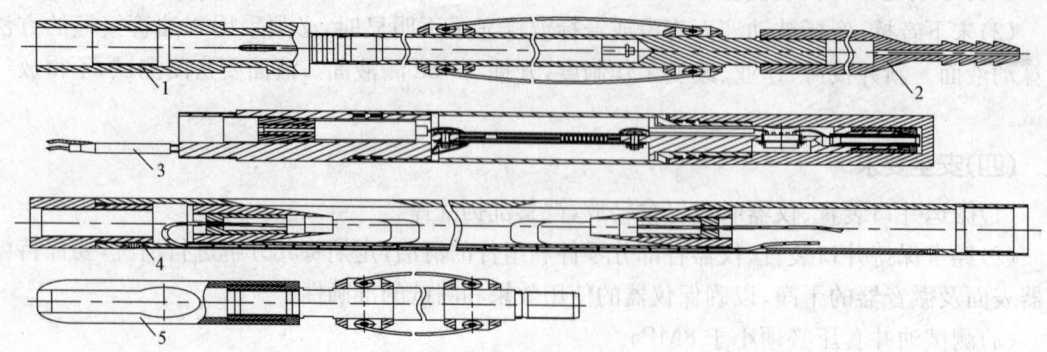

图 5-40　CLJ 系列非集流存储式超声流量计装配示意图
1—电池组件;2—上扶正器;3—流量计主机;4—导流管组件;5—下扶正器

## (二)多功能提挂式投捞器

如图 5-41 所示,多功能提挂式投捞器是用于打捞和投送偏心注水管柱中偏心堵塞器的一种专用工具,当某注水层段不符合注水要求时,用投捞器捞出堵塞器后,更换水嘴再送到井内。

### 1. 工作原理

多功能提挂式投捞器可实现下井一次同时完成捞、投堵塞器两项工作。投捞时,在凸轮的作用下,凸轮可向上来回转动,收拢后凸轮超出投捞器最大外径 2~4mm,且锁住投捞器上主爪和打捞爪,使上下爪臂不能向外张开,所以投捞器能顺利下井,并通过偏心配水器工作筒。但上提过偏心配水器工作筒时,凸轮遇阻向下翻转,迫使爪臂弹簧张开后上主爪和打捞爪进行打捞或压送。

### 2. 技术参数及要求

总长为 1700mm,最大外径为 44mm。凸轮工作状态外伸 6mm,收回后不凸出投捞器外径,投捞爪收拢锁紧后,不凸出投捞器最大外径。

## 二、分层测试曲线的识别与应用

### (一)分层测试曲线的识别

如图 5-42 为分层测试曲线,横坐标代表工作时间,纵坐标代表压力、温度、流量。

### (二)分层测试曲线的应用

对于偏心配水管柱常用井下电子流量计配合测试,可得到测试曲线,通过分析曲线的形状能比较准确地判断井下管柱或仪器存在的问题。常见测试曲线如图 5-43 所示。

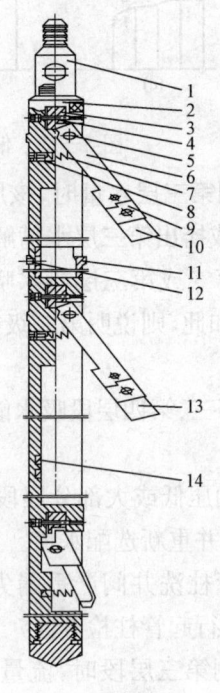

图 5-41 多功能提挂式投捞器
1—绳帽;2—主体;3—凸轮;4—销子;5—轴;
6—上主爪;7—弹簧;8—销钉;9—活动接头;
10—压送头;11—活动口袋;12—定位销子;
13—打捞头;14—强磁铁

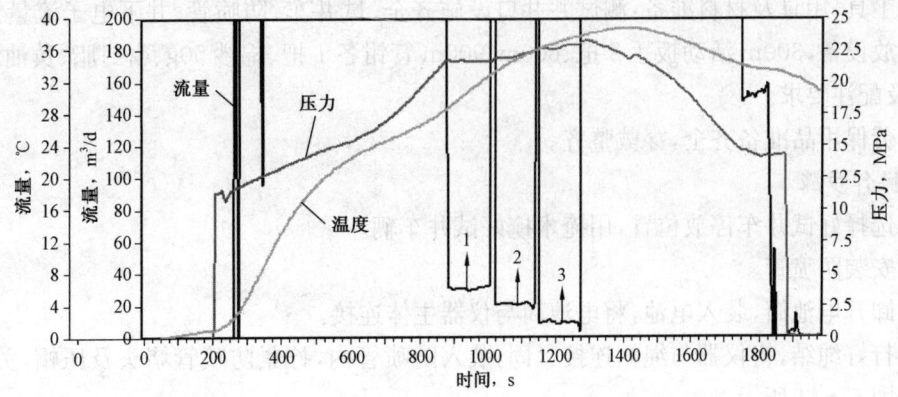

图 5-42 分层测试曲线

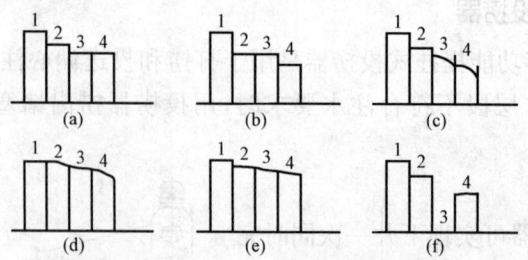

图 5-43　偏心配水测试曲线图

图 5-43(a)表明：测第三层水量时,该层水嘴被脏物堵死或装死水嘴停注。对此应先洗井待注水稳定后再测试或捞出第三层水嘴解堵。

图 5-43(b)表明：第二或第三层段水嘴直径过大,造成嘴损压差过小,第二级封隔器失效。若缩小水嘴后依然如此,则说明第二级封隔器已损坏。对此应按嘴损曲线选择水嘴,保证封隔器密封或换封隔器。

图 5-43(c)表明：第三、第四层段吸水能力差,水嘴过大,造成第三级封隔器不密封,应按嘴损曲线缩小水嘴。

图 5-43(d)表明：油压低或大部分层段水嘴过大,造成全井封隔器都不密封。对此应提高注水压力或检查水嘴,并重新选配水嘴。

图 5-43(e)表明：管柱洗井阀严重漏失或脱落,或撞击筒以下管柱脱落,需投死水嘴验漏,如果水量不变化应进行起管柱检查。

图 5-43(f)表明：测第三层段时,流量计停测点不准确,管柱有油污,或第三层段工作筒通道被腐蚀直径变大,对此应大排量洗井,流量计选择准确停测点,或起出管柱更换工作筒。

## 三、常见操作项目

### (一)注水井分层测试操作

1. 人员要求及准备工作

(1)本项目所需操作人员为 3 人。

(2)工具、用具及材料准备：测试井井口设施齐全、试井车、防喷管、井下电子流量计、配套电池、回放设备,300m 活动扳手 2 把、600m、900m 管钳各 1 把、棉纱 50g、密封脂、黄油、井下管柱数据及配注要求。

(3)劳保用品准备齐全,穿戴整齐。

2. 操作步骤

(1)选择好试井车停放位置,用掩木掩好试井车辆。

(2)安装防喷管。

(3)卸开电池筒,装入电池,将电池筒与仪器主体连接。

(4)打好绳结,将仪器与绳帽连接紧固,装入防喷管内,拧紧防喷管堵头及压帽,关紧放空阀门,如图 5-44 所示。

(5)松开绞车刹把,摇紧钢丝,刹住绞车刹车,分离手摇把,将计数器、张力仪归零。

(6)缓慢渐开测试阀门,待防喷管压力与井口油压平衡后完全打开测试阀门,松开刹车,下放仪器。

(7)将仪器平稳地下放到预定的深度,刹住滚筒,停点测试。

(8)停测完毕后,挂合绞车离合器,松开刹把,上提仪器。

(9)将仪器摇入防喷管内,探闸板两次,关死测试阀门,放空,取出仪器。

图 5—44　连接流量计

(10)将仪器擦拭干净,用专用工具拆卸仪器。

(11)用数据线把仪器与电脑连接,打开测试软件回放保存数据。

(12)收拾工用具,清理现场。

3. 技术要求

(1)压力波动 1MPa 以上资料不合格,测试停注层有水量资料不准用,地面、井下水量不相符资料不准用。

(2)正常分层注水井每季度测试一次,两次测试时间间隔大于 60 天。

(3)新分注或措施井应稳定注水三天后方能测试,10 天内必须测试。

(4)每次测试应均匀测试 4 个压力点,压力间隔不少于 0.5MPa。

(5)井下流量计与地面流量计之间的误差不超过 2%。

(6)分层测试层段水量合格标准:日注 $30m^3$(含 $30m^3$)以下±$5m^3$;日注 $30m^3$ 以上±20%为合格层段。

(7)合格的分层水量相对应的"油压"和"套压"与实际注水压力的误差应小于 0.5MPa。

(8)测试成果没有压力—水量反常现象,测试压力必须包括正常注水压力。

(9)每次测试必须待注水压力稳定 10min 后方可下流量计测试。

4. 安全要求

(1)开关阀门要站在阀门侧面。

(2)操作绞车平稳,起下速度控制在 100m/min,上起距离井口 150m 处减速,距 20m 时手摇,严禁猛下、猛提、猛刹,严密注视转速表变化。

(3)下流量计测试时,防喷管和井口设备不准有水喷出和漏失。

(4)严禁流量计装入防喷管时顿、撞闸板。

(5)上提、下放速度要均匀,严禁猛刹、猛放、猛提。

(二)偏心配水管柱投捞调配操作

1. 人员要求及准备工作

(1)本项目所需操作人员为 3 人。

(2)工具、用具及材料准备:测试井井口设施齐全、试井车、防喷管、投捞器、堵塞器、300m 活动扳手 2 把、600m、900m 管钳各 1 把、棉纱 50g、密封脂、黄油、井下管柱数据及配注要求。

(3)劳保用品准备齐全,穿戴整齐。

2. 操作步骤

(1)在多功能提挂式投捞器压送爪上安装调整选配好的堵塞器,如图 5—45 所示。

图 5-45 安装堵塞器

(2)收拢整理好投捞器,将投捞器与绳帽连接,将投捞器放入防喷管内。

(3)摇紧钢丝,平稳打开测试阀门,将投捞器平稳下入井底。

(4)投捞器下过目的层偏心工作筒以下 5~10m,刹紧刹车,上提至目的层工作筒以上 8~15m,下放投捞器,保持 4~5m 的投捞冲距,至钢丝停留松动,再慢速上提,井口压力下降水量上升,钢丝拉力突然变小,拔出原偏心堵塞器。KPX-114 偏心配水器结构如图 5-46 所示。

(5)上提偏心配水器 8~15m,下放投捞器,保持 4~5m 的投捞冲距,至钢丝停留松动,井口压力上升水量下降,钢丝张力突然变小,说明选配好的堵塞器已投送工作筒。

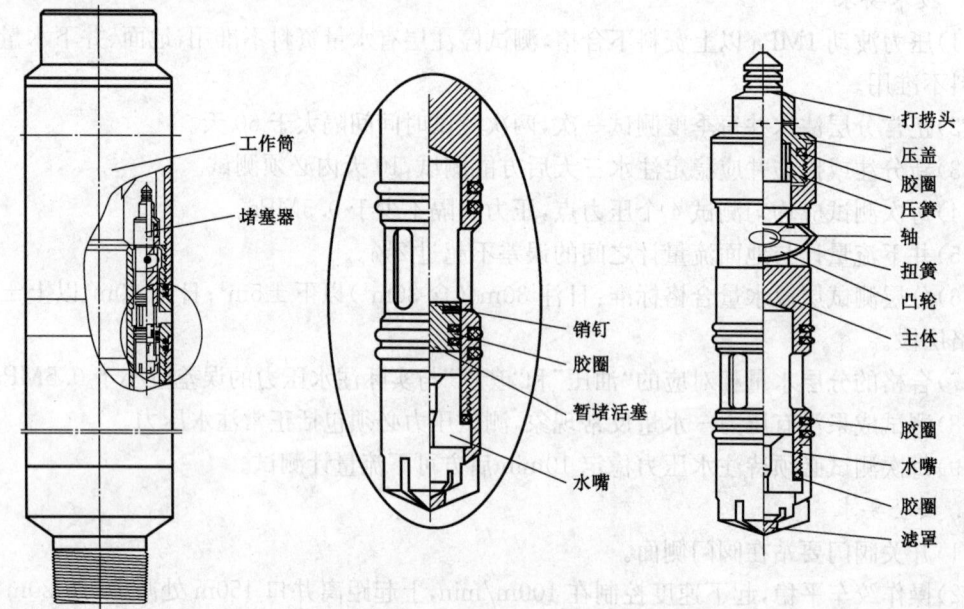

图 5-46 KPX-114 偏心配水器

(6)投捞完毕后,挂合绞车离合器,松开刹把,上提仪器。

(7)将仪器摇入防喷管内,探闸板两次,关死测试阀门,放空,取出投捞器。

(8)收拾工用具,清理现场。

3. 技术要求

(1)投捞器收拢时最大外径应小于偏心工作筒内径 2mm。

(2)投捞器主爪张开角度 23°~30°。

(3)偏心堵塞器主体垂直无毛刺,密封填料过盈量 0.2~0.4mm,打捞杆无弯曲。

4. 安全要求

(1)投捞器起下速度控制在 100m/min。

(2)投捞器未起出最上一级井下工具工作筒时,上起速度应控制在 30m/min。

(3)上起过程中,随时注意张力仪变化情况,发现张力异常,立即停车处理。

### (三)空心配水管柱投捞操作

**1. 人员要求及准备工作**

(1)本项目所需操作人员为 3 人。

(2)工具、用具及材料准备:测试井井口设施齐全、试井车、防喷管、卡块打捞器、芯子、300m 活动扳手 2 把、600m、900m 管钳各 1 把、棉纱 50g、密封脂、黄油、井下管柱数据及配注要求。

(3)劳保用品准备齐全,穿戴整齐。

**2. 操作步骤**

1)捞芯子

(1)关闭注水阀门,平稳打开放空阀门。

(2)测试阀门安装短节,放尽溢流后打开测试阀门。

(3)将连接好的卡块打捞器,通过短节放入井内,直到所调配水器深度。

(4)卡块打捞器下到所调配水器位置后,观察计数器负荷,观察井口是否倾斜、绳套是否拉紧以及车辆是否有颤动等现象来判断仪器是否捞到。

(5)确认芯子捞到后上提仪器。

(6)起至井口 150m 时减速,20m 时停车手摇绞车,人工拉出卡块打捞器和芯子。

2)投芯子

(1)逐个检查所投芯子的密封圈,确认卡入密封槽内。

(2)根据所投芯子的配水器位置,接相应的加压头,连接加重杆,下至井内将芯子加压到位。

(3)收拾工用具,清理现场。

**3. 技术要求**

(1)芯子按内喇叭口朝上投放。

(2)对 2~3 级配水器芯子的投捞,要自下而上依次投捞,并分别加压到位。

**4. 安全要求**

(1)打捞器起下速度控制在 100m/min。

(2)下放和上提距最上一级配水器 50m 以上时,速度控制在 30m/min。

(3)上起过程中,随时注意张力仪变化情况,发现张力异常,立即停车处理。

## 思 考 题

### 一、理论题

5-1 简述什么是稳定流和不稳定流。

5-2 简述 JDY 系列存储式电子压力计结构组成和工作原理。

5-3 简述采油井要取全取准哪六方面资料。

5-4 简述注水井要取全取准哪四方面资料。

5-5 简述低压测试项目有哪些。测试目的和意义是什么。

5—6 简述实测示功图上可以计算的参数。
5—7 写出采用数油管接箍法计算动液面的公式及各符号的意义。
5—8 简述分层注水井现有井下管柱结构有哪些？现各油田使用较普遍的是哪两种。
5—9 简述偏心配水器的工作原理。
5—10 简述静压卡片各点及线段含义。

## 二、操作题

5—1 了解本章的操作项目。
5—2 在实习地收集并绘制一口油井的示功图，并进行分析。
5—3 某一分注井偏Ⅱ水嘴 $\phi 2mm$，实际注水量为 $50m^3/d$，配注要求偏Ⅱ注水量为 $80m^3/d$，问需调配水嘴为多大合适？

# 第六章 油水井动态分析

## 第一节 概 述

油藏动态是指油田投入开发后,随着开发活动(采油、注水、注汽)的进行,地下流体按一定规律运动,并按照不同特点进行重新分布的过程。油藏投入开发后,油藏内部诸因素(油气储量、地层压力、驱油能力、油水分布状况等)都在发生就变化。油藏动态的变化体现在生产井的产液量、含水率、地层压力、注入能力等的变化上。

动态分析是指通过大量的油水井第一手资料,认识油层中油气水运动规律的综合性分析工作。动态分析主要是针对油藏投入生产后,油藏内部诸因素都在发生变化的情况进行研究、分析,找出引起这些变化的原因和影响生产的因素所在,进而提出调整挖掘生产潜力、预测今后的发展趋势。

通过分析,解释现象,认识本质,发现规律,提出调整措施,挖掘生产潜力,预测今后的发展趋势。油藏开发方案实施后,为了获得较好的开发效果和最佳的经济效益,需要对油藏进行不断的动态分析,有针对性提出调整方法和手段。无论是滚动勘探阶段还是开发调整阶段,油藏的动态管理是一项重要内容,贯穿于油田开发的全过程。

### 一、动态分析目的及要求

油藏深埋地下,是典型的黑箱—灰箱问题,只能根据数据来间接把握油藏的地下情况,静态(地震、测井、取心)与动态(测试、日报)结合来认识油藏。

动态分析是认识油藏、改造油藏、科学有效地开发好油藏的重要手段。动态分析以齐全准确的静态、动态及监测资料为依据,用相关分析技术分析油藏的开采特点,研究不同开发阶段的主要矛盾,不断深化对油藏特征及其内在规律的认识,明确开发潜力,进而提出下步调整方向与措施,实现油藏开发的最优化。

#### (一)动态分析目的
(1)了解油藏特征及开采特点。
(2)分析油藏开采动态变化原因。
(3)确定现阶段调整挖潜的基本做法和效果。
(4)确定开发中存在的主要问题。
(5)确定剩余油分布状态及调整挖潜的对象和目标。
(6)确定开发调整工作部署及开发趋势。

#### (二)动态分析过程要求
(1)历史与现状相结合,用发展和变化的观点分析问题。
(2)单井分析与油藏动态相结合,处理好点面关系,统筹兼顾,全面考虑和分问题考虑。
(3)地下分析与平台(地面)设备、工艺流程相结合,将地下、井筒、平台(地面)看作一个有机的整体。

(4) 地下分析与生产管理相结合,遵循先地面、再井筒、后地下的分析程序逐步深入地搞好分析。

(5) 油水井分析与经济效益相结合,通过分析提出经过优选的措施方案,最大限度地提高油井产能,达到少投入、多产出,提高经济效益的目的。

## 二、动态分析任务

动态分析贯穿于整个油田开发过程,在不同的开发阶段,具有不同的任务和内容。总体上来说,动态分析的内容包括:对注采平衡和利用状况的分析;对注水效果的评价分析;对储量动用程度和油水分布状况的分析;对含水率上升及产液量变化情况的分析;对主要增产措施的效果分析。在油田不同开发阶段其任务又有不同侧重。

### (一) 上产阶段

(1) 分析比较钻井后的油田地质特征与方案编制时变化情况,主要分析比较构造、储层厚度、孔隙度、渗透度、饱和度、油水界面、流体性质等。

(2) 了解油水井投产和投注后油层能量的变化,分析油井产液能力、初期产量、初期含水率是否达到方案指标要求,注水井吸水能力是否满足产液量需要,油田注采系统是否适应,能否达到较高的水驱控制程度,设计的生产压差能否实现,采油工艺是否配套。

(3) 利用系统试井等动态监测资料分析油水井对应关系,观察和分析采油井见到注水效果的时间和见效特点,即分析合理注采比、采油速度、储量动用程度、分层吸水、产出状况、含水率上升的变化规律等。

分析成果主要包括:产能评价、岩心的五敏评价、井控储量、产量影响因素评价、合理生产压差、地层能量的利用状况、单井合理配产以及生产异常情况分析。

### (二) 稳产阶段

(1) 通过大量新井资料不断落实含油面积、厚度和含油饱和度,落实储量计算方法的改变(从油砂体到分小层,再到沉积时间单元)导致的地质储量变化,同时针对不同油藏,利用不同的特征曲线,计算可采储量。

(2) 加深对油藏生产规律、油水运动规律和油层压力变化状况的认识,编制各开发阶段的井网、层系调整方案和注采调整方案。

(3) 定期进行油藏动态的全面分析,搞清油田开发中的主要问题和潜力,提出改善开发效果的措施意见。

(4) 预测油藏未来的开发指标和效果,提出提高采收率的综合性措施方案。

分析成果主要包括:产能复核、储量复核、地层连通性评价,地层流体分布分析,单井配产优化,流体性质变化分析,水体能量评价,措施效果评价、开采的不均衡状况分析。

### (三) 递减阶段

(1) 分析产量递减的规律,确定产量递减类型。

(2) 预测今后产量、含水率的变化及可采储量。

(3) 提出控制油田产量递减的有效措施。

分析成果主要包括:储量动用程度评价、递减规律分析、复核水体能量、经济极限产量计量、经济效益评价、增产措施效果评价、生产异常分析。

### 三、动态分析类型

油水井动态分析是一个面广点多的大型系统工程,根据分析过程的需求和特点,产生了多种动态分析类型。以下选择较为常见的动态分析类型进行介绍。

**(一)按照分析时间划分**

动态分析按照时间阶段可以划分为:月/季生产动态分析、年度开发动态分析、阶段开发动态分析。

1. 月/季生产动态分析

通过动态监测数据,分析目前地层压力和含水率变化对生产的影响,提出保持高产、稳产及改善生产状况所要采取的基本措施。

主要内容包括:原油生产计划完成情况,主要开发指标(包括产油量、产液量、含水率、注水量、注采比、地层压力、递减率等)的变化情况及原因,主要增产、增注措施效果及影响因素分析。

2. 年度开发动态分析

全面系统进行年度油藏动态分析,搞清油藏动态变化规律,为编制第二年的配产、配注和调整部署提供可靠依据。重点分析的内容包括:

(1)注采平衡和能量保持利用状况。注采比的变化与压力水平的关系,压力系统和注采井数比的合理性。确定合理的油层压力保持水平,分析能量利用保持是否合理,提出配产、配注方案和改善注水开发效果的措施。

(2)注水效果分析。分析区块注水见效情况、分层注水状况,提出改善注水状况措施;分析注水量完成情况、吸水能力的变化及原因;分析含水上升率、存水率、水驱指数,并与理论值进行对比,评价注水效果、波及效率、注采比、注采对应率。

(3)分析储量动用程度和油水分布状况。应用吸水剖面、产液剖面、密闭取心等资料,分析油层动用程度、储量动用状况;利用不同开发阶段驱替特征曲线,分析储量动用状况及变化趋势。

(4)分析含水上升率与产液量变化情况。应用实际含水率与采出程度关系曲线和理论计算曲线对比,分析含水上升率变化趋势及原因,提出控制含水上升率措施;分析产液量结构的变化,提出调整措施。

(5)分析主要增产增注措施效果。对主要措施如压裂、酸化、堵水、补孔、增注等,要分析措施前后的产液量、产油量、含水率、注水量、井底压力的变化和有效期。

(6)总结油田开发重点工作的进展:精细油藏描述、新老区产能建设、区块综合治理、重大开发实验、钻采新技术等。

3. 阶段开发动态分析

根据开发中所反映出的问题,进行专题分析研究,为制订不同开发阶段的技术政策界限、综合调整和编制开发规划提供依据。实施的时间出现在五年规划的末期;开采方式转变前(衰竭→补充能量→三采);大规模井网调整(加密、转注)前;油田稳产阶段结束。进入递减阶段前,其主要内容包括:

(1)油藏地质特征再认识。

(2)层系、井网、注水方式适应性。不同井网、井距下各类油层水驱控制程度、油砂体钻遇率、水驱采收率等方面分析其适应性。

(3) 油田稳产基础分析。储量替换率、储采比状况，新井、老井及措施增油的变化。

(4) 油层能量保持状况。

(5) 储量动用及剩余油分布状况。各类重大措施（压裂、补孔、调剖、卡堵水）对储量动用影响。储层的连通状况的分类统计，不同井网控制程度下储量的动用、水驱控制程度及剩余油分布状况，注入水纵向、横向波及水洗状况。

(6) 油田可采储量及采收率。计算可采储量、分析影响水驱采收率的因素。

### (二) 按照分析对象划分

动态分析按照分析对象划分，可以分为单井动态分析（油井单井动态分析、水井单井动态分析）、注采井组动态分析、区块/油藏动态分析。

油藏动态变化是通过日常生产中大量的油水井变化所表现出来的。因此，开展油藏开发动态分析必须以单井分析为基础，在开发过程中所取得的大量第一手资料的基础上，采用综合的分析、判断方法，动态地描述已投入开发的油藏，在错综复杂的关系中出现的油藏动态变化特点、规律以及相互之间的影响和制约关系的基础上，提出油田开发的调整措施和总体规划部署，并根据这些动态参数的变化特点修正规划方案和调整方案，使油藏达到较高的最终采收率、较高的开发水平并取得好的经济效益。

#### 1. 单井动态分析

单井动态分析主要是分析工作制度是否合理，生产或注水能力有无变化。油水井单井动态分析主要是分析油水井在生产过程中注水量、产液（油）量、含水率和压力等生产指标的变化特征及原因；分析井下管柱工作状况是否正常，工作制度是否合理；分析增产增注措施效果。根据分析结果，提出加强管理和改善开采效果的调整措施。

1) 油井动态分析

油井动态分析是利用油井生产数据和各种监测资料来分析压力、产量、含水率变化，搞清见水层位，来水方向及井下技术状况，判断工作制度是否合理及生产是否正常等。油井动态分析主要内容有：

(1) 油井油层动态变化的分析：① 生产层段变化情况分析；② 流动压力变化情况分析；③ 含水率变化情况分析；④ 产液量变化情况分析；⑤ 产油量变化情况分析；⑥ 生产能力变化情况分析；⑦ 分层动用状况变化情况分析。

(2) 油井井筒动态变化的分析：① 自喷井井筒动态变化主要影响因素有油层堵塞、油管漏失、封隔器失效、油嘴磨损等；② 人工举升井井筒动态变化主要影响因素有泵抽井泵效影响、油层供液能力影响；砂、气、蜡影响；原油黏度影响；采出液中有腐蚀性物质影响；井口设备影响；工作制度的影响；动液面（沉没度）影响等。

(3) 油井地面管理状况的分析：热洗清蜡制度，合理套压的控制等。

2) 注水井动态分析

注水井动态分析是对井口压力、注水量及吸水能力等变化分析，判断井下事故等。注水井动态分析的主要包括以下内容：

(1) 注水井油层动态分析：① 注入层位变化情况分析；② 注入压力变化情况分析；③ 注水量变化情况分析；④ 注水分层吸水量变化情况分析；⑤ 注采比的变化和油层压力情况分析；⑥ 周围生产井的含水率变化分析。

(2) 注水井井筒动态分析：① 油压、套压和注水量变化的表现及原因分析；② 测试资料的分析。

2. 井组动态分析

井组动态分析是在单井动态分析的基础上，以注水井为中心，联系周围油井和注水井，重点研究分析：分层注采平衡、分层压力、分层水线推进情况；注水是否见效，井组产量是上升、下降还是平稳；各油井、各小层产量、压力、含水率变化的情况及变化的原因；本井组与周围油井、注水井的关系；井组内油水井调整、挖潜的潜力所在；通过分析，提出对井组进行合理的动态配产配注，把调整措施落实到井、落实到层上，力求改善井组的开发效果。

1) 注采井组油层连通状况分析

根据注采井组静态及动态资料，分析每个油层岩性、厚度和渗透率在纵向或平面上的变化，绘制井组的油层栅状连通图，分析出采油井主要来水方向。

2) 井组注采平衡和压力平衡状况的分析

(1) 分析注水井全井注入量是否达到配注要求，对应分析各采油井采出液量是否达到配产要求，分析井组注采比变化原因。

(2) 分析注水井各层段是否按分层配注量进行注水。

(3) 对比注采井组各油井产液量变化情况，分析各油井采液强度与油层条件是否匹配。

(4) 分析注采井组油层压力平衡状况。

3) 井组水淹状况分析

通过水淹和综合含水率变化的分析，结合油藏所处开发阶段含水上升率规律，检查平面、层间、层内水淹和综合含水上升率是否正常。

4) 井组剩余油分布状况

通过饱和度测井、取心井、油藏工程、油藏数值模拟和动态分析方法分析平面、层间、层内剩余油分布状况。

3. 区块动态分析

区块动态分析主要有：对油藏地质特点的再认识，对油田当前开发状况的分析，对层系井网、注水方式的分析，提出油田开发中存在的问题和改善油田开发效果的意见，对油藏、油田动态监测现状的看法等。其重点是以分析当前油田开发状况为主，即区块（油田）开发方案的执行情况及调整措施效果的分析，注采平衡和能量保持利用状况的分析，储量动用状况及油水井分布状况的分析，含水上升率与产液量增长情况，开发试验效果的分析等。具体包括：

1) 层系井网适应性

利用油层对比、细分沉积相等资料分析各开发层系划分与组合的合理性；统计不同井网密度条件下各类油层的水驱控制程度、油砂体钻遇率等数据，分析井网的适应性；应用吸水指数、产液指数、油水井数比，分析注采井网的合理性。

2) 储量动用状况

应用注入与产出剖面、C/O测试、井间剩余油饱和度监测、检查井密闭取心、新钻井的水淹层解释、分层测试等资料，分析注入水纵向及平面的波及和水洗状况，评价储量动用和剩余油分布。

分析调整和重大措施前后油藏储量动用状况的变化，应用驱替曲线分析动态储量及其变化。

3) 注采平衡和能量保持利用状况

分析注采比、压力水平、生产压差、动液面的变化趋势及注采压力系统的合理性。

4)注水效果

分析注水利用状况：注水利用率、存水率、水驱指数、吨油耗水量、含水上升率、液油比等的变化趋势。分析注水见效情况，分注状况，注水量、吸水能力变化的原因及对开发的影响。应用油藏工程方法计算水驱波及体积、水驱指数、存水率、水驱油效率等。

5)措施效果

分析主要措施效果及对开发指标、油田稳产的影响。

6)开发指标变化趋势

分析产液量、产油量、注水量、综合含水率、采油速度、剩余速度、自然递减、综合递减等主要指标的变化趋势。分析产量构成、措施构成的合理性，剩余速度与递减的关系，分析油田递减规律和递减类型，预测油田产量变化。

7)开采成本变化趋势

分析吨油开采成本及构成、注入成本、提升成本、措施成本的变化。

## 第二节　动态分析基础数据

在进行油水井动态分析时，需要大量数据及资料，常用的基本资料如下。

### 一、资料类型

(1)油田地质(静态)资料：油田构造图、小层平面图、小层数据表、油藏剖面图、连通图；油层物性资料的渗透率、油层有效厚度、原始地层压力等；油气水流体性质，即黏度、密度、含蜡、天然气组分、地层水矿化度等；油水界面和油气界面。

(2)油水井动态资料：油气水产量、压力、含水率、气油比、动液面、出油剖面、注水量、吸水剖面、注入水质等。

(3)工程资料：完井数据、井筒状况、生产流程、注采设备及工艺技术等。

### 二、资料录取要求及标准

#### (一)地质资料要求

分析判断：与邻井和历史资料对比分析，分析与同井其他资料的相关性，利用这些资料计算出指标与预测值偏离大小，确定资料是否真实。

落实整改：具备重新录取条件的，应整改流程设备后安排重新录取；不具备补录的，应标明该资料不真实、不能利用。

#### (二)采油井资料录取标准及整理

1. 产量资料标准

放喷期间每天定时量油一次，抽油生产时，要求每三天计量一次，量油时压力应保持与集输系统一致；新井、措施井、检泵井在正常生产8h后必须量油，并连续加密量油直至稳定；当产液量大于10t的井波动范围超过±5t、产液量10t以下的井波动范围超过±3t时，应加密量油到一天一次，直至稳定。

2. 含水率资料标准

每三天化验一次。含水率允许波动范围：常采井±2%，热采井±5%。超过波动范围应加密取样,直至稳定;油井发现见水,应连续化验,直至确定见水性质;油井产出液若有游离水,要求每5d测氯离子一次,含水率突然变化要求每2d测氯离子一次,直至确定含水率变化原因;新井、措施井、检泵井在开抽后每天取样化验含水率,直至稳定。

3. 动液面、示功图资料标准

每月测动液面、示功图一次,两次测试时间间隔不少于20d;常规采油井每月测动液面、示功图两次,两次测试时间不少于10d;新井投井、作业、改变工作制度或洗井后要求稳定生产3d后测动液面;油井措施作业、检泵和工作制度改变后应在开井24h内测示功图,油井产状突然变化及时测示功图并检查泵况。

(三)注水井资料录取标准

1. 注水量资料标准

(1)全井合格水量:日配注≤100$m^3$,波动范围±20%;日配注>100$m^3$,波动范围±10%。

(2)层段合格水量:日注30$m^3$以下的井,注水量波动范围±5$m^3$;日注30~50$m^3$以上的井,注水量波动范围±20%。

2. 水质标准

配水间每天化验一次机械杂质、含铁,井口每5d化验一次机械杂质、含铁;洗井每小时化验一次,每个排量都有水质化验成果,水质化验合格方能转注。

## 三、主要图表资料

油藏动态分析应具备"6图、10表、8曲线",注采井组分析应具备"5图、5表、5曲线"。将部分图表介绍如下。

(一)表格数据资料

1. 油井单井数据表

油井单井数据表(表6—1)描述了近期油井生产状况及其变化趋势。表中的数据可以根据分析内容的需要进行调整。

表6—1 油井单井数据表

| 井号 | 日期 | 生产时间 | 油嘴直径 | 排量 | 工作制度 | 油压 | 套压 | 回压 | 日产液量 | 日产油量 | 日产气量 | 含砂量 | 含水率 | 动/静液面深度 | 备注 | 生产层号 |
|---|---|---|---|---|---|---|---|---|---|---|---|---|---|---|---|---|
| | | | | | | | | | | | | | | | | |

2. 注水井单井数据表

注水井单井数据表(表6—2)描述了水井近期注水状况。表中的数据可以根据分析内容的需要进行调整。注水井单井数据表中描述了注水井压力、配注量、日注水量、采取的措施等,通过注水井这些参数的变化可分析井组相应指标的变化。

表6—2 注水井单井数据表

| 井号 | 日期 | 生产时间 | 泵压 | 油压 | 套压 | 日配注入量 | 日注入量 | 备注 | 注水层号 | … |
|---|---|---|---|---|---|---|---|---|---|---|
| | | | | | | | | | | |

3. 油井阶段生产数据对比表

油井阶段生产数据对比表(表6—3)描述的是油井生产数据变化情况。表中包含油井前后两个阶段生产数据,以及对比得出的变化量。通过对比分析油井生产状况,为后期措施提供基础。

表6—3 油井阶段生产数据对比表

| 井号 | 前生产情况 | | | | 后生产情况 | | | | 对比 | | | |
|---|---|---|---|---|---|---|---|---|---|---|---|---|
| | 日产液量 | 日产油量 | 日产气量 | 含水率 | 日产液量 | 日产油量 | 日产气量 | 含水率 | 日产液量 | 日产油量 | 日产气量 | 含水率 |
| | | | | | | | | | | | | |

### 4. 注水井阶段对比表

注水井阶段数据对比表(表6—4)描述的是注水井数据变化情况。表中包含注水井前后两个阶段数据，以及对比得出的变化量，通过对比分析注水井状况，为后期措施提供基础。

表6—4 注水井阶段对比表

| 井号 | 前生产情况 | | | | | 后生产情况 | | | | | 对比 | | | | |
|---|---|---|---|---|---|---|---|---|---|---|---|---|---|---|---|
| | 泵压 | 油压 | 套压 | 日配注入量 | 日注入量 | 泵压 | 油压 | 套压 | 日配注入量 | 日注入量 | 泵压 | 油压 | 套压 | 日配注入量 | 日注入量 |
| | | | | | | | | | | | | | | | |

### 5. 油井措施效果对比表

油井措施效果对比表(表6—5)描述了某项措施在油井上产生的效果。该表是把动态分析中措施发生的前因与后果的相关数据进行对比，对比的内容可根据实际需要进行设计。

表6—5 措施效果对比表

| 井号 | 前生产情况 | | | | | | | 后生产情况 | | | | | | | 对比 | | | | | | |
|---|---|---|---|---|---|---|---|---|---|---|---|---|---|---|---|---|---|---|---|---|---|
| | 日产液量 | 日产油量 | 日产气量 | 含水率 | 含砂量 | 动液面深度 | … | 日产液量 | 日产油量 | 日产气量 | 含水率 | 含砂量 | 动液面深度 | … | 日产液量 | 日产油量 | 日产气量 | 含水率 | 含砂量 | 动液面深度 | … |
| | | | | | | | | | | | | | | | | | | | | | |

### 6. 井组生产数据表

井组生产数据表(表6—6)统计井组中注水井和受益油井的生产情况。

表6—6 井组生产数据表

| 时间 | 注水井 | | | | | | 采油井 | | | | | | |
|---|---|---|---|---|---|---|---|---|---|---|---|---|---|
| | 井号 | 泵压 | 油压 | 套压 | 日配注入量 | 日注入量 | 备注 | 井组/单井 | 日产液量 | 日产油量 | 日产气量 | 含水率 | 动液面/流压/静压 | 备注 |
| | | | | | | | | | | | | | |

## (二)曲线及图件资料

### 1. 地质图件

(1)构造井位图。构造井位图(图6—1)描述了完钻井的平面分布关系，构造位置的高低。

(2)砂体分布图。通过砂体分布图(图6—2)可了解油砂体的形态、分布状况。砂体分布图是油藏描述的重要成果图件，目前多用Geomap和Discovery Geotlas格式存储。

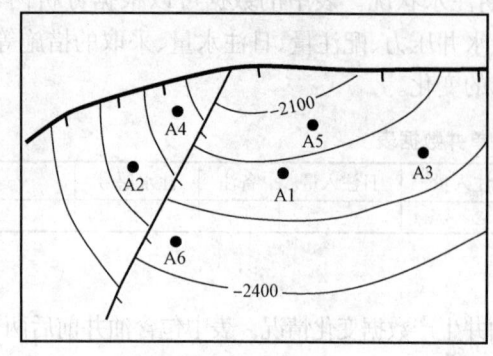

图6—1 构造井位图

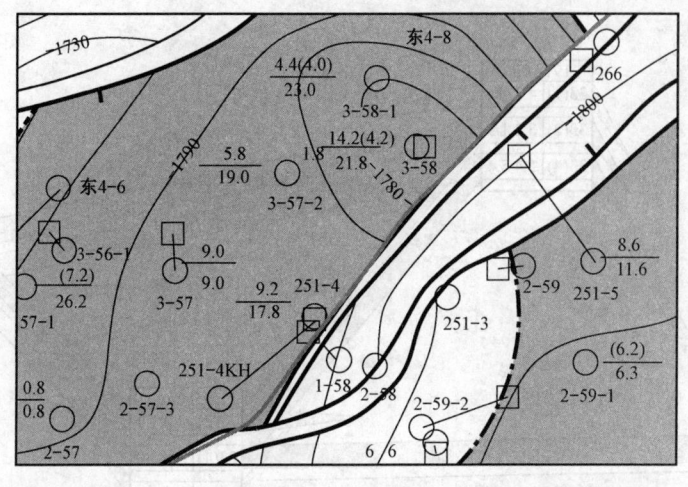

图 6—2 砂体分布图

(3)沉积微相图。沉积微相图(图 6—3)是不同相带在平面上的分布状况图件,是沉积相研究的重要成果,是开发动态分析和调整方案编制的重要图件。

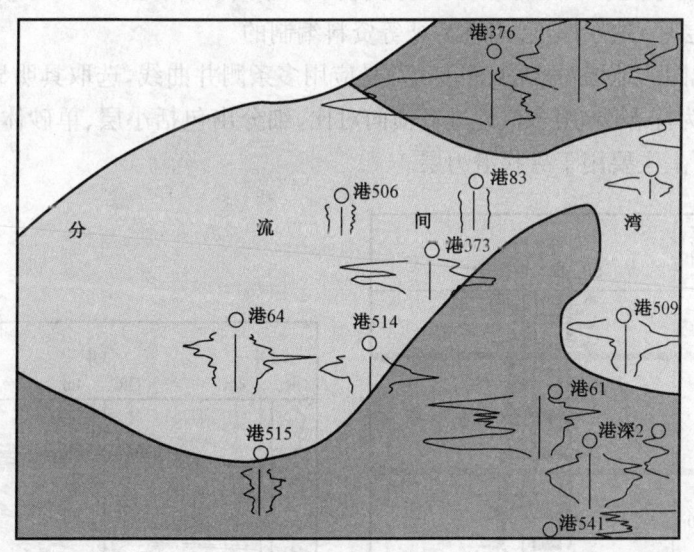

图 6—3 沉积微相图

(4)渗透率等值图。渗透率等值图(图 6—4)表示的是储层渗透率在平面上变化的图件。

(5)连通图。连通图(图 6—5)是描述储层连通关系的图件。从连通图中能看出各小层的砂岩厚度、有效厚度、连通情况、射孔情况、电测解释成果、井别等。目前能够绘制连通图的软件很多,如 Geomap 等。

(6)地质数据综合柱状图。地质数据综合柱状图(图 6—6)按一定比例尺和图例,将工作区地层自下而上(即从老到新)把各地层的岩

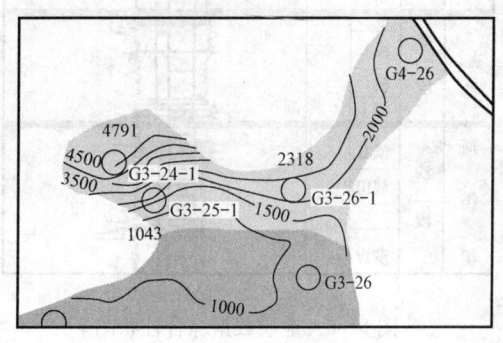

图 6—4 渗透率等值图

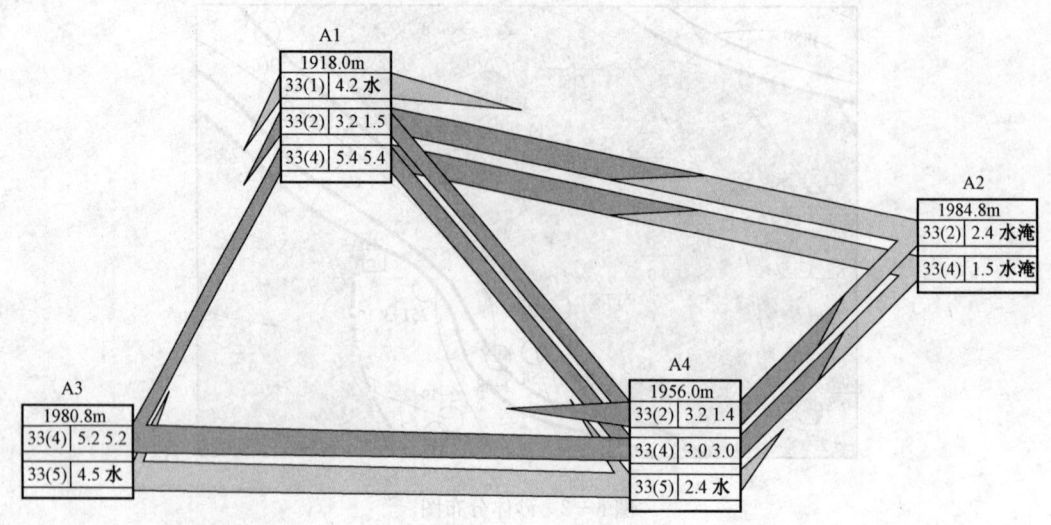

图 6-5 连通图

性、厚度、接触关系等现象,用柱状图表的方式表示出来的图件,是根据一口钻井或一条地层剖面所确定的地层层序、地层厚度、岩性特征等资料编制的。

(7)地层对比图。地层对比图(图 6-7)是应用多条测井曲线,选取具明显标志的、分布稳定的层或界线作为标志层,用多口井进行横向对比,细分出包括小层、单砂体内部可分的沉积单元,在动态分析上主要用于寻找潜力层。

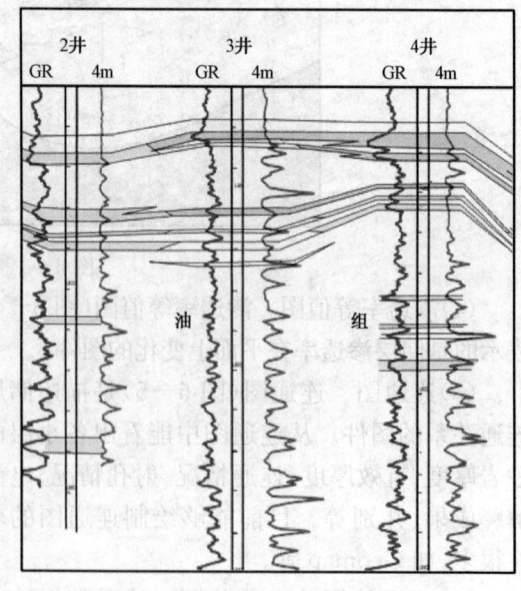

图 6-6 地质数据综合柱状图　　　　　　图 6-7 地层对比图

## 2. 动态图件

(1)开采现状图。开采现状图(图6-8)是反映油田、区块或井组油水井目前的生产状况,包括日产油、日产水、日注水、累产油、累产水、累注水。

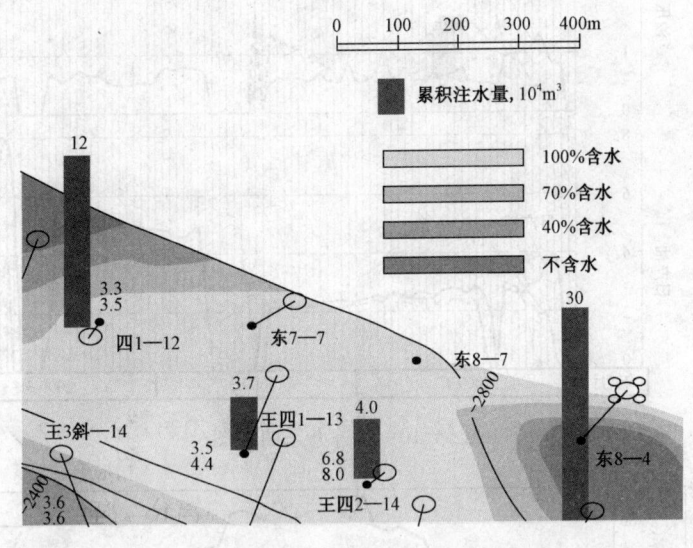

图6-8 开采现状图

(2)剩余油分布图。剩余油分布图(图6-9)是在前期地质研究的基础上,运用建模或数值模拟、油藏工程分析得到的成果图件,是编制调整方案的重要依据。

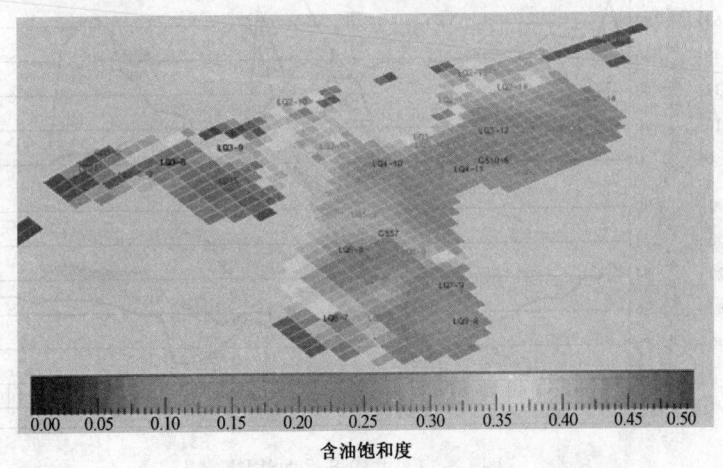

图6-9 剩余油分布图

## 3. 动态曲线

(1)单井开采曲线。单井开采曲线(图6-10)是反映油水井生产状况随时间变化的图件,是油水井生产记录的图形显示。

(2)井组开采曲线。井组开采曲线(图6-11)是构成井组的油水井生产状况随时间变化的图件,通过井组开采曲线能够直观地反映油水井的生产状况及变化趋势,能够了解油水井措施的效果,油水井工作制度是否合理等。

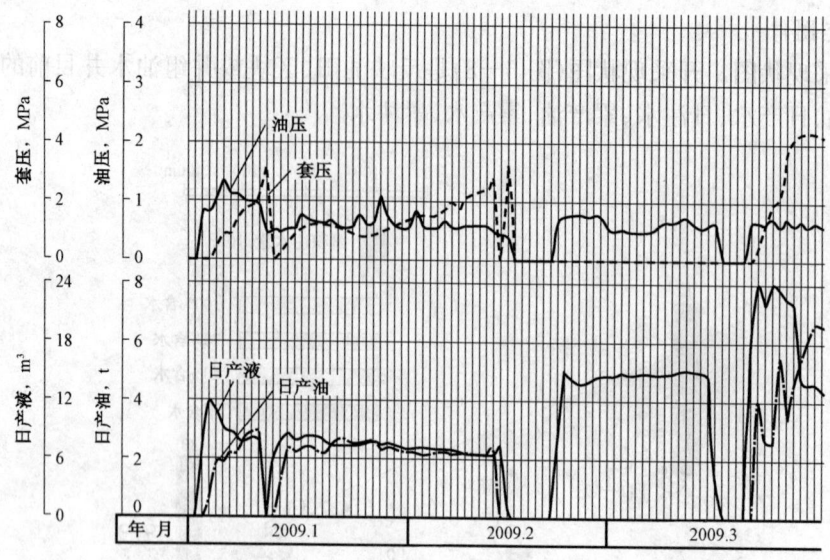

图 6-10 单井开采曲线图

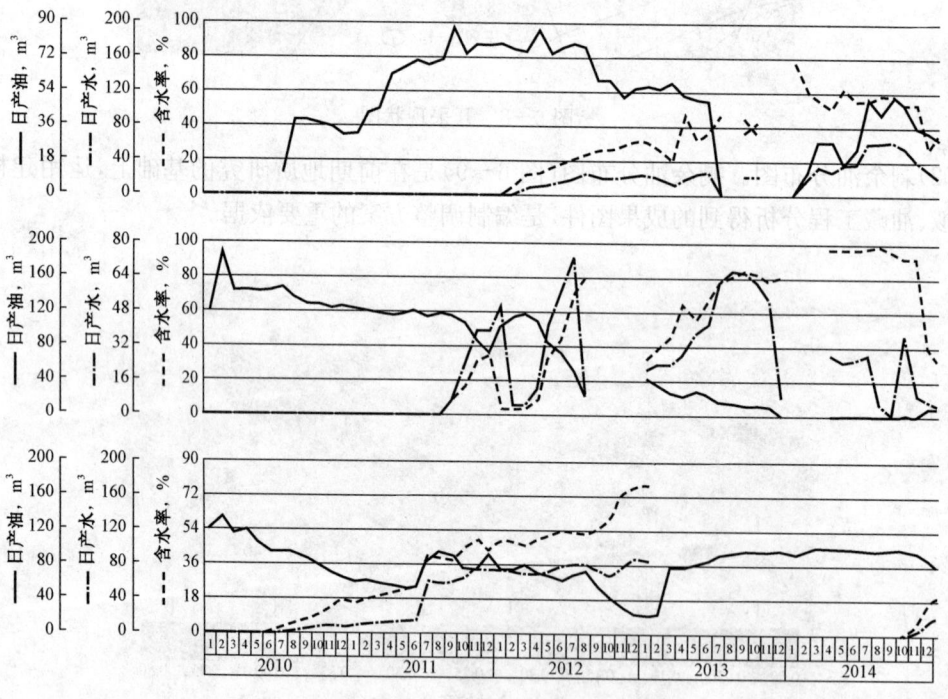

图 6-11 井组开采曲线图

(3)指示曲线。指示曲线分为油井指示曲线和水井指示曲线,指示曲线是稳定试井测得的油气水产量或注入量和生产压差的关系曲线,如图 6-12 所示。

(4)含水率与采出程度关系曲线。含水率与采出程度关系曲线(图 6-13)是反映开发效果好坏的图件。曲线愈平缓,说明含水率上升愈慢,采出的油量愈多,油田开发效果愈好。

(5)吸水剖面。吸水剖面(图 6-14)指的是水井各个层位对于注入水的分配比例,应用于分层注水,调剖堵水,防止水窜,提高注入水在各个层位的波及系数,提高油层的驱油效率,从而提高采收率。吸水剖面反映注水井各层的吸水能力变化情况,包括吸水层位、吸水厚度和吸水能力,为配注提供依据。常用的测试方法主要是同位素测试及氧活化测试。

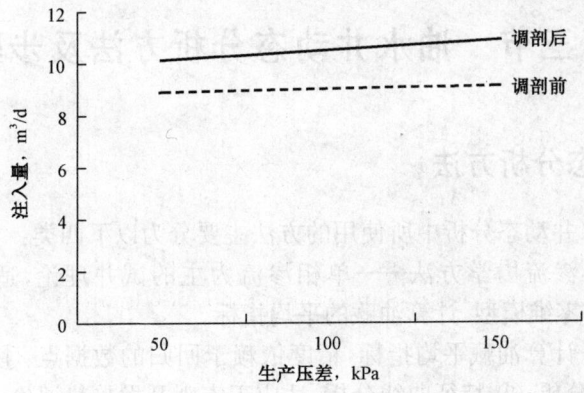

图 6-12 指示曲线图

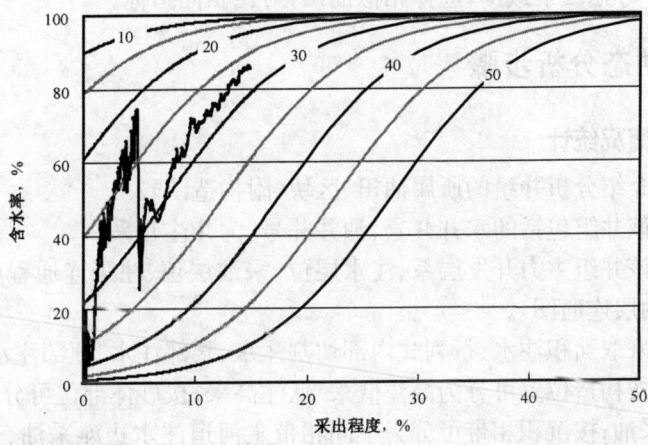

图 6-13 含水率与采出程度关系曲线图

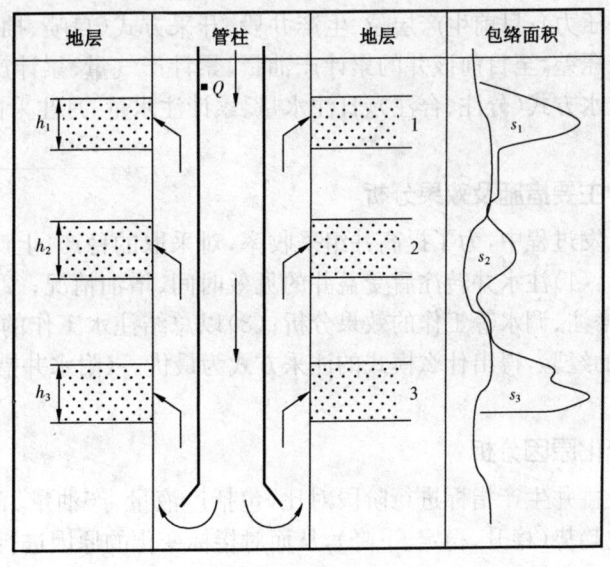

图 6-14 吸水剖面图

# 第三节 油水井动态分析方法及步骤

## 一、油水井动态分析方法

目前,国内外油水井动态分析中所使用的方法主要分为以下四类:

(1)理论分析:① 渗流力学方法——单相渗流为主的试井理论,适用于油田开发早期;② 物质平衡方法——零维模型,计算油藏的平均指标。

(2)经验分析——计算油藏平均指标,精度依赖于回归的数据点:① 产量递减分析,适用于递减阶段开发趋势分析;② 特征曲线分析,适应于宏观开发趋势评价。

(3)数值模拟。考虑因素最全,需要参数最多。

(4)类比分析。考虑因素最少,选择相似油田,对比相同指标。

## 二、油水井动态分析步骤

### (一)井组基本情况统计

(1)构造位置:介绍分析井组的所属油田、区块(附构造图)。

(2)井组井号:该井组包括的水井井号、油井井号,为几注几采。

(3)连通情况:该井组主力开发层系、注水层位、采油层位、注采连通程度、注采对应率(附综合柱状图、井组油层连通图)。

(4)注水方式:采取面积注水、行列式内部切割注水、腰部注水、顶部注水等。

(5)注采模式:按构造位置可分为高注低采、低注高采;按砂体部位可分为边部注水中部采油、中部注水边部采油;按沉积相带可分为不同相带主河道注水边滩采油、边滩注水主河道采油,同一相带主体部位注水边部采油、主体带注水主体带采油。

(6)井组生产情况:各油井投产日期、生产层位、初期生产情况(工作制度、日产液、日产油、日产气、含水率、地层压力);目前生产层位、生产井段、开采方式(自喷、抽油)、工作制度、生产情况、地层压力、生产压差,至目前该井的累计产油量、累计产气量、累计产水量。注水井投转注时间、注水层位、注水方式(分注、合注)、日注水量、累计注水量、月注采比、累计亏空。(附油水井生产数据表。)

### (二)开发过程中主要措施及效果分析

该井组在注水开发过程中,为了提高井组采收率,对采取的稳产、上产措施工作及取得的效果进行分析。包括:(1)注水井转注后受益井的见效时间、增油情况;(2)在注水过程中实施的分注、调剖、酸化、增注、调水等工作的效果分析;(3)以总结注水工作的效果为主,分析注水见效特点,总结成功的经验,得出什么模式的注采方式为最优。(附水井措施实施效果表,井组注水开发曲线。)

### (三)主要指标变化原因分析

首先对井组中受益井生产指标进行阶段对比,包括产液量、产油量、含水率、压力,通过对比得出该井组的变化趋势(稳升、稳定、下降),从而对指标变化的原因进行详细的分析。

1. 产液量下降

在单井分析中,工艺因素造成液量下降的各项因素排除以后,主要对注水方面的原因进行分析。

(1)注采比低：分析油井生产层与周围注水井连通情况，应用吸水剖面和投捞测配结果分析近期连通层注水量变化，计算注采比，分析压力（液面）变化情况，判断是否是由于注水量低造成受益井地层能量不足，产液量下降。

(2)注采井网不完善：因注采比和注采井数比低、井组注采井网不完善，造成受益井能量不足。应用吸水剖面和投捞测配结果分析，分析对应生产层的吸水状况，判断是否存在层间干扰，结合油井的产出剖面，为加强吸水差层注水量，调整注水结构提供依据。

2. 含水率上升

对于存在边水和注水的油井含水率上升过快，首先通过取水样化验矿化度和氯离子值，总矿化度稳定不变的是边水，总矿化度逐渐降低的是注入水。对注入水分析有以下几方面：

(1)生产单层、单向注水。通过计算注采比，判断注水井注水量是否过大，根据近期注水井吸水剖面测试结果，分析层内吸水差异，判断是否为注水单向突进、形成注水通道等。根据注采模式分析是否为注采方式不合理，判断含水率上升的原因。

(2)生产单层、多向注水。分析不同方向的注水井针对油井生产层的注水情况、累计注水情况，要计算不同方向的水洗倍数，同时参考井间示踪剂测试结果，根据不同方向的水驱速度，判断主要来水方向，为平面调水缓解平面矛盾提供依据。

(3)生产多层、单向注水受益。除了要对单层、单向注水分析外，还要对层间干扰情况进行分析。也就是要根据吸水剖面分析油井受益层层间生产情况，分析油井各受益层生产历史，结合产出剖面资料和注水井历史注水情况，找出高水淹层、吸水好的注水层，为油井卡堵水、水井分注提供依据。另外根据注采模式分析是否为注采方式不合理，判断含水率上升的原因。

(4)生产多层、多向注水受益。重点是应用动态监测资料分析高含水层。充分利用该井的产出剖面、各注水井的吸水剖面层间监测资料以及示踪剂测试等井间监测成果，并结合油井的生产历史、注水井的注水状况，判断高含水层，确定来水方向。

3. 产液量下降、含水率上升同时发生

以上是对液量下降和含水率上升两个因素的分析方法，在实际生产中会更多的遇到油井同时产液量下降含水率上升的现象，应按照以上的分析思路，将两类原因分析结合到一起，有针对性的采取措施。

## (四)潜力分析

注采井组的潜力分析主要包括以下几个方面：

(1)井组剩余可采储量计算。采用单井驱替特征曲线预测井组中各油井的可采储量，从而计算各油井的剩余可采储量，分析各油井的潜力大小，合计得出该井组的剩余可采储量。（附图件水驱特征曲线）

(2)分层潜力分析。利用该井区或该区块的吸水剖面和产液剖面资料，若没有测试资料，也可用 $Kh$ 值对各个油井已射开层进行产量劈分；利用容积法对钻遇的油砂体分别计算地质储量，采用该区块分层采收率值，计算出纵向上钻遇各单砂层的可采储量，根据各层产量劈分后的累产油量，得出各单砂层的剩余可采储量(可以应用单砂体剩余油快速分析软件，做出该井组单砂层水驱曲线，预测可采储量)；针对剩余可采储量高的油砂体编制稳产上产综合治理方案。（附图件：单井剩余可采储量分布图、单井及单砂体水驱特征曲线、产量劈分表、剩余可采储量计算表。）

(3)平面潜力分析。首先统计平面上流压（动液面）分布、含水率分布情况，直接反映井组平面上注水波及差的区域即为潜力区。根据储层物性分布情况、井间监测资料，确定水淹方向,注入水沿着高渗带、主河道水淹速度快。(附图件:小层压力分布图、小层含水率分布图、小层渗透率等值图、小层沉积微相图、示踪剂、水驱前缘测试图。)

(4)后备层的潜力。利用测井曲线、综合录井曲线,通过横向多井对比,结合录井资料、饱和度测试资料、构造位置确定油井已解释或未解释的潜力层,为下步接替提供后备潜力。(附图件:单井标准曲线、综合录井曲线、测试资料曲线。)

### (五)下步治理措施

通过分析井组产量变化原因,找准造成产量下降的主控因素,并根据潜力分析,制定下步整体治理方案。

1. 管理措施

(1)针对地层能量不足、产液量下降的注采井组,适当调大注水量,通过动态调水,摸索合理注水量。若注不进,通过提高泵压达到配注要求。

(2)针对单向注水、含水率上升的井组,在确保注采平衡的前提下先调小注水量,观察油井变化,或考虑脉冲周期性注水,摸索合理的注水周期。

(3)针对多向注水、含水率上升的井组,根据主要来水方向判断,在确保注采平衡的前提下,要适当控制主要来水方向的注水量,加强水驱速度慢方向的注水量,调整平面矛盾。

(4)针对注水不正常的井,加强注水井管理。

2. 整体治理措施

根据潜力分析,对剩余可采储量高的井组,制订油水井整体治理方案。

(1)完善注采井网:针对井网不完善、能量不足、产液量下降的注采井组,通过老井转注、钻注水井、增加注水方向来完善注采井网,提高水驱控制程度。

(2)提高水驱油效果:针对单向注水、含水率上升的注采井组,根据潜力分析,一是可以通过改变液流方向,增加扫油面积;二是可以通过调剖措施封堵大孔道,提高水驱效果。

(3)缓解层间矛盾,提高油层动用程度:针对多向注水含水率上升的注采井组,在高含水层认识的基础上,采取水井分注、细分注以及油井卡堵水等措施,加强对低动用层注水,控制对高水淹层注水。

(4)重建注采井网,增加可采储量:根据潜力分析,以剩余可采储量高的油砂体为对象,重建完善的注采井网,兼顾其他非主力层。采取油井补层、卡堵水、提液、长停井恢复等综合措施,以及水井转注、恢复注水、分注、调剖、补层完善等措施,形成完善的注采井网。

3. 指标预测

测算通过治理,井组日产油量、含水率、压力的稳升值,预测注水开发指标——油层连通程度、注采对应率、存水率、水驱指数、自然递减率等。

## 第四节 应用实例

### 一、油井单井动态分析实例

#### (一)油井压裂措施效果分析实例

【例6-1】 11-1井为自喷井,其压裂效果见表6-7。请回答以下问题:(1)求11-1井原始地层压力及各生产阶段的生产压差;(2)压裂效果评价及分析;(3)11-1井目前是否存在问题?若存在问题是什么?并提出下一步生产措施及建议。

表 6—7　自喷井 11—1 压裂效果对比表

| 时间 | 油嘴 mm | 产液量 t/d | 产油量 t/d | 含水率 % | 油压 MPa | 回压 MPa | 静压 MPa | 流压 MPa | 总压差 MPa |
|---|---|---|---|---|---|---|---|---|---|
| 压裂前 | 10 | 52 | 24 | 54 | 0.85 | 0.45 | 12.05 | 7.77 | 0.4 |
| 压裂后 | 10 | 74 | 37 | 50 | 1.2 | 0.65 | 11.5 | 9.7 | −0.15 |
| 压裂后三个月 | 10 | 76 | 36 | 52.9 | 1.21 | 0.65 | 11.47 | 9.76 | −0.18 |

答:(1)原始地层压力:

$$p_{原} = p_{目前} - p_{总} = 12.05 - 0.4 = 11.65 (\text{MPa})$$

各生产阶段的生产压差:

$$p_{前} = p_{静} - p_{流} = 12.05 - 7.77 = 4.28 (\text{MPa})$$

$$p_{后} = p_{静} - p_{流} = 11.5 - 9.7 = 1.8 (\text{MPa})$$

$$p_{三} = p_{静} - p_{流} = 11.47 - 9.76 = 1.71 (\text{MPa})$$

(2)11—1 井压裂效果好。主要表现为:① 产液量产油量大幅度增加,含水率下降;② 地层压力基本稳定流压明显上升,生产压差明显缩小;③ 采油指数=产油量÷生产压差,压裂前采油指数=24÷4.28=5.6[t/(d·MPa)],压裂后采油指数=37÷1.8=20.6[t/(d·MPa)],采油指数由压裂前的 5.6t/(d·MPa)提高到压裂后的 20.6t/(d·MPa),有大幅度的增加。

(3)11—1 井存在生产潜力没有充分发挥的问题。依据为地面油回压差过大,限制了压裂效果的进一步发挥。下一步生产措施及建议:① 放大油嘴,放大生产压差,充分发挥压裂增产的效果。② 加强生产管理,加强压裂层段的注水量,延长压裂效果有效期。

【例 6—2】　11—2 井为采油井,其压裂效果见表 6—8。请分析 11—2 井压裂效果,若存在问题请说明并提出下步措施。

表 6—8　11—2 井压裂效果对比表

| 时间 | 油嘴 mm | 产液量 t/d | 产油量 t/d | 含水率 % | 油压 MPa | 回压 MPa | 静压 MPa | 流压 MPa | 总压差 MPa |
|---|---|---|---|---|---|---|---|---|---|
| 压裂前 | 8 | 38 | 11 | 71.1 | 0.6 | 0.45 | 11.18 | 7.55 | 0.61 |
| 压裂后 | 8 | 71 | 9 | 87.3 | 1.02 | 0.6 | 10.56 | 9.07 | −0.01 |
| 压裂后三个月 | 8 | 75 | 7 | 90.2 | 1.01 | 0.6 | 10.67 | 9.16 | 0.1 |

答:11—2 井压裂效果不好。压裂前后油嘴不变,产液量上升了 71−38=33(t/d),产油量下降了 11−9=2(t/d),含水率上升了 87.3−71.1=16.2(%)。经过 3 个月生产,生产状况进一步变差。

压裂效果差的原因分析:该井压裂后产液量大幅度上升,生产压差由 11.18−7.55=3.63(MPa)下降到 10.56−9.07=1.49(MPa),说明油层内渗流阻力减小,压裂已压开了油层。压裂后静压有所下降,但仍保持在原始地层压力附近,说明压裂层能量充足。压裂后含水率上升较快,结合上述原因,应是压裂压开了高压高含水层,使层间干扰加大,层间矛盾加剧。

11—2 井存在层间矛盾大的问题。下步措施:应封堵高含水层。

## (二)油井换泵措施效果分析实例

**【例6—3】** 12—1井为抽油井,其换泵前后生产数据见表6—9。请分析12—1井换泵效果,若存在问题请说明并提出下步措施。

表6—9  12—1井换泵前后生产数据表

| 时间 | 产液量 t/d | 产油量 t/d | 含水率 % | 动液面深度 m | 泵效 % | 冲程 m | 冲次 次/min | 泵径 mm |
|---|---|---|---|---|---|---|---|---|
| 2010.1 | 59 | 7 | 88.5 | 165.7 | 62.8 | 3 | 9 | 56 |
| 2010.2 | 76 | 11 | 85.3 | 536.3 | 52 | 3 | 9 | 70 |
| 2010.5 | 75 | 12 | 84.7 | 485.6 | 51.4 | 3 | 9 | 70 |
| 2010.8 | 78 | 11 | 86.1 | 431.2 | 53.3 | 3 | 9 | 70 |

注:泵深956.8m

**答:** 12—1井换泵效果好。换泵初期产液量上升了76−59=17(t/d),产油量上升了11−7=4(t/d),含水率下降88.5−85.3=3.2(%),动液面下降536.3−165.7=370.6(m),沉没度趋于合理;换泵后泵效有所下降,但仍在合理范围内;换泵后经过6个月的生产,各项生产参数及生产状况良好。

换泵效果好的原因分析:(1)该井动液面高沉没度大表明该井供液能力强;(2)换泵后提高了排液能力,从而提高了油井产量;(3)换大泵后动液面下降沉没度减小,放大了生产压差,减小了层间矛盾;(4)沉没度减小后抽油机生产参数趋于合理。

12—1井存在生产潜力没有充分发挥的问题,依据为换泵后动液面仍在逐步回升。下一步措施:调大生产参数生产。

**【例6—4】** 12—2井为抽油井,其换泵前后生产数据见表6—10。请分析12—2井换泵效果,若存在问题请说明并提出下步措施。

表6—10  12—2井换泵前后生产数据表

| 时间 | 产液量 t/d | 产油量 t/d | 含水率 % | 动液面深度 m | 泵效 % | 冲程 m | 冲次 次/min | 泵径 mm |
|---|---|---|---|---|---|---|---|---|
| 2010.1 | 19 | 4 | 78.5 | 井口 | 33.2 | 3 | 9 | 44 |
| 2010.2 | 25 | 5 | 80.3 | 682.9 | 27 | 3 | 9 | 56 |
| 2010.4 | 22 | 4 | 79.8 | 785.7 | 23.7 | 3 | 9 | 56 |
| 2010.6 | 20 | 4 | 78.9 | 859.2 | 21.6 | 3 | 9 | 56 |

注:泵深958.3m

**答:** 12—2井换泵效果不好。换泵初期产液量上升了25−19=6(t/d),产油量上升了5−4=1(t/d),含水率上升了80.3−78.5=1.8(%),动液面由井口下降到682.9m,换泵后泵效有所下降。换泵后经过4个月的生产,各项生产参数接近换泵前的产状。

换泵效果差的原因分析:(1)该井供液能力差,泵效偏低;(2)换泵前泵况不正常,没有准确反映油井生产情况。

12—2井存在沉没度过小的问题,下步措施:应调小生产参数生产,加强对应注水井的注水量,提高供液能力。

## 二、注水井单井动态分析实例

【例6—5】 2—1井为注水井,其生产数据见表6—11。请分析2—1井生产状况,要求找出变化原因并提出下步措施。

**答:** 2—1井泵压不变,油压上升;全井注水量稳定,但分层注水量5月14日发生较大变化,偏1水嘴不吸水,偏2水嘴超注较多,偏3水嘴吸水正常。

表6—11 2—1井生产数据表

| 时间 | 泵压 MPa | 油压 MPa | 配注量 m³/d | 实注量 m³/d | 偏1水嘴 | | 偏2水嘴 | | 偏3水嘴 | |
|---|---|---|---|---|---|---|---|---|---|---|
| | | | | | 配注量 m³/d | 实注量 m³/d | 配注量 m³/d | 实注量 m³/d | 配注量 m³/d | 实注量 m³/d |
| 2011.5.12 | 14.5 | 11.7 | 150 | 140 | 40 | 37 | 30 | 27 | 80 | 76 |
| 2011.5.13 | 14.5 | 11.6 | 150 | 138 | 40 | 35 | 30 | 24 | 80 | 69 |
| 2011.5.14 | 14.7 | 12.5 | 150 | 140 | 40 | 0 | 30 | 57 | 80 | 82 |

注:破裂压力14.3MPa

分析2—1井应为偏1水嘴堵塞或堵塞器滤网堵塞。下步措施应先进行洗井,无效则拔出堵塞器更换水嘴或滤网。

【例6—6】 2—2井为注水井,其生产数据见表6—12。请分析2—2井生产状况,要求找出变化原因并提出下步措施。

表6—12 2—2井生产数据表

| 时间 | 泵压 MPa | 油压 MPa | 配注量 m³/d | 实注量 m³/d | 偏1水嘴 | | 偏2水嘴 | |
|---|---|---|---|---|---|---|---|---|
| | | | | | 配注量 m³/d | 实注量 m³/d | 配注量 m³/d | 实注量 m³/d |
| 2011.2 | 13.8 | 10.6 | 180 | 189 | 70 | 71 | 110 | 118 |
| 2011.3 | 13.6 | 10.9 | 180 | 198 | 70 | 78 | 110 | 120 |
| 2011.4 | 13.9 | 11.1 | 180 | 201 | 70 | 81 | 110 | 120 |
| 2011.5 | 13.7 | 11.5 | 180 | 200 | 70 | 78 | 110 | 122 |
| 2011.6 | 14 | 11.7 | 180 | 208 | 70 | 83 | 110 | 125 |
| 2011.7 | 13.8 | 11.8 | 180 | 205 | 70 | 85 | 110 | 120 |

注:破裂压力13.7MPa

**答:** 2—2井泵压基本稳定,油压持续上升;全井注水量及分层注水量合格在合理配注范围内。

分析2—2井吸水指数无变化,只是由于地层压力上升导致油压上升。下步措施:(1)对应油井采取提液措施;(2)适当降低注水井配注水量。通过以上两个措施的实施,可以实现注采平衡,稳定地层压力的目的。

【例6—7】 2—3井为注水井,其生产数据见表6—13。请分析2—3井生产状况,要求找出变化原因并提出下步措施。

表 6-13　2-3 井生产数据表

| 时间 | 泵压,MPa | 油压,MPa | 配注量,m³/d | 实注量,m³/d |
|---|---|---|---|---|
| 2011.3.5 | 14.8 | 13.6 | 100 | 95 |
| 2011.3.10 | 14.6 | 13.7 | 100 | 94 |
| 2011.3.15 | 14.9 | 13.9 | 100 | 91 |
| 2011.3.20 | 14.7 | 14.1 | 100 | 90 |
| 2011.3.25 | 15 | 14.2 | 100 | 89 |
| 2011.3.30 | 14.8 | 14.3 | 100 | 86 |
| 2011.4.5 | 15.1 | 14.5 | 100 | 85 |
| 2011.4.10 | 14.9 | 14.5 | 100 | 84 |
| 2011.4.15 | 14.7 | 14.7 | 100 | 85 |
| 2011.4.20 | 15.2 | 14.8 | 100 | 83 |
| 2011.4.25 | 15.1 | 15 | 100 | 82 |

注:破裂压力 15.7MPa

**答**:2-3 井泵压略有上升,油压持续上升;全井注水量持续下降。

分析 2-3 井应为地层堵塞或配水器故障。下步措施若应先进行洗井,无效再进行油层酸化或拔出堵塞器更换水嘴或滤网。

【**例 6-8**】 2-4 井为注水井,其生产数据见表 6-14。请分析 2-4 井生产状况,要求找出变化原因并提出下步措施。

表 6-14　2-4 井生产数据表

| 时间 | 泵压 MPa | 油压 MPa | 配注量 m³/d | 实注量 m³/d | 偏1水嘴 | | 偏2水嘴 | | 偏3水嘴 | |
|---|---|---|---|---|---|---|---|---|---|---|
| | | | | | 配注量 m³/d | 实注量 m³/d | 配注量 m³/d | 实注量 m³/d | 配注量 m³/d | 实注量 m³/d |
| 2011.1 | 14.3 | 14.1 | 200 | 211 | 40 | 39 | 60 | 65 | 100 | 107 |
| 2011.2 | 14.5 | 14.2 | 200 | 215 | 40 | 40 | 60 | 64 | 100 | 111 |
| 2011.3 | 14.2 | 13.8 | 200 | 208 | 40 | 38 | 60 | 63 | 100 | 107 |
| 2011.4 | 14.1 | 13.5 | 200 | 205 | 40 | 38 | 60 | 61 | 100 | 106 |
| 2011.5 | 14 | 13.4 | 200 | 213 | 40 | 40 | 60 | 64 | 100 | 109 |
| 2011.6 | 14.4 | 13.2 | 200 | 205 | 40 | 38 | 60 | 62 | 100 | 105 |
| 2011.7 | 14.2 | 13.1 | 200 | 210 | 40 | 39 | 60 | 64 | 100 | 107 |
| 2011.8 | 13.9 | 13 | 200 | 207 | 40 | 51 | 60 | 74 | 100 | 82 |
| 2011.9 | 14.5 | 12.7 | 200 | 214 | 40 | 48 | 60 | 75 | 100 | 91 |
| 2011.10 | 14.2 | 12.5 | 200 | 206 | 40 | 50 | 60 | 72 | 100 | 84 |

注:破裂压力 14.9MPa,该井目前吸水数与以前相比没有明显变化。

**答**:2-4 井泵压基本稳定,油压持续下降;全井注水量及分层注水量在合理配注范围内,只是由于油压下降导致偏1偏2层段注水量上升,偏3层段注水量下降。

分析 2-4 井吸水指数无变化,只是由于地层压力下降导致油压下降。下步措施应适当提高注水井配注水量,可以实现注采平衡,稳定地层压力的目的。

## 三、井组动态分析实例 1

为了试验一个新发现纯油藏的注水井开发效果,在该油藏中部开辟了一个注采井距 300m 的五点井组(图 6−15),钻井证实,井组所在区油层相当均质,5 口井的油层厚度均为 10m,孔隙度 0.25,含油饱和度 70%,渗透率 500mD,原油相对密度 0.9,原油体积系数 1.1,原油饱和压力 9MPa,原始油藏压力 10MPa,地层水密度 1.0,地层水体积系数为 1.0。注水开发各井 2000 年 7 月 1 日投产,生产数据见表 6−15 到表 6−19。

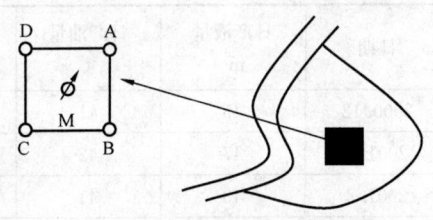

图 6−15 注采井组井位示意图
⌀—注水井;○—采油井

表 6−15 A 井动态数据表

| 日期 | 日产液量 $m^3$ | 日产油量 t | 含水率 % | 生产气油比 $m^3/m^3$ | 累计产液量 $10^4 m^3$ | 累计产油量 $10^4 t$ | 地层压力 MPa |
|---|---|---|---|---|---|---|---|
| 2000.7 | 50 | 45 | 0 | 50 | 0.16 | 0.14 | 10 |
| 2000.8 | 45 | 41 | 0 | 52 | 0.29 | 0.26 | |
| 2000.9 | 43 | 39 | 0 | 53 | 0.42 | 0.38 | |
| 2000.10 | 45 | 41 | 0 | 52 | 0.56 | 0.5 | |
| 2000.11 | 46 | 41 | 0 | 51 | 0.7 | 0.63 | |
| 2000.12 | 44 | 40 | 0 | 50 | 0.84 | 0.76 | 9.8 |
| 2001.1 | 45 | 41 | 0 | 51 | 0.98 | 0.88 | |
| 2001.2 | 48 | 43 | 0 | 49 | 1.11 | 1 | |
| 2001.3 | 50 | 45 | 0 | 50 | 1.27 | 1.44 | |
| 2001.4 | 52 | 45 | 3.8 | 51 | 1.42 | 1.28 | |
| 2001.5 | 51 | 43 | 5.9 | 50 | 1.58 | 1.4 | |
| 2001.6 | 52 | 41 | 11.5 | 49 | 1.74 | 1.53 | 9.7 |
| 2001.7 | 53 | 40 | 17 | 51 | 1.9 | 1.66 | |
| 2001.8 | 54 | 38 | 22.2 | 50 | 2.07 | 1.76 | |
| 2001.9 | 55 | 36 | 27.3 | 48 | 2.23 | 1.87 | |
| 2001.10 | 54 | 33 | 31.5 | 49 | 2.4 | 1.98 | |
| 2001.11 | 56 | 34 | 32.1 | 50 | 2.57 | 2.08 | |
| 2001.12 | 55 | 32 | 34.5 | 51 | 2.74 | 2.18 | 9.8 |

表 6−16 B 井动态数据表

| 日期 | 日产液量 $m^3$ | 日产油量 t | 含水率 % | 生产气油比 $m^3/m^3$ | 累计产液量 $10^4 m^3$ | 累计产油量 $10^4 t$ | 地层压力 MPa |
|---|---|---|---|---|---|---|---|
| 2000.7 | 48 | 43 | 0 | 49 | 0.15 | 0.14 | 10 |
| 2000.8 | 44 | 40 | 0 | 50 | 0.29 | 0.26 | |
| 2000.9 | 43 | 39 | 0 | 50 | 0.41 | 0.37 | |
| 2000.10 | 45 | 41 | 0 | 51 | 0.55 | 0.5 | |
| 2000.11 | 46 | 41 | 0 | 50 | 0.69 | 0.62 | |

续表

| 日期 | 日产液量 m³ | 日产油量 t | 含水率 % | 生产气油比 m³/m³ | 累计产液量 10⁴m³ | 累计产油量 10⁴t | 地层压力 MPa |
|---|---|---|---|---|---|---|---|
| 2000.12 | 45 | 41 | 0 | 49 | 0.83 | 0.75 | 9.7 |
| 2001.1 | 47 | 42 | 0 | 49 | 0.98 | 0.88 | |
| 2001.2 | 48 | 41 | 4.2 | 50 | 1.11 | 1 | |
| 2001.3 | 49 | 41 | 8.2 | 49 | 1.26 | 1.13 | |
| 2001.4 | 50 | 40 | 12 | 48 | 1.41 | 1.24 | |
| 2001.5 | 49 | 37 | 16.3 | 49 | 1.57 | 1.35 | |
| 2001.6 | 51 | 35 | 23.5 | 50 | 1.72 | 1.46 | 9.6 |
| 2001.7 | 45 | 31 | 24.4 | 50 | 1.86 | 1.56 | |
| 2001.8 | 40 | 27 | 25 | 49 | 1.98 | 1.64 | |
| 2001.9 | 35 | 24 | 28.6 | 49 | 2.09 | 1.71 | |
| 2001.10 | 36 | 23 | 30.6 | 48 | 2.2 | 1.78 | |
| 2001.11 | 32 | 19 | 34.4 | 50 | 2.29 | 1.84 | |
| 2001.12 | 30 | 16 | 40 | 50 | 2.39 | 1.86 | 9.7 |

表6-17　C井动态数据表

| 日期 | 日产液量 m³ | 日产油量 t | 含水率 % | 生产气油比 m³/m³ | 累计产液量 10⁴m³ | 累计产油量 10⁴t | 地层压力 MPa |
|---|---|---|---|---|---|---|---|
| 2000.7 | 52 | 47 | 0 | 51 | 0.16 | 0.14 | 10 |
| 2000.8 | 51 | 46 | 0 | 50 | 0.32 | 0.29 | |
| 2000.9 | 50 | 45 | 0 | 49 | 0.47 | 0.42 | |
| 2000.10 | 51 | 46 | 0 | 48 | 0.63 | 0.57 | |
| 2000.11 | 49 | 44 | 0 | 49 | 0.77 | 0.69 | |
| 2000.12 | 50 | 45 | 0 | 49 | 0.93 | 0.84 | 9.7 |
| 2001.1 | 52 | 47 | 0 | 50 | 1.09 | 0.98 | |
| 2001.2 | 49 | 44 | 0 | 50 | 1.23 | 1.11 | |
| 2001.3 | 51 | 46 | 0 | 50 | 1.39 | 1.25 | |
| 2001.4 | 53 | 48 | 0 | 49 | 1.54 | 1.39 | |
| 2001.5 | 54 | 46 | 5.6 | 48 | 1.71 | 1.53 | |
| 2001.6 | 52 | 42 | 9.6 | 48 | 1.87 | 1.66 | 9.7 |
| 2001.7 | 50 | 40 | 12 | 49 | 2.02 | 1.78 | |
| 2001.8 | 52 | 39 | 17.3 | 50 | 2.18 | 1.9 | |
| 2001.9 | 54 | 38 | 22.2 | 50 | 2.35 | 2.02 | |
| 2001.10 | 55 | 37 | 25.5 | 50 | 2.52 | 2.13 | |
| 2001.11 | 56 | 35 | 30.4 | 49 | 2.69 | 2.23 | |
| 2001.12 | 54 | 33 | 31.5 | 49 | 2.85 | 2.34 | 9.8 |

表6—18 D井动态数据表

| 日期 | 日产液量 m³ | 日产油量 t | 含水率 % | 生产气油比 m³/m³ | 累计产液量 10⁴m³ | 累计产油量 10⁴t | 地层压力 MPa |
|---|---|---|---|---|---|---|---|
| 2000.7 | 49 | 44 | 0 | 49 | 0.15 | 0.14 | 10 |
| 2000.8 | 45 | 41 | 0 | 52 | 0.29 | 0.26 | |
| 2000.9 | 40 | 36 | 0 | 50 | 0.41 | 0.37 | |
| 2000.10 | 36 | 32 | 0 | 48 | 0.52 | 0.47 | |
| 2000.11 | 32 | 29 | 0 | 46 | 0.62 | 0.56 | |
| 2000.12 | 30 | 27 | 0 | 45 | 0.71 | 0.64 | 7 |
| 2001.1 | 26 | 23 | 0 | 50 | 0.79 | 0.71 | |
| 2001.2 | 23 | 21 | 0 | 54 | 0.86 | 0.77 | |
| 2001.3 | 22 | 20 | 0 | 58 | 0.93 | 0.84 | |
| 2001.4 | 20 | 18 | 0 | 65 | 0.99 | 0.89 | |
| 2001.5 | 17 | 15 | 0 | 66 | 1.04 | 0.94 | |
| 2001.6 | 16 | 14 | 0 | 69 | 1.09 | 0.98 | 5.5 |
| 2001.7 | 15 | 14 | 0 | 75 | 1.13 | 1.02 | |
| 2001.8 | 14 | 13 | 0 | 80 | 1.18 | 1.06 | |
| 2001.9 | 13 | 12 | 0 | 82 | 1.21 | 1.09 | |
| 2001.10 | 12 | 11 | 0 | 88 | 1.25 | 1.13 | |
| 2001.11 | 11 | 10 | 0 | 95 | 1.29 | 1.16 | |
| 2001.12 | 10 | 9 | 0 | 110 | 1.32 | 1.19 | 3.5 |

表6—19 井组动态数据表

| 日期 | 注水井M | | 井组 | | | |
|---|---|---|---|---|---|---|
| | 日注量 m³ | 累计注水量 10⁴m³ | 日产液量 m³ | 日产油量 t | 累计产液量 10⁴m³ | 累计产油量 10⁴t |
| 2000.7 | 165 | 0.51 | 199 | 179 | 0.62 | 0.56 |
| 2000.8 | 154 | 0.93 | 185 | 167 | 1.19 | 1.07 |
| 2000.9 | 150 | 1.44 | 176 | 158 | 1.72 | 1.55 |
| 2000.10 | 156 | 1.92 | 177 | 159 | 2.27 | 2.04 |
| 2000.11 | 155 | 2.39 | 173 | 156 | 3.31 | 2.98 |
| 2000.12 | 153 | 2.86 | 169 | 152 | 3.31 | 2.98 |
| 2001.1 | 158 | 3.35 | 170 | 153 | 3.84 | 3.46 |
| 2001.2 | 160 | 3.8 | 168 | 149 | 4.31 | 3.87 |
| 2001.3 | 165 | 4.31 | 172 | 151 | 4.85 | 4.35 |
| 2001.4 | 170 | 4.82 | 175 | 150 | 5.37 | 4.8 |
| 2001.5 | 165 | 5.33 | 171 | 141 | 5.88 | 5.23 |
| 2001.6 | 166 | 5.83 | 171 | 133 | 6.4 | 5.63 |
| 2001.7 | 157 | 6.23 | 163 | 123 | 6.9 | 6.01 |
| 2001.8 | 153 | 3.79 | 160 | 116 | 7.4 | 6.37 |
| 2001.9 | 152 | 7.25 | 157 | 110 | 7.78 | 6.71 |
| 2001.10 | 153 | 7.72 | 157 | 104 | 8.36 | 7.02 |
| 2001.11 | 152 | 8.018 | 155 | 98 | 8.82 | 7.32 |
| 2001.12 | 151 | 8.65 | 149 | 91 | 9.28 | 7.6 |

请解答下列问题：

(1)该试验井组的地质储量是多少？
(2)一年半的生产,该井组的采出程度和累计注采比。
(3)从动态数据看,该井组可能存在什么问题？
(4)采取哪些测试技术可以判断存在的问题？
(5)提出改善该井组的措施意见。

**答**：(1)该五点法井组的地质储量：

$$N = 100 \times \frac{Ah\phi S_o \rho_o}{B_o} = 100 \times \frac{0.18 \times 10 \times 0.25 \times 0.70 \times 0.90}{1.1}$$

$$= 25.84 \times 10^4 (t)$$

(2)该井组的采出程度 $= \dfrac{产油量}{地质储量} \times 100\% = \dfrac{7.60}{25.8} \times 100\% = 29.5(\%)$

地下体积的产液量 = 地下产水体积 + 地下产油体积

$= B_w \times$ 地下产出水体积 $+ B_o \times$ 地下产油体积

$= 1.0 \times \left(9.28 - \dfrac{7.60}{0.90}\right) + 7.60 \times \dfrac{1.1}{0.90}$

$= 10.13 \times 10^4 (m^3)$

累计注采比 $= \dfrac{注水量}{产液量(地下体积)} = \dfrac{8.65}{10.13} = 0.85$

(3)该井组可能存在以下问题：① B 井可能有堵塞或举升故障；② D 井与注入井不连通,可能有断层存在。

(4)判断问题的测试技术：

对 B 井：① 测液面深度了解举升设备是否工作正常,如正常则排除举升故障；② 测压力恢复,求得井的表皮系数,如表皮系数大,可证实有堵塞。

对 D 井：作干扰试井,判断 M 井与 D 井的连通情况或探边试井。

(5)改善该井组开发效果的措施：对 B 井：① 如为举升设备问题,则检泵；② 如堵塞,则进行解堵措施。

## 四、井组动态分析实例 2

### (一)基本情况

如图 6-16 所示,Z1 井组是某油田 2005 年 6 月新动用的油藏,连通性好,油藏内无小断层。有注水井 1 口,采油井 4 口,均采用抽油生产方式。

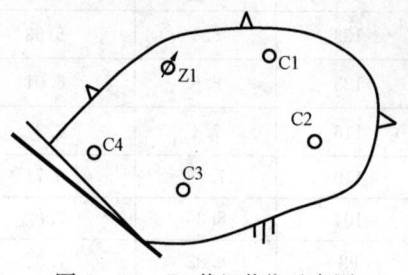

图 6-16 Z1 井组井位示意图

⌀—注水井；○—采油井

该油藏地质储量 $75 \times 10^4 t$,标定采收率 38.5%。射开层位核三 V345 小层,层间夹层 3~5m,平均单层砂厚 6.5m,单层有效厚 4.8m,油层井段 1150~1190m,平均渗透率 $0.345 \mu m^2$。原始地层压力 12.2MPa,饱和压力 3.5MPa,地下原油黏度 4.5mPa·s,原油体积系数 1.07,原油相对密度 0.89,地层水氯离子 1720mg/L,边水能量弱。

**(二)静态资料**

Z1 井组静态数据见表 6-20 到表 6-24。说明:3 号层为油水同层,C2、C3 井下封隔器封3 号层。

表 6-20  C1 井静态数据表

| 小层 | 砂体厚度 $H$,m | 有效厚度 $H$,m | 综合解释 | 渗透率 $K$,$10^{-3}\mu m^2$ | 动用情况 |
|---|---|---|---|---|---|
| 3 | 5.5 | — | 同层 | 0.425 | 未射 |
| 4 | 5.5 | 3.8 | 油层 | 0.335 | 全射 |
| 5 | 4.1 | 3.2 | 油层 | 0.225 | 全射 |

表 6-21  C2 井静态数据表

| 小层 | 砂体厚度 $H$,m | 有效厚度 $H$,m | 综合解释 | 渗透率 $K$,$10^{-3}\mu m^2$ | 动用情况 |
|---|---|---|---|---|---|
| 3 | 5.9 | — | 同层 | 0.495 | 机堵 |
| 4 | 6.7 | 5.1 | 油层 | 0.485 | 全射 |
| 5 | 4.9 | 3.9 | 油层 | 0.295 | 全射 |

表 6-22  C3 井静态数据表

| 小层 | 砂体厚度 $H$,m | 有效厚度 $H$,m | 综合解释 | 渗透率 $K$,$10^{-3}\mu m^2$ | 动用情况 |
|---|---|---|---|---|---|
| 3 | 6.2 | — | 同层 | 0.475 | 机堵 |
| 4 | 6.8 | 4.9 | 油层 | 0.355 | 全射 |
| 5 | 5.2 | 3.9 | 油层 | 0.285 | 全射 |

表 6-23  C4 井静态数据表

| 小层 | 砂体厚度 $H$,m | 有效厚度 $H$,m | 综合解释 | 渗透率 $K$,$10^{-3}\mu m^2$ | 动用情况 |
|---|---|---|---|---|---|
| 3 | 4.7 | — | 同层 | 0.375 | 未射 |
| 4 | 5.8 | 3.2 | 油层 | 0.255 | 全射 |
| 5 | 4.2 | 3.1 | 油层 | 0.195 | 全射 |

表 6-24  Z1 井静态数据表

| 小层 | 砂体厚度 $H$,m | 有效厚度 $H$,m | 综合解释 | 渗透率 $K$,$10^{-3}\mu m^2$ | 动用情况 |
|---|---|---|---|---|---|
| 3 | 4.9 | — | 同层 | 0.475 | 全射 |
| 4 | 5.9 | 3.8 | 油层 | 0.335 | 全射 |
| 5 | 4.4 | 3.5 | 油层 | 0.255 | 全射 |

**(三)动态资料**

1. 注水状况

Z1 井在不同时期的注水状况见表 6-25 到表 6-28。

表 6-25  2005 年 9 月注水状况数据表

| 注水层位 | 油压,MPa | 套压,MPa | 水嘴直径,in | 配注量,m³ | 实注量,m³ |
|---|---|---|---|---|---|
| 3 |  |  | 死嘴 | 停注 | 0 |
| 4 | 13.9 | 0 | 2.8 | 20 | 21 |
| 5 |  |  | 5.8 | 20 | 20 |
| 合计 | — | — |  | 40 | 41 |

表 6-26  2005 年 12 月注水状况数据表

| 注水层位 | 油压,MPa | 套压,MPa | 水嘴直径,in | 配注量,m³ | 实注量,m³ |
|---|---|---|---|---|---|
| 3 |  |  | 死嘴 | 停注 | 0 |
| 4 | 14.5 | 0 | 2.6 | 25 | 29 |
| 5 |  |  | 6.5 | 20 | 15 |
| 合计 | — | — | — | 45 | 44 |

表 6-27  2006 年 3 月注水状况数据表

| 注水层位 | 油压,MPa | 套压,MPa | 水嘴直径,in | 配注量,m³ | 实注量,m³ |
|---|---|---|---|---|---|
| 3 |  |  | 死嘴 | 停注 | 0 |
| 4 | 13.1 | 0 | 2.4 | 30 | 35 |
| 5 |  |  | 7 | 20 | 10 |
| 合计 | — | — | — | 50 | 45 |

表 6-28  2006 年 6 月注水状况数据表

| 注水层位 | 油压,MPa | 套压,MPa | 水嘴直径,in | 配注量,m³ | 实注量,m³ |
|---|---|---|---|---|---|
| 3 |  |  | 死嘴 | 停注 | 0 |
| 4 | 10.5 | 7.5 | 2.2 | 30 | 40 |
| 5 |  |  | 空 | 20 | 0 |
| 合计 | — | — | — | 50 | 40 |

2. 井组生产状况

Z1 井组生产状况数据见表 6-29 到表 6-32。

表 6-29  C1 井生产状况数据表

| 时间 | 日产油,t | 日产水,m³ | 含水率,% | 液面,m | Cl⁻浓度,mg/L |
|---|---|---|---|---|---|
| 5.6 | 5.5 | 0 | 0 | 310 |  |
| 5.9 | 5.6 | 2.5 | 30.9 | 295 | 1450 |
| 5.12 | 5.8 | 3.5 | 37.6 | 285 | 1440 |
| 6.3 | 6.1 | 4.5 | 42.5 | 275 | 1435 |
| 6.6 | 5.6 | 4.2 | 42.9 | 250 | 1430 |
| 工作制度（泵径×光杆冲程×冲数×工作时长） | 44mm×2.1m×6min⁻¹×1000d ||||||

表 6-30  C2 井生产状况数据表

| 时间 | 日产油,t | 日产水,m³ | 含水率,% | 液面,m | Cl⁻浓度,mg/L |
|---|---|---|---|---|---|
| 5.6 | 5.2 | 28.8 | 84.7 | 615 | 1375 |
| 5.9 | 4 | 30.6 | 88.4 | 625 | 1350 |
| 5.12 | 2.4 | 31.7 | 93 | 630 | 1335 |
| 6.3 | 1.2 | 33.7 | 96.6 | 630 | 1300 |
| 6.6 | 0.5 | 14.8 | 96.7 | 井口 | 1285 |
| 工作制度（泵径×光杆冲程×冲数×工作时长） | 56mm×3m×6min⁻¹×900d ||||||

表 6—31 C3 井生产状况数据表

| 时间 | 日产油,t | 日产水,m³ | 含水率,% | 液面,m | Cl⁻浓度,mg/L |
|---|---|---|---|---|---|
| 5.6 | 6.5 | 7.5 | 53.6 | 630 | 1640 |
| 5.9 | 6.1 | 7.8 | 56.1 | 645 | 1635 |
| 5.12 | 5.7 | 8.5 | 59.9 | 670 | 1635 |
| 6.3 | 5.5 | 8.5 | 60.7 | 650 | 1640 |
| 6.6 | 2.1 | 25.5 | 92.4 | 350 | 1620 |
| 工作制度<br>(泵径×光杆冲程×冲数×工作时长) | | 44mm×2.5m×12min⁻¹×900d | | | |

表 6—32 C4 井生产状况数据表

| 时间 | 日产油,t | 日产水,m³ | 含水率,% | 液面,m | Cl⁻浓度,mg/L |
|---|---|---|---|---|---|
| 5.6 | 2.1 | 0 | 0 | 810 | — |
| 5.9 | 2 | 0 | 0 | 820 | — |
| 5.12 | 1.9 | 0 | 0 | 822 | — |
| 6.3 | 1.8 | 0 | 0 | 820 | — |
| 6.6 | 1.7 | 0 | 0 | 825 | — |
| 工作制度<br>(泵径×光杆冲程×冲数×工作时长) | | 38mm×2.1m×9min⁻¹×1000d | | | |

请回答下列问题：
(1)详细描述该油藏的类型；
(2)2006 年 6 月 C4 井的泵效 $\eta$；
(3)井组存在的主要问题；
(4)下步调整及措施意见。

**答**：(1)该油藏为西南部受断层控制南部有边水的岩性油藏。

(2) $Q_{理} = 1400\pi D^2 Sn/4 = 1400 \times 3.14 \times 0.038 \times 2.1 \times 9/4 = 30.85 (m^3/d)$

$\eta = \dfrac{Q_{实}}{Q_{理}} \times 100\% = \dfrac{1.7/0.89 + 0}{30.85} \times 100\% = 6.2(\%)$

(3)井组存在的主要问题有：

① 注水井 Z1 井 2006 年 6 月油套压变化较大，油压由 13.1MPa 下降到 10.5MPa，套压由 0 上升到 7.5MPa，分析可能是注水井上部封隔器失效。

② Z1 井 5 号层 2006 年 6 月已注不进水，吸水状况变差。

③ C1 井产液量上升、动液面回升，表明工作制度不合理，生产参数过小。

④ C2 井含水率上升快，Cl⁻下降，分析应为 4 号层单向突进。

⑤ C2 井 2006 年 6 月产液量大幅度下降，静液面上升至井口，分析与井筒管柱漏失或泵况变差有关。

⑥ C3 井 2006 年 6 月产液量及含水率大幅度上升，产油量下降，动液面上升，分析为封隔器失效。

⑦ C4井储层渗透性相对较差，注水未见效，低能低产。

(4)下一步调整及措施意见有：
① 注水井Z1井：换封隔器；5号层酸化改造；
② C1井：调整生产参数，换大泵或调大冲程生产；
③ C2井：上作业检泵，同时封堵4号层、单采5号层；
④ C3井：上作业换封隔器；
⑤ C4井：实施压裂引效。

## 五、区块/油藏动态分析

某水驱区块含油面积2.12km², 地质储量320×10⁴t, 可采储量96×10⁴t, 原始地层压力15.2MPa, 原油密度0.86g/cm³, 原油体积系数1.09。该区块采用不规则的面积注水，有采油井38口，注水井21口，井距300m。2008年产油2.85×10⁴t, 2009年产油2.65×10⁴t, 2010年产油2.41×10⁴t, 其中新井产油0.1×10⁴t, 老井措施增油0.2×10⁴t。2010年12月注水井开井18口，配注945m³/d, 实注能力715m³/d。

该区块油层层数多、井段长，层间层内差异大，注水井均为常压注水，2010年12月按配注检查，欠注井6口10层段，有3口注水井因管外窜和套损关井。油井采出方面，2009年老井实施措施9井次，增油0.25×10⁴t, 2010年老井实施措施11井次，增油0.2×10⁴t。从2010年12月与2009年12月产状对比分析看，有4口井油管漏及泵漏导致产能下降；2口井层间差异大，主要见水层干扰大，含水率上升快；注采失调3口油井产量递减快，同时有2口井能量下降，目前生产参数过大，稳产困难。三年的开发指标见表6-33。

表6-33 区块数据统计表

| 时间 | 油井开井口 | 平均日产油量 t | 日产液量 t | 采油速度 % | 综合含水率 % | 注水开井口 | 平均日注水量 m³ | 阶段注采比 | 累计注采比 | 平均总压差, MPa | 动液面深度 m | 自然递减率 % |
|---|---|---|---|---|---|---|---|---|---|---|---|---|
| 2008年12月 | 33 | 73.8 | 645 | 0.89 | 88.56 | 21 | 705 | 1.08 | 1.12 | -3.8 | 980 | 9.5 |
| 2009年12月 | 32 | 69.5 | 665 | 0.83 | 89.55 | 20 | 695 | 1.04 | 1.0 | -4.1 | 1050 | 14.3 |
| 2010年12月 | 31 | 61.2 | 727 | 0.75 | 91.58 | 18 | 631 | 0.86 | 0.97 | -4.6 | 1130 | 18.2 |

请回答下列问题：
(1)计算区块指标：
① 分别计算三年中，每年的储层平均压力(保留一位小数)。
② 计算2010年综合递减率和自然递减率(保留两位小数)。
③ 求2010年阶段含水上升率(保留两位小数)。
④ 根据2010年12月的采出体积，求注采平衡(注采比为1)需要的日注水量(整数)。
(2)区块开发形势分析评价。
(3)下步调整意见。

答：由原题可知：
(1)计算区块指标
① 2008年储层平均压力＝15.2－3.8＝11.4(MPa)
　 2009年储层平均压力＝15.2－4.1＝11.1(MPa)
　 2010年储层平均压力＝15.2－4.6＝10.6(MPa)
② 2010年综合递减率
＝[1－(2010年产油量－新井产油量)/2009年产油量]×100%
＝[1－(2.41－0.10)/2.65]×100%＝12.83(%)
2010年自然递减率
＝[1－(2010年产油量－新井产油量－措施井产油量)/2009年产油量]×100%
＝[1－(2.41－0.10－0.2)/2.65]×100%＝20.38(%)
③ 2010年阶段含水上升率
＝(2010年12月含水率－2009年12月含水率)/2010年年采油速度
＝(91.58%－89.55%)/0.75＝2.71(%)
④ 注采平衡的日注水量
＝日产油量×原油体积系数/密度＋(日产液量－日产油量)
＝61.2×1.09/0.86＋665.8＝743(m³)
(2)区块开发形势分析评价。
开发形势明显变差，表现在：产油量不稳定，递减加快；采油速度处于下降趋势，产液量增加，综合含水率呈上升趋势，含水率上升速度加快；油井措施井次增加但效果变差；从注入采出看，采出液增加，注水量下降，注水状况变差，阶段注采不平衡，地层压力和动液面下降快，地层能量保持不住。
(3)下步调整意见。
① 实施欠注井增注改造，提高注水能力，达到注采平衡，恢复地层能量。
② 实施增压注水，提高注水能力。
③ 实施封窜和套损井大修，恢复注水，提高动用程度。
④ 对油管漏及泵漏井实施检泵换管柱，提高产能。
⑤ 封堵高含水率高产液量的强水淹层，减少层间干扰，充分发挥中低渗透潜力层作用。
⑥ 优化生产参数，稳定油井产能。

## 思 考 题

### 一、理论题

6－1 简述油水井动态分析的含义。
6－2 简述油水井动态分析在整个油田开发过程中总体上的任务。
6－3 简述油水井动态分析分别按照时间、对象可以分为哪些类型。
6－4 简述单井动态分析的主要内容。
6－5 简述井组动态分析的主要内容。
6－6 简述区块动态分析的主要内容。
6－7 简述油水井动态分析所需资料可以分为哪些类型。

6-8 简述采油井产量资料录取标准。
6-9 简述油水井动态分析的方法包括哪些类型。
6-10 简述油水井动态分析的主要步骤。

二、操作题

6-1 请在实习过程中,任意选择一口油井、一口水井,将其动态分析资料分别填入表6-34以及表6-35中。

表6-34 油井单井数据表

| 井号 | 日期 | 生产时间 | 油嘴直径 | 排量 | 工作制度 | 油压 | 套压 | 回压 | 日产液量 | 日产油量 | 日产气量 | 含砂量 | 含水率 | 动/静液面深度 | 备注 | 生产层号 |
|---|---|---|---|---|---|---|---|---|---|---|---|---|---|---|---|---|
| | | | | | | | | | | | | | | | | |

表6-35 注水井单井数据表

| 井号 | 日期 | 生产时间 | 泵压 | 油压 | 套压 | 日配注入量 | 日注入量 | 备注 | 注水层号 |
|---|---|---|---|---|---|---|---|---|---|
| | | | | | | | | | |

6-2 请在实习过程中,任意选择一注采井组,绘制该井组最近一个月内的开采曲线。

# 第七章 井下作业

## 第一节 井下作业常用设备

进行油水井维修所使用的设备和工具统称为井下作业设备和工具。井下作业常用的主要设备包括:提升起重设备、循环冲洗设备、旋转设备以及井控设备。井下作业工具按功能分为封隔器、控制工具和修井工具三大类。

### 一、提升起重设备

井下作业用的提升起重设备包括:作业机、井架、游动系统等。

#### (一)作业机

作业机是修井作业施工中最基本、最主要的动力设备。

常用的作业机按行走的驱动方式不同,分为履带式和轮胎式两种。现场上习惯把不自带井架的作业机称为通井机,把自带井架的作业机称为修井机。

作业机的主要用途:起下钻具、油管、抽油杆、井下工具或悬吊设备;传动转盘;完成抽汲排液、落物打捞、解卡等任务。修井作业现场如图 7-1 所示。

1. 通井机

通井机其实是自走型拖拉机经改装添加绞车部分而成,分为履带式和轮胎式两种。通井机一般不配带井架,其越野性好,适用于低洼泥泞地带施工,结构简单,价格低廉。缺点是:(1)装机功率低,传动效率不高;(2)需要专门另外立放井架,开工准备和完工收尾时间长;(3)行走速度慢,不适应快速转移施工的要求;(4)施工效率较低。

目前常用的型号有鞍山红旗拖拉机制造厂生产的 AT—10 型,青海拖拉机制造厂生产的 XT—12、XT—15 型等型号。两种通井机分别如图 7-2 和图 7-3 所示。

图 7-1 修井作业现场

图 7-2 履带式通井机

2. 修井机

修井机是未来的发展方向,其基本结构由绞车部分、井架部分和运载车三部分组成。修井机的主要特点有：(1)配带自背式井架，行走速度快，适合快速搬迁的需要；(2)配备功率大，起下管柱速度快；(3)采用液力机械传动，传动平稳柔和，并能无级调速，适应于井下作业各种工艺的要求；(4)由气、液控制，操作方便，灵活可靠，改善了工作条件，施工效率高；(5)但对道路和井场条件要求较高。

修井机型号按装机功率排定，由小到大为 XJ250 型、XJ350 型、XJ450 型、XJ550 型、XJ650 型、XJ750 型等。小型修井机(图 7-4)采用单节井架，管柱平放排列；大型修井机(图 7-5)采用两节伸缩式井架，可采用立柱方式起下管柱，加快起下管柱速度。

图 7-3 轮胎式通井机

图 7-4 小型修井机

图 7-5 大型修井机

### (二)井架

井架主要由井架本体、天车、支座和绷绳四部分组成。

井架的种类很多，按井架的可移动性可分为固定式井架和可移式井架。按结构特点可分为桅杆式(即单腿式)、两腿式、三腿式和四腿式四种。按井架高度，固定式井架又可分为 18m、24m 和 29m 三种；修井机自带井架高度为 17~36m。目前在井下作业中常用的有固定式两腿 BJ—18 井架和 BJ—29 井架以及各类修井机自带井架。

井架的用途主要是装置天车，支撑整个吊升设备，悬吊井下设备、工具和进行各种起下作业，有的井架还可以将管柱立放或立柱式排放。一般修井时均采用固定式轻便井架(图 7-6)或修井机自带的自升式井架(图 7-7)，其中自升式井架靠修井机自身动力完成举升立放，方便快捷，为目前发展的趋势。

### (三)游动系统

天车和游动滑车是游动系统的两个部件，通过钢丝绳的反复上下穿绕把它们连成一个定、动滑轮组合。最后一道钢丝绳绕过天车轮后，绳头放下缠绕在绞车滚筒上，从天车轮另一端下来的钢丝绳则把它固定在井架下的死绳固定器上。天车、游动滑车、钢丝绳三个部件把绞车、

图7-6 固定式井架　　　　　　　　　　　　图7-7 自升式井架

井架以及管柱联系起来，以实现起下作业。定、动滑轮组合减轻了修井绞车的载荷，使动力机械输出一定的情况下获得较大的提升能量，满足井下作业的需要。游动系统原理如图7-8所示。

### 1. 天车

天车是安装在井架顶端的一组定滑轮。它由轴承支座、天车轴、滑轮、轴承润滑油道、加油嘴及天车护罩等部件组成。天车的作用是通过钢丝绳与游动滑车构成游动系统，完成悬吊与起下作业。井架处于水平状态时的天车如图7-9所示。

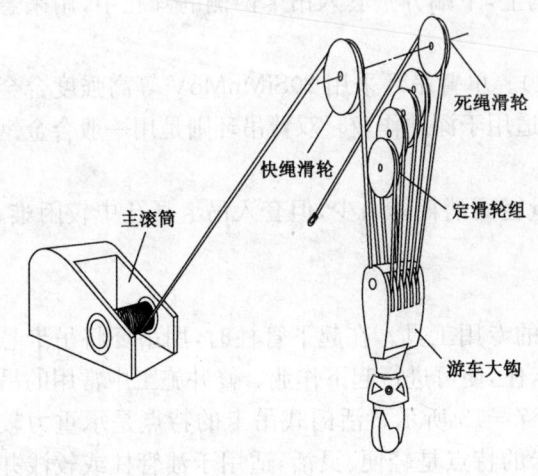

图7-8 游动系统示意图　　　　　　　　　　图7-9 天车

### 2. 游动滑车及大钩

(1)游动滑车，由滑轮、滑轮轴、轴套和外壳组成。其作用是通过钢丝绳与天车组成游动系统，使绞车滚筒的钢丝绳拉力变为井下管柱上升或下放的运动力，并有省力作用。

(2)大钩，是由活动轴承和弹簧连接安装在游动滑车下面的钩状构件，主要由钩体、销子、弹簧、大钩颈、保险销组成。大钩有一个主钩和两个侧钩，主钩用于悬挂水龙头，两个侧钩用于悬挂吊环，并通过吊环和吊卡悬吊井内管柱，实现起下作业。游动滑车及大钩如图7-10所示。

3. 钢丝绳

1) 作用

一般常用 φ22mm(⅞in)和 φ25mm(1in)钢丝绳作滚筒与游动滑车之间的连结大绳,通过天车把绞车和游动滑车连在一起组成游动系统,从而把绞车的旋转运动变为游动滑车的升降运动,完成各种工艺管柱的起下和悬吊井口设备等。

钢丝绳同时作为井架绷绳,固定与稳定井架,使井架能承载井下作业管柱负荷。还用于牵引拖拉起吊设备时的承力、承重绳套。

2) 种类

钢丝绳的种类很多,按直径分,常用的有 10mm、13mm、16mm、19mm、22mm、25mm 六种;按其结构组成(股数×绳数)有 6×19、6×24、6×37 三种。修井施工中的钢丝绳一般选用 6 股×19 丝左旋逆捻西鲁式纤维绳芯钢丝绳。

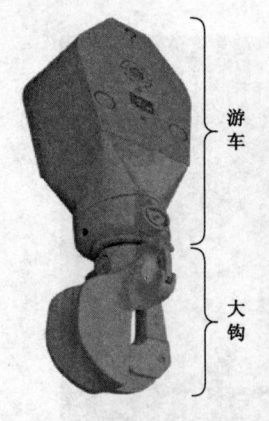

图 7-10 游车大钩

3) 结构

各种规格的钢丝绳,其结构都是先用一定直径和一定数量的单根钢丝,按照一定方向捻制成钢丝股,再由一定数量的钢丝股,中间夹一根麻芯,按照一定的方向捻成。捻制方法有顺捻、逆捻、左旋、右旋之分。钢丝拧成股和股拧成绳的方向一致称为顺捻,钢丝拧成股和股拧成绳的方向相反称为逆捻。

4. 吊环

吊环是连接大钩与吊卡的工具,其作用是悬挂吊卡,完成起下管柱和吊升重物等工作。吊环均为成对使用,上端分别挂在大钩两侧的侧钩上,下端分别套入吊卡两侧的耳孔中,用来悬挂吊卡。

吊环有单臂吊环和双臂吊环两种(图 7-11)。单臂吊环采用 20SiMnMoV 等高强度合金钢锻造而成,具有强度高、重量轻、耐磨等特点,适用于深井作业。双臂吊环则是用一般合金钢锻造、焊接而成,只适用于一般修井作业。

单臂吊环在双吊卡起下管柱过程中,因重量轻而消耗体力少,但套入吊卡耳孔中较困难。双臂吊环重量较大,但套入吊卡耳孔比较方便。

5. 吊卡

吊卡是用来卡住并起吊油管、钻杆、套管等的专用工具。在起下管柱时,用吊环将吊卡悬吊在游车大钩上,吊卡再将油管、钻杆、套管等卡住,便可进行起下作业。修井施工中常用的吊卡一般有活门式和月牙式两种,如图 7-12、图 7-13 所示。活门式吊卡的特点是承重力较大,适用于较深井的钻杆柱的起下。月牙式吊卡的特点是轻便、灵活,适用于油管柱或较浅井的钻杆柱的起下。吊卡使用示意图如图 7-14 所示。

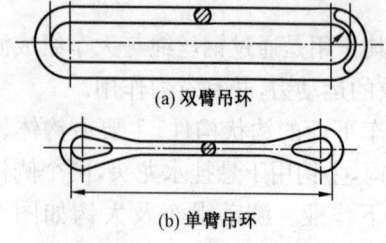

图 7-11 吊环结构示意图

图 7-12 活门式吊卡

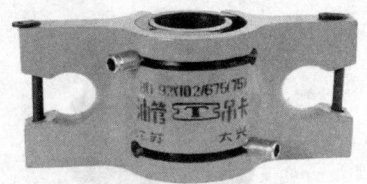
图 7—13　月牙式吊卡

图 7—14　吊卡使用示意图

## 二、循环冲洗设备

循环冲洗设备的主要作用是向井内打入各种液体介质,实现循环和洗井等各项作业。冲洗设备主要包括泥浆泵、水泥车、水龙头、水龙带。

### (一)洗井泵

洗井泵是修井作业最基本的循环冲洗设备,修井施工中常用的是卧式活塞型双作用泵。现场也称为泥浆泵。洗井泵的基本结构如图 7—15 所示,实物如图 7—16 所示。

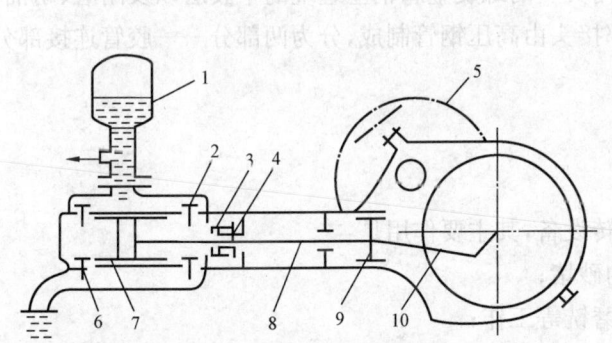

图 7—15　洗井泵结构示意图

1—空气包;2—排出阀;3—拉杆密封盒;4—活塞拉杆;
5—皮带轮;6—上水阀;7—缸套;8—中心拉杆;9—十字心;10—连杆

图 7—16　洗井泵实物图

### (二)洗井车

能进行洗井、循环、压井、封堵及注水泥等作业的车装洗井设备统称为洗井车(图 7—17),现场也称水泥车。它由洗井泵和动力运载车两部分组成,机动灵活,使用方便。泵被安装在车上,泵是完成上述循环洗井等作业的主要设备,但受体积和重量限制,其排量一般比地面泵小。运载车的作用有两个:一是给洗井泵提供驱动力,二是起运载作用。因此,可选用不同规格的泵和不同类型的汽车,组合制造出多种类型的洗井车。

### (三)水龙头

水龙头的作用是悬吊井下管柱,连接循环冲洗管线,完成冲洗旋转施工作业。水龙头具有高压密封循环修井工作液通道的功能。水龙头由固定和转动两部分组成。使用时固定部分与提升大钩相连,悬吊井下管柱,活动部分与方钻杆相连接,并能随同井下管柱一同转动。水龙头分为重型的提环式和轻型的提杆式两种。常用的提环式水龙头如图 7—18 所示。

图7—17 洗井车

图7—18 提环式水龙头

### (四)水龙带

水龙带主要作用是输送液体介质,便于高压管线的连接,满足施工中在高压状态下进行活动、弯曲与转向等要求。

水龙带由高压橡胶软管和端部接头两部分组成。高压橡胶管是由无缝的耐磨、耐油的合成橡胶内胶层,纤维线编织的保护层,方向交变的螺旋金属钢丝缠绕的中胶层以及耐磨、耐油、耐热、耐寒的合成橡胶外胶层组成。端部接头由高压钢管制成,分为两部分——胶管连接部分和施工管线连接部分。

## 三、转盘

转盘是石油修井作业的主要地面旋转设备,其主要作用是:
(1)旋转钻具以钻开水泥塞和坚固的砂堵;
(2)在处理事故时,进行倒扣、套铣、磨铣等工作;
(3)在进行起下作业时,悬持钻具。

转盘是一个齿轮减速器,通过驱动转盘方补心带动方钻杆旋转,进而实现井下钻具的旋转。

常用修井转盘按结构分为船型底座转盘和法兰底座转盘两种。

### (一)船型底座转盘

船型底座转盘体积较大,质量大,安装时需与钻台相配合,承载能力强,扭矩大,主要用于钻井、大修等重负荷施工作业。

船型底座转盘的传动方式有轴传动与链条传动(图7—19)两种。

图7—19 链条传动船型底座转盘

### (二)法兰底座转盘

法兰底座转盘体积较小,质量轻,安装方便,直接连座于井口之上,螺栓与井口法兰连接即可。它适用于钻水泥塞、套铣等一般修井作业。

法兰底座转盘用链条传动,如图7-20所示。

## 四、井控设备

井控设备是指在井下作业过程中,实施油气井压力控制所需的一整套装置、仪器、仪表和专用工具的总称,是井下作业施工必须配备的设备。

图7-20 法兰底座转盘

### (一)井控设备的作用

(1)预防井喷;
(2)及时发现溢流;
(3)迅速控制井喷;
(4)处理复杂情况。

### (二)井控设备的组成

(1)以防喷器为主体的井口装置;
(2)液压防喷器控制系统;
(3)井控管汇;
(4)管柱内防喷工具;
(5)井控仪器仪表;
(6)井液处理设备。

### (三)防喷器

防喷器是井控设备的核心部件。防喷器按开关驱动方式分为手动和液压两种。手动防喷器均为闸板式。液压防喷器分为液压环形防喷器和液压闸板防喷器。

手动防喷器的特点是结构简单、体积小、安装使用方便、成本低。它适用于低压、低装置井口操作。但关井速度慢、可靠性差,不利于高压油气井作业。

液压防喷器的特点是结构复杂、价格高、体积重量较大、需液压控制系统、关井速度快、安全可靠。液压防喷器是防喷器的今后发展方向。

**1. 液压环形防喷器**

液压环形防喷器俗称万能防喷器,通常与闸板防喷器配套使用,不能用于长期封井。它分球形胶芯环形防喷器和锥形胶芯环形防喷器两种,如图7-21所示。

当井为空井时,可用液压环形防喷器封整个的井口(封零);井不为空井筒时,可用一种尺寸的胶芯密封各种不同尺寸的环形空间(封环空)。液压环形防喷器封井后可以在封井的情况下强行起下钻。

球形胶芯　　锥形胶芯

图7-21 液压环形防喷器

**2. 闸板防喷器**

闸板防喷器是主要的井控设备。闸板防喷器分单闸板、双闸板及三闸板等,可用于长期封井。应用最多的是双闸板防喷器(图7-22,图7-23),可同时配备半封和全封闸板。其功用如下:

图7-22 液压双闸板防喷器

图7-23 手动双闸板防喷器

(1)当井内有管柱时,可用半封闸板封闭套管与管柱之间的环形空间。
(2)当井内无管柱时,可用全封闸板能封闭井口。
(3)壳体旁侧孔可以连接管汇(代替四通),在封井情况下,可进行节流、压井和放喷作业;
(4)在特殊情况下,带剪切闸板的防喷器,可切断钻具,并达到封井的目的。
(5)在必要时,用半封闸板能悬挂钻具;
(6)封井后,在两个单闸板防喷器的配合下,可进行强行起下钻作业。

图7-24 油管旋塞阀

### (四)内防喷工具

为防止井内液体从管柱内腔向上喷出,需使用管柱内防喷工具,用来封闭管柱的中心通孔,与井口防喷器配套使用。常用的内防喷工具有旋塞阀、背压阀、管柱止回阀、井下安全阀、管柱堵塞器等。油管旋塞阀如图7-24所示。

### (五)井控设备的选择

大修作业中井控设备的最低配置标准是:21MPa双闸板液压防喷器、液压控制系统、方钻杆下旋塞、单流阀、35MPa压井及节流管汇、抢喷短节及各种配合接头等。

小修作业中井控设备的最低配置标准是:根据区块压力系数,配置相应等级的手动防喷器、抽油杆防喷装置、油管旋塞阀及压井、放喷管线等。

## 第二节 常见井下作业工具

井下作业工具按功能分为封隔器、控制工具和修井工具三大类。

### 一、封隔器

封隔器一般由钢体和弹性密封元件组成。它的作用是封隔各种尺寸管柱与井眼之间以及管柱之间的环形空间,将各个不同的产层分隔开来,防止层间流体和压力的串通、干扰,以便控制产(注)液量,满足采油(气)生产和修井作业的各种要求。

#### (一)分类

根据实现密封的方式,可将封隔器分为自封式、压缩式、扩张式、楔入式。
(1)自封式封隔器靠封隔件外径与套管内径的过盈和工作压差实现密封。
(2)压缩式封隔器靠轴向力压缩封隔件,使封隔件外径变大实现密封。

(3)扩张式封隔器靠径向力作用或封隔件内腔的液压力,使封隔件外径扩大实现密封。

(4)楔入式封隔器靠楔入件楔入封隔件,使封隔件外径变大实现密封。还可利用上述形式进行任意组合,实现各种组合式密封的封隔器。

## (二)型号

封隔器型号如图7—25所示。

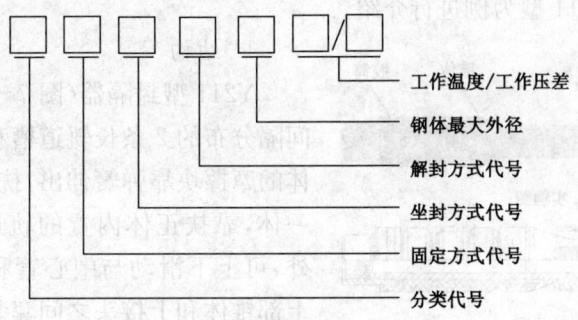

图7—25 封隔器型号

### 1. 代号说明

(1)分类代号用分类名称第一个汉字的汉语拼音大写字母表示,组合式用各式的分类代号组合表示(表7—1)。

表7—1 封隔器分类代号

| 分类名称 | 自封式 | 压缩式 | 扩张式 | 楔入式 | 组合式 |
|---|---|---|---|---|---|
| 分类代号 | Z | Y | K | X | 用各式的分类代号组合表示 |

(2)固定方式代号用阿拉伯数字表示(表7—2)。

表7—2 封隔器固定方式代号

| 固定方式名称 | 尾管支撑 | 单向卡瓦 | 悬挂 | 双向卡瓦 | 锚瓦 |
|---|---|---|---|---|---|
| 固定方式代号 | 1 | 2 | 3 | 4 | 5 |

(3)坐封方式代号用阿拉伯数字表示(表7—3)。

表7—3 封隔器坐封方式代号

| 坐封方式名称 | 提放管柱 | 转动管柱 | 自封 | 液压 | 下工具 | 热力 |
|---|---|---|---|---|---|---|
| 坐封方式代号 | 1 | 2 | 3 | 4 | 5 | 6 |

(4)解封方式代号用阿拉伯数字表示(表7—4)。

表7—4 封隔器解封方式代号

| 解封方式名称 | 提放管柱 | 转动管柱 | 钻铣 | 液压 | 下工具 | 热力 |
|---|---|---|---|---|---|---|
| 解封方式代号 | 1 | 2 | 3 | 4 | 5 | 6 |

(5)钢体最大外径用阿拉伯数字表示,单位为 mm。

(6)工作温度用阿拉伯数字表示,单位为℃。

(7)工作压差用阿拉伯数字表示,单位为 MPa。

## 2. 举例

如 YK341—114—90/15 型封隔器，表示该封隔器特性为：压缩扩张式，悬挂固定，液压坐封，提放管柱解封，钢体最大外径 114mm，工作温度为 90℃，工作压差为 15MPa。

### （三）Y211 型封隔器简介

常用的封隔器主要有 Y111、Y211、Y221、Y241、Y341、Y441、Y445、K344 等多种型号，下面以使用最普遍的 Y211 型为例进行介绍。

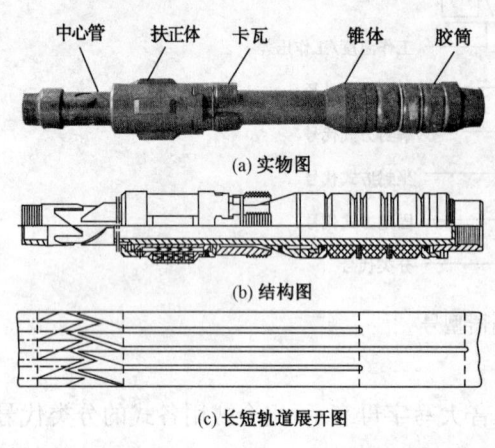

图 7—26　Y211 型封隔器

## 1. 结构

Y211 型封隔器（图 7—26）中心管外壁铣有间隔分布的 2 条长轨道槽和 2 条短轨道槽，扶正体的摩擦块靠弹簧伸出，扶正体与卡瓦总成连为一体，靠扶正体内置的轨道销钉浮置于中心管外，可上下滑动与中心管和锥体产生相对位移，上部锥体和上接头之间套装有密封胶筒。

## 2. 工作原理

（1）封隔器下井时，在弹簧的张力作用下，扶正体紧贴套管内壁，使轨道销钉处于短轨道上终点，保持解封状态。当封隔器下至设计位置时，上提管柱一定高度，扶正体依靠弹簧的张力紧贴套管内壁保持不动，使轨道销钉沿着中心管短轨道自动滑入长轨道下终点；再下放管柱，扶正体仍依靠弹簧的张力紧贴套管内壁保持不动，上部锥体下行插入卡瓦中，使卡瓦胀开与套管接触并卡在套管内壁上，锚定管柱完成支撑，继续下放管柱，上部油管重量通过上接头下压，作用在封隔器密封胶筒上使之径向胀大，密封油套环空，完成坐封。卡瓦胀开完成坐封状态，如图 7—27 所示。

（2）需要解封时，上提管柱，锥体随中心管上行离开卡瓦，卡瓦在弹簧作用下回收，解除对管柱的锚定，密封胶筒靠弹性收缩回复原状，解除对密封油套环空的密封。此时，轨道销钉运行滑入短轨道下终点，即使下放管柱，轨道销钉受短轨道限制，锥体也无法插入卡瓦，实现解封。卡瓦回收处于解封状态，如图 7—28 所示。

图 7—27　坐封状态

图 7—28　解封状态

（3）通过反复提放操作，使轨道销钉交替进入长短轨道中，从而控制扶正体及卡瓦与中心管之间的相对移动位置，实现"坐封—解封—坐封—解封"的不同工况循环。

## 二、控制工具

常用的控制工具有配产器、配水器、脱接器、泄油器、扶正器、水力锚、防脱器、滑套开关、气举阀、堵塞器、丢手接头、活门开关等多种。

### (一)型号

控制工具的型号如图 7-29 所示。

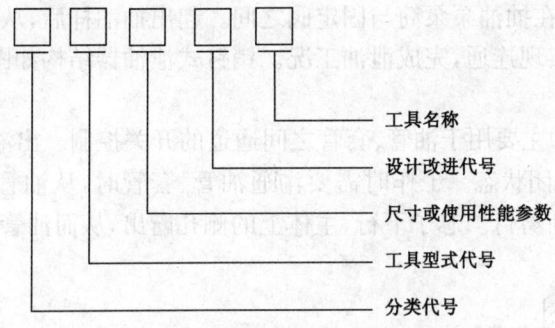

图 7-29 控制工具的型号

1. 代号说明

(1)分类代号。K 表示控制工具,X 表示修井工具。

(2)工具型式代号。用工具型式名称中的两个关键汉字的第一个拼音字母表示,见表 7-1。

表 7-5 控制类工具型号

| 序号 | 特征 | 代号 | 序号 | 特征 | 代号 | 序号 | 特征 | 代号 | 序号 | 特征 | 代号 |
|---|---|---|---|---|---|---|---|---|---|---|---|
| 1 | 桥式 | QS | 6 | 喷嘴 | PZ | 11 | 侧孔 | CK | 16 | 卡瓦 | QW |
| 2 | 固定 | GD | 7 | 缓冲 | HC | 12 | 弹簧 | TH | 17 | 锚爪 | MZ |
| 3 | 偏心 | PX | 8 | 旁通 | PT | 13 | 轨道 | GD | 18 | 水力 | SL |
| 4 | 滑套 | HT | 9 | 活动 | HD | 14 | 正洗 | ZX | 19 | 连接 | LJ |
| 5 | 阀 | F | 10 | 开关 | KG | 15 | 反洗 | FX | 20 | 撞击 | ZJ |

(3)设计改进代号。用 A、B、C、…表示。

(4)工具名称。用汉字表示。

2. 举例

例如,KQS—110E 配产器表示为控制类工具,最大外径 110mm 的 E 型桥式配产器。

### (二)常见工具简介

1. KPX—114 偏心配水器

KPX—114 偏心配水器主要用于分层注水,控制各层的注水量,其结构如图 7-30 所示。

根据不同注水层的配注需要,在每个堵塞器内安装不同尺寸的水嘴,通过投捞器将堵塞器送入各个配水器。正常注水时,堵塞器坐于工作筒主体的偏孔上,凸轮卡于偏孔上部的扩孔处;堵塞器主体上、下两组各两根 O 形圈封住偏孔的出液槽,注入水即以堵塞器滤罩、水嘴、

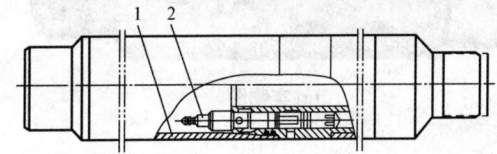

图 7-30 KPX—114 偏心配水器
1—工作筒;2—堵塞器

堵塞器主体的出液槽和工作筒主体的偏孔进入油套环形空间后注入地层。需调整各层注水量时，捞出堵塞器更换相适应的水嘴，再重新投坐即可实现。

2. 泄油器

泄油器是针对国内绝大多数管式泵的固定阀不可捞，为了在油井作业时将泵及管柱内液体泄至井内，改善井口操作条件，减少井场污染，同时提高井内液面，在一定程度上避免井喷的一种器具。国内泄油器种类繁多，按操作方式分为液压式和机械式两大类。机械式又分为两种——抽油杆控制的可重复开关式和一次性开启的销钉式。

销钉式泄油器安装在抽油泵泵筒与固定阀之间。起出抽油杆后，从油管内投入撞击杆，切断空心销钉，管柱内外实现连通，完成泄油工况。销钉式泄油器结构如图7—31所示。

3. 滑套开关

滑套开关（图7—32）主要用于油管、套管之间通道的开关控制。出液侧孔由剪钉所固定的芯子所封闭，滑套处于关闭状态。工作时需要沟通油管、套管时，从油管内投入钢球或球杆坐于芯子上，再加液压剪断剪钉。芯子下行，主体上的侧孔露出，从而油管与套管连通不再关闭。

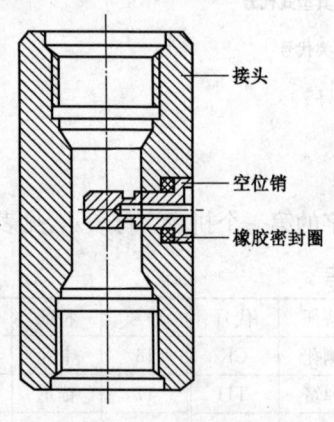

图7—31 销钉式泄油器

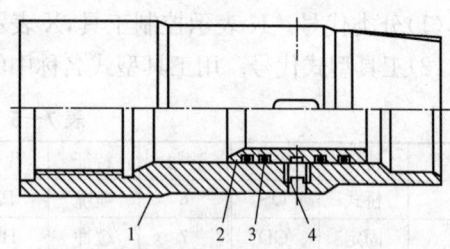

图7—32 滑套开关

1—主体；2—芯子；3—O形密封圈；4—剪钉

4. 水力锚

水力锚主要用于油水井采油、注水、压裂、酸化等施工时锚定油管柱，防止油管柱与套管产生相对位移，保证井下的封隔器处于良好密封状态。水力锚结构如图7—33所示，在垂直主体轴向的同一平面内，布有两个钻通的锚爪孔，锚爪上装有两道密封圈；锚爪在弹簧的压力作用下，外表面与主体平齐。

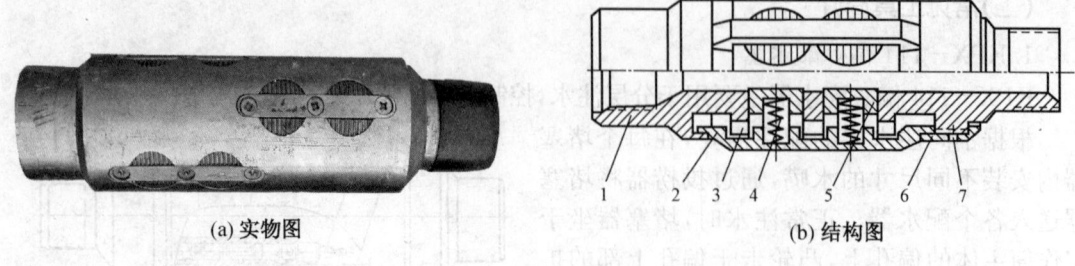

(a) 实物图　　　　　　　　　　　　(b) 结构图

图7—33 水力锚

1—本体；2—扶正块；3—O形密封圈；4—弹簧；5—锚爪；6—扶正块套；7—固定螺钉

水力锚的工作原理：当油管与套管之间产生一定压差时，锚爪在管柱内的高压作用下，压缩弹簧后伸出，锚爪卡在套管内壁上，防止管柱蠕动，实现锚定油管柱的作用。当卸掉管柱内压力后，油管与套管之间压差消失，锚爪在挡板内弹簧的压力作用下缩回原位，解除对管柱的锚定。

## 三、修井工具

修井工具随着修井工艺的发展而发展，又在实践中不断得到完善。目前，修井工具按使用特性可分成以下十二大类：打捞类、检测类、刮削类、倒扣类、切割类、钻磨铣类、震击类、整形类、补贴类、补接类、侧钻类、辅助类。以下简单介绍其中的七类。

### (一)打捞类工具

打捞类工具是修井施工中应用最广泛，使用次数最多，应用品种、规格最全的专用工具。按井内落物类型，打捞类工具可分成管类打捞工具、杆类打捞工具、绳缆类打捞工具、小物件类打捞工具四类；按工具结构特点，打捞类工具可分成锥类、矛类、筒类、钩类、篮类、其他六类。

#### 1. 锥类打捞工具

锥类打捞工具是一种在落物的内孔或外壁上进行造扣而实现打捞落物的专用工具。

在工具的打捞工作面上加工有高硬度的打捞螺纹，当接触落物后，在适当的钻压和扭矩作用下，打捞螺纹吃入落物造扣，当所造的扣能承受一定的拉力和扭矩时，通过上提或倒扣将落物全部或部分捞出。

锥形打捞工具分公锥和母锥两种类型，如图7－34和图7－35所示。公锥在落物的内孔中造扣进行打捞，母锥从圆柱形落物的外壁进行造扣打捞。

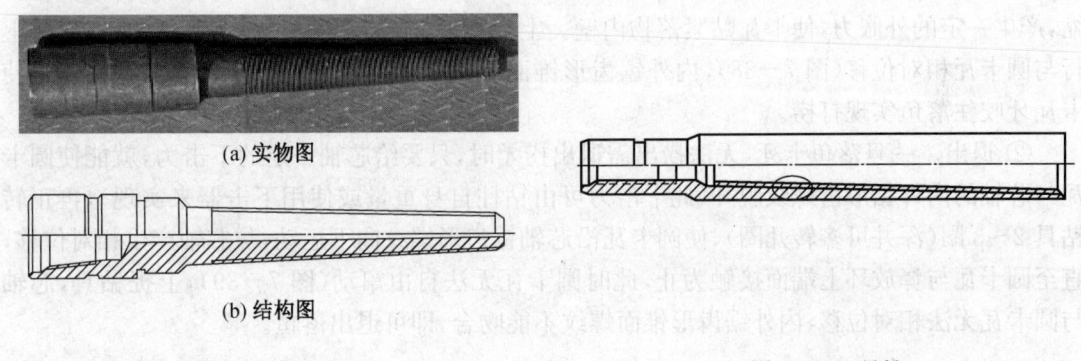

图7－34　公锥　　　　　　　　　　　图7－35　母锥

#### 2. 矛类打捞工具

矛类打捞工具都是从落物内孔进行打捞，靠两个零件在斜面或锥面上相对移动胀紧或松开落鱼，通过键和键槽传递力矩，或正转或倒扣。矛类打捞工具按结构特点可分为不可退式滑块捞矛、可退式捞矛、接箍捞矛三类。以下介绍不可退式滑块捞矛、可退式捞矛。

1) 不可退式滑块捞矛

不可退式滑块捞矛如图7－36所示。当矛杆与滑块进入落物内腔之后，滑块依靠自重向下滑动，滑块与斜面产生相对位移，滑块齿面与矛杆中心线的距离增加，使打捞尺寸逐渐加大，直至与落物内壁接触为止。上提管柱，矛杆斜面向上运动所产生的径向分力，迫使滑块外表面的卡瓦牙咬入落物内壁实现打捞。

2）可退式捞矛

（1）基本结构。

可退式捞矛如图7-37所示。芯轴的中心有水眼,可冲洗鱼顶和进行修井液循环；上部与工具或管柱相连；中部是锯齿形大螺距锥形外螺纹；下部用细牙螺纹同引鞋相连。圆卡瓦的内表面有与芯轴相配合的锯齿形内螺纹,外表面有多头的锯齿形左旋打捞螺纹。在它的360°圆周上均布有四条纵向槽（其中有一条是通槽）,使圆卡瓦成为可张缩的弹性体。释放环套在芯轴上,下端紧贴引鞋。工具组装后圆卡瓦的内螺纹与芯轴外螺纹有一定的径向间隙,使圆卡瓦沿轴向有一定的自由窜动量。

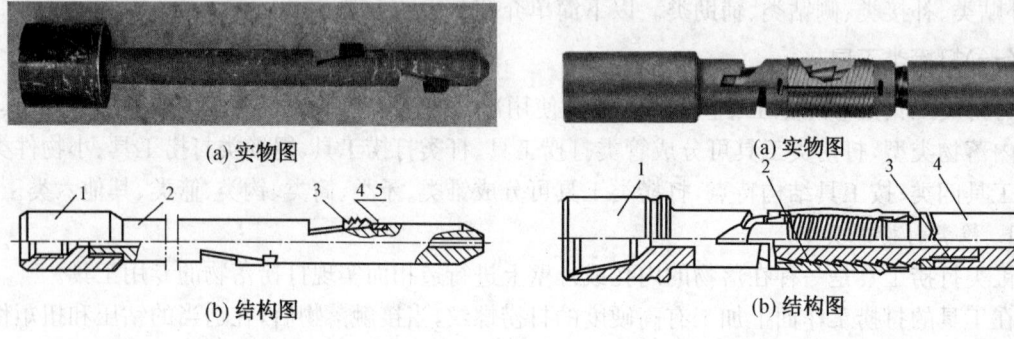

图7-36 不可退式滑块捞矛
1—上接头；2—矛杆；3—滑块；4—锁块；5—螺钉

图7-37 可退式捞矛
1—上接头；2—圆卡瓦；3—释放圆环；4—引鞋

（2）工作原理。

① 打捞。自由状态下圆卡瓦外径略大于落物内径。当工具进入鱼腔时,圆卡瓦被弹性压缩,产生一定的外胀力,使卡瓦贴紧落物内壁。上提管柱,卡瓦紧贴落物内壁保持不动,芯轴上行与圆卡瓦相对位移（图7-38）,内外锯齿形锥面螺纹互相吻合,卡瓦产生径向的外胀力,使卡瓦牙咬住落鱼实现打捞。

② 退出。一旦落鱼卡死,无法捞出需退出捞矛时,只要给芯轴一定的下击力,就能使圆卡瓦与芯轴的内外锯形齿螺纹脱开（此下击力可由钻柱自身重量或使用下击器来实现）,再正转钻具2～3圈（深井可多转几圈）,使圆卡瓦沿芯轴锯齿形螺纹向下运动,与芯轴产生相对位移,直至圆卡瓦与释放环上端面接触为止,此时圆卡瓦无法自由窜动（图7-39）,上提钻具,芯轴与圆卡瓦无法相对位移,内外锯齿形锥面螺纹不能吻合,即可退出落鱼。

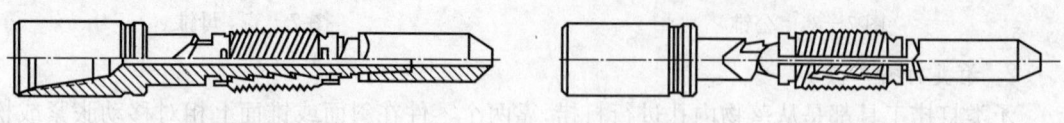

图7-38 圆卡瓦可自由窜动

图7-39 圆卡瓦无法自由窜动

3. 筒类打捞工具

筒类打捞工具是从落物外部进行打捞的工具,包括卡瓦捞筒、可退式捞筒、短鱼顶捞筒、抽油杆捞筒、测井仪器捞筒等。本书以可退式捞筒为例进行介绍。

1）用途

可退式捞筒是从落鱼外部进行打捞的一种工具,可打捞不同尺寸的圆柱形落鱼。它有篮式卡瓦和螺旋卡瓦两种形式。

2) 基本结构

如图 7—40 所示，可退式捞筒的结构与可退式捞矛相似，内外关系则正好相反。

筒体内壁加工有锯齿形左旋锥面螺纹，在下部铣有浅的方槽；篮式卡瓦内表面有锯齿形高硬度打捞螺纹，外表面有与筒体相一致的左旋锥面螺纹，其下部也开有方槽与筒体的方槽相匹配；铣控环上部有较厚的方键，同时插入筒体和卡瓦的两个方槽之中，使筒体与卡瓦不能相对转动，而只能上下窜动。

在同一筒体内，更换不同规格的卡瓦，便可打捞不同规格的落物，铣控环可对轻度破损的鱼顶进行修整。螺旋卡瓦捞筒的结构与篮式卡瓦捞筒相似，但其控制环只起定位卡瓦作用，螺旋卡瓦较篮式卡瓦薄，因此，在同一筒体内装螺旋卡瓦时，其打捞范围比篮式卡瓦捞筒大。两种可退式捞筒结构分别如图 7—41 和图 7—42 所示。

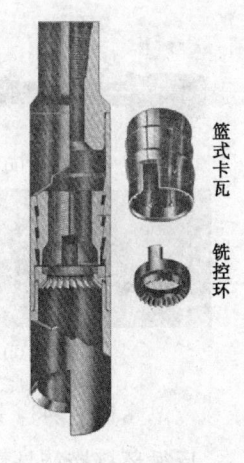

图 7—40 可退式捞筒立体结构图

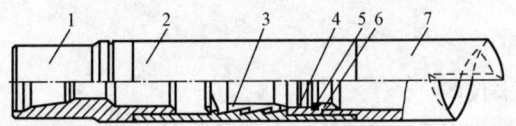

图 7—41 篮式卡瓦捞筒
1—上接头；2—筒体总成；3—篮式卡瓦；
4—铣控环；5—内密封圈；6—O 形密封圈；7—引鞋

图 7—42 螺旋卡瓦捞筒
1—上接头；2—筒体；3—O 形密封圈；
4—螺旋卡瓦；5—控制环；6—引鞋

3) 工作原理

本书以篮式卡瓦捞筒为例进行介绍。

(1) 打捞。自由状态下卡瓦内径略小于落物外径；当落鱼进入工具后，首先将卡瓦上推，卡瓦外螺旋锯齿形锥面与筒体内螺旋锯齿形锥面脱开，卡瓦被迫弹性胀开，落物进入卡瓦中被抱住。上提钻具则筒体上行，卡瓦外锥面与筒体内锥面相对位移，两螺旋锥面贴合，使卡瓦向内收缩卡紧落物，实现打捞。

(2) 退出。需要退出工具时，可加给捞筒以下击力，使卡瓦与筒体的内外螺旋锥面脱开，再右旋钻具并同时上提，铣控环保证了筒体与卡瓦一同转动，从而使卡瓦与落物之间产生右旋扭矩，迫使左旋的卡瓦处于松扣胀大状态，阻止了螺旋锥面的贴合，实现工具的退出。

4. 钩类打捞工具

钩类打捞工具包括内钩、外钩、内外组合钩等多种类型，是修井施工中使用较广泛的工具。钩类打捞工具操作简单、打捞成功率高，是打捞电缆、钢丝绳、录井钢丝等绳、缆类的专用打捞工具。各类钩类打捞工具如图 7—43 所示。

打捞时钩尖插入绳类落物内，上提钻具时，钩齿钩住落物而带出地面。

5. 篮类打捞工具

篮类打捞工具是打捞螺母、钳牙、碎散胶皮、钢球、阀座等井下小件落物的专用打捞工具。篮类打捞工具包括反循环打捞篮、局部反循环打捞篮等类型，反循环打捞篮如图 7—44 所示。

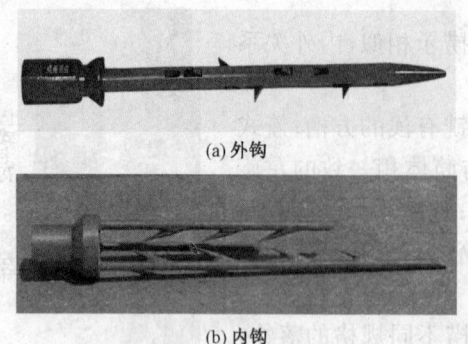

图7—43 钩类打捞工具

图7—44 反循环打捞篮

反循环打捞篮是靠大流量、高压力的反洗井液冲击井底,使井底落物悬浮运动推动底部的篮爪,篮爪绕销轴转动向上竖起,篮筐开口加大,落物进入筒体,然后篮爪在扭簧作用下恢复原位,阻止了进入筒体内的落物出筐,实现打捞。

(二)检测类工具

检测类工具主要有通径规、铅模、井径仪、测卡仪等。

(1)通径规是具有一定外径和长度的钢管。利用其刚度检测套管、油管、钻杆以及其他管子内通径是否符合标准,检查其变形后能通过的最大几何尺寸。

(2)铅模是在管壁外的拉筋上浇铸圆柱形的铅体而成。依靠铅的硬度小,塑性好的特点,在钻压作用下与落鱼或变形套管接触,产生塑性变形,通过分析留下的印迹和深度,间接反映出鱼顶的位置、形状、状态以及套管变形等初步情况,作为定性的依据,为施工作业提供参考。铅模及所打印痕如图7—45所示。

(三)刮削类工具

刮削类工具用于清除残留在套管内壁上的水泥块、水泥环、硬蜡、各类盐类结晶和沉积物、射孔毛刺,氧化铁等,清洁套管内壁,以便顺利地下入各种井下工具,提高施工作业的成功率。

刮削类工具主要有胶筒式套管刮削器和弹簧式套管刮削器(图7—46)。

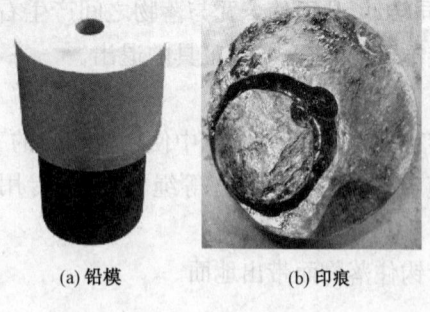

图7—45 铅模及印痕

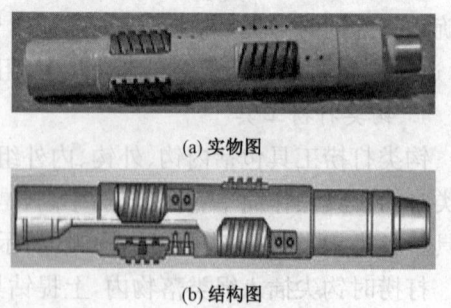

图7—46 弹簧式套管刮削器

在工具内部的弹簧或胶筒的弹力作用下,套管刮削器组装之后刀片最大外径略大于套管内径,下入套管之后,刀片紧贴套管内壁,给刀片施加一定的初压力。工具上下运动时各刀片对套管内壁的脏物进行刮削。依靠洗井液将刮下的脏物冲洗出地面,完成刮削任务。

### (四)倒扣类工具

倒扣类工具是指在修井过程中倒出卡点以上遇卡管柱的专用工具。倒扣类工具包括：倒扣器、倒扣捞筒、倒扣捞矛(图7—47)、倒扣安全接头、倒扣下击器。

### (五)切割类工具

切割类工具是处理井下被卡管柱、取换套管施工中的套管切割等工序中重要工具之一。它包括机械割刀、化学喷射切割、聚能(爆炸)切割三大类，机械割刀包括内割刀、外割刀、水力式外割刀三种。

机械式内割刀(图7—48)优点较多，易操作掌握、使用安全、无卡阻而退不出工具的现象，是目前广泛使用的切割工具。

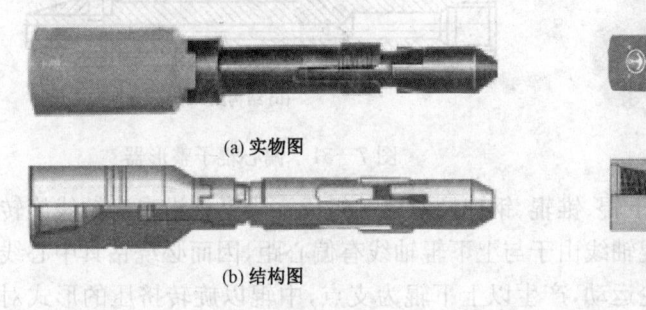

(a) 实物图

(b) 结构图

图7—47 倒扣捞矛

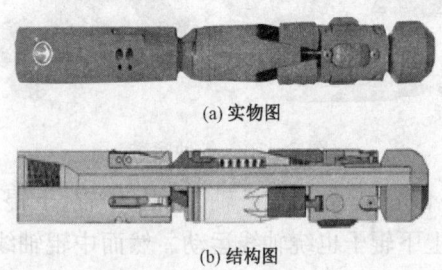

(a) 实物图

(b) 结构图

图7—48 机械式内割刀

### (六)钻磨铣类工具

钻磨铣类工具主要有钻头、磨鞋、套铣筒等，是修井施工中广泛应用的常规工具，用于处理复杂的卡埋事故井、复杂落物井、严重套损井的修整鱼头、磨铣环空等，并可单独作为钻、磨、铣工艺工具进行施工，如钻水泥塞、磨铣桥塞等。

#### 1. 钻头

钻头主要用于钻磨水泥塞、死蜡、死油、砂桥和各种矿物结晶。它大致分为刮刀钻头、牙轮钻头、金刚石钻头三大类。

牙轮钻头是应用最广泛的钻头，其中最常见的是三牙轮钻头，如图7—49所示。

牙轮钻头工作时，固定在牙轮上的牙齿随钻头一起绕钻头轴线做旋转运动，这种运动称作公转，同时牙齿绕牙轮轴线作旋转运动成为自转。由此钻头与井底接触产生纵向震动，对井底进行冲击碾压破碎，同时牙齿对被钻物产生剪切作用，逐步将被钻物钻除。

图7—49 三牙轮钻头

#### 2. 磨鞋

磨鞋用于处理鱼顶破碎、形状复杂、落物卡死或被埋等复杂情况，作为下一步处理的过渡工具或直接作为处理工具。

磨鞋按形状和功能的不同分为：平底磨鞋、凹底磨鞋、领眼磨鞋、梨形磨鞋、柱形磨鞋、内齿铣鞋、外齿铣鞋、裙边铣鞋等多种，如图7—50所示。

磨鞋是用工作面上所堆焊的 YD 合金或耐磨材料,在钻压和扭矩的作用下,吃入并磨碎落物,产生的磨屑由修井液循环带出地面。

### (七)整形类工具

为了修复井下套管较小的变形和缩径,研发了梨形胀管器、偏心辊子整形器、三锥辊整形器和旋转震击式整形器等多种整形工具。较为先进的偏心辊子整形器如图 7-51 所示。

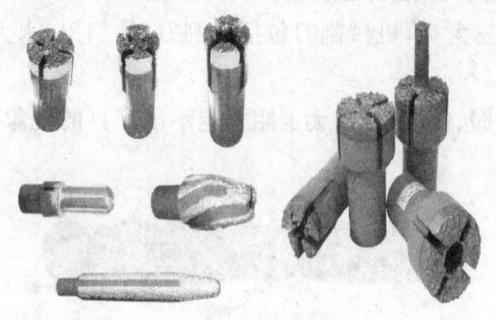

图 7-50　各种磨鞋　　　　　图 7-51　偏心辊子整形器

偏心辊子:由偏心轴、上辊、中辊、下辊、锥辊、钢球及丝堵等组成。当钻柱沿自身轴线旋转时,上下辊子也绕轴线运动。然而中辊轴线由于与上下辊轴线有偏心距,因而必绕钻具中心线作圆周运动,这样就形成一组曲轴凸轮运动,产生以上下辊为支点,中辊以旋转挤压的形式对变形部位套管进行整形。

## 第三节　常见井下修井作业

油水井在长期的生产过程中,因油藏、地质、工程等种种原因,经常会发生一些故障,如不及时修理和排除,就会导致井的停产或报废。修井的目的是恢复井的正常生产,或者提高井的生产能力井下作业的任务分为三个方面——维护、修理和油层改造,即:维护油水井正常生产;处理井下故障;改变生产层位或生产方式,提高油层的生产能力,延长免修周期。

根据井故障的性质、施工作业的繁简程度,可将修井分为小修和大修。常规的小修工艺有检泵、堵水、防砂、酸化、压裂、配注、调剖、简单打捞等,以及较为特殊的稠油作业、气井作业、水平井作业、带压作业、连续油管作业等。大修工艺包括复杂解卡打捞、套管整形、套管加固、取套换套、套管内加深、套管内侧钻等。大修作业需要大型设备和专用的工具以及特殊的施工方式。

油水井小修亦称油水井维修,通常指只需起下作业和冲洗作业就能完成的修井工作。虽然工艺简单,施工时间短,但却是油水井经常需要进行的,因而油水井小修在整个修井作业中占的比例很大,它是保证油水井正常生产必不可少的维护手段。在本书中主要介绍油水井小修工艺。

### 一、修井施工常规工序

所有日常进行的小修施工工艺一般由以下一个或多个工序组成:起下管柱、组配管柱、压井、清砂、洗井、通井、刮削、找窜、封窜、注水泥塞、钻水泥塞等。

## (一)起下管柱

### 1. 目的和内容

起下管柱是指用吊升系统将井内的管柱提出井口,逐根卸开连接螺纹,放在油管桥上,经过清洗、丈量、重新组配和更换所需的下井工具后,再逐根连接下入井内的过程。

绝大多数修井作业项目都需要通过起下管柱达到施工目的,在一口井的施工或一个工序中往往要进行多次起下管柱。数百米乃至数千米的管柱反复起下,占据了修井作业的主要内容,修井作业的施工周期主要取决于起下管柱的时间。

### 2. 施工要求

(1)必须安装符合设计要求的井控装置,并按标准试压合格。

(2)控制起下速度,尤其是带大直径工具时,防止产生抽吸和压力波动进而导致井喷。

(3)下入管柱时,随时检测溢流量是否与管柱体积相符;起出管柱时每起出10~20根油管灌注一次修井液,以保持井筒液柱压力,防止井喷。

(4)安装自封封井器,刮除管柱外壁的油污并防止落物。

(5)油管外螺纹要放在小滑车上或戴上护丝拉送,防止损伤。

(6)下井油管螺纹要清洁,连接前要涂匀密封脂。

(7)用管钳或动力钳按规定扭矩上紧油管螺纹,防止上偏扣,应上满旋紧丝扣。

(8)起到管柱尾部时要放慢速度,防止井下工具刮、碰井口。

(9)油管下到设计井深的最后几根时要减慢下放速度,防止因长度误差顿弯油管。

(10)下入井内的大直径工具在通过射孔井段时应慢速通过,防止卡钻和损坏井下工具。

(11)油管未下到预定位置遇阻或上提受卡时,应及时分析井下情况,复查各项数据,查明原因及时解决。

## (二)组配管柱

### 1. 目的和内容

采油、采气、注水、油层改造和修井施工都要下入不同结构的管柱,并通过下入井内的工具来完成施工设计目的。各种不同的下井管柱都需要在地面预先组配好,并严格按照下井顺序编号,在油管桥上摆放整齐,按顺序下入井内。

组配管柱是指按照施工设计给出的下井管柱的规范、下井工具的数量和顺序、各工具的下入深度等参数,在地面丈量、计算、组配的过程。组配管柱是保证下井管柱规范正确、深度准确的重要环节,是关系施工质量和成败的关键因素之一。

### 2. 组配管柱操作

1)人员要求及准备工作

(1)本项目所需操作人员为3人。

(2)施工设备器材的准备:油管及油管短节若干,15m长钢卷尺1把,1m长钢板尺1把,记录笔1支,简易功能计算器1个,油管记录表(数据)1份,麻绳或铅油少许,下井工具1套。

(3)劳保用品准备齐全,穿戴整齐。

2)操作步骤

(1)了解下井管柱结构,下井工具名称、规范、用途及先后顺序和间隔标准。

(2)确认夹层厚度、套管接箍位置、油补距、射孔井段和人工井底。

(3)将油管在管桥上排列整齐,用标准的油管内径规进行通径,如图7—52所示。

(4)检查螺纹是否完好,管体是否有裂痕、孔洞、弯曲和腐蚀,如图7—53所示。

(5)用钢卷尺丈量油管、下井工具、油管短节的长度,记录在油管记录表上,如图7—54所示。

图7—52 排列油管

图7—53 检查质量

图7—54 丈量记录

(6)计算好下井工具之间所需油管长度,准备好卡距所需短节。
(7)按下井油管的先后顺序,将各工具之间的油管根数在油管桥上数出来并标记。
(8)编出配管柱记录序号,画出管柱结构示意图,标注出各工具名称、完成深度。

3)技术要求
(1)管柱结构应满足施工设计和目的要求,密封可靠,施工作业方便。
(2)管柱组配计算必须准确,顺序正确,必要时应考虑管柱伸长量。
(3)油管按下井顺序排列整齐,每10根拉出一个油管接箍长度。
(4)油管桥上排放的油管顺序,必须与油管记录表上的记录顺序一致。
(5)现场配下井管柱时,与工具连接的油管上要打上明显的标记。
(6)不下井的油管与下井油管隔开,以免多下或少下油管。

4)安全要求
(1)测量油管长度时应相互配合防止夹伤手指。
(2)搬运测量下井工具时防止砸伤脚部。

### (三)压井

压井是将具有一定性能和数量的液体泵入井内,依靠泵入液体的液柱压力相对平衡地层压力,使地层中的流体在一定时间内不能流入井筒,以便完成某项作业施工。

1. 压井液

压井的目的是压而不死,活而不喷,要求既能压住井,又不会造成新的油层污染,其关键是选择好的压井液密度和压井液的类型。对压井液的要求如下:
(1)具有较好的携带和悬浮岩屑、砂子、钻屑性能。
(2)压井液物理化学性质稳定,不产生化学反应,不损害地层。
(3)压井液能实现压而不喷、不漏、不污染地层、不堵塞射孔孔眼。
(4)有利于准确测定产液性能。
(5)货源广,调配、使用方便,价格便宜。

2. 压井方法

常用的压井方法有循环法、灌注法和挤注法三种。

1)循环法

将配好的密度较大的压井液泵入井内进行循环,从而替换出原井筒内的生产液,达到把井压住的工艺即为循环法。循环法是最常用的压井方法,该法又可分正、反循环方式。
(1)正循环压井对地层回压小、污染小,但对高产井、高压井、气井的压井成功率比反循压井低。

(2)反循环压井对地层回压大、污染大，但对高产井、高压井、气井的压井成功率比正循环压井高。

2)灌注法

灌注法就是往井筒内灌注一定量的压井液把井压住的方法。此法多用于油层压力不高、修井工作难度不大、工作量小、修井时间短的简易修井作业，如换油井采油树总阀门、解除井口附近卡钻事故、焊接井口、更换四通法兰等。这种压井方法设备简单、操作方便，修井后很快就能使油井恢复正常生产，并且压井液与油层不接触，油层受损害小。

3)挤注法

挤注法是在压井的时候，井口只有压井液进口而没有出口，只能强行将压井液挤入井内，从而把井筒内的原油、天然气和水挤回地层，靠井筒内压井液的重量把井压住的方法。

挤注法缺点多，既要用高压泵，又有可能污染地层。此法应尽量少用和不用，但对前两种方法无法实现压井的砂堵井、蜡堵井、因事故无法循环的高压井等可用此法。

3. **压井操作**

本书以反循环为例进行介绍。

1)人员要求及准备工作

(1)本项目所需操作人员为5人。

(2)施工设备器材的准备：循环设备2台，针型阀1个，单流阀1个，压井液密度计、黏度计、失水仪各1套。清水和压井液用量各为井筒容积1.5~2.0倍。

(3)劳保用品准备齐全，穿戴整齐。

2)操作步骤

(1)用扳手对称顶紧油管头四通的所有顶丝。

(2)接好油管、套管放气管线，放净油管、套管内的气体，见液体为止。

(3)将循环设备与进口管线连接，对管线用清水试压，如图7－55所示。

(4)倒好反洗井流程，用1.5~2倍井筒容积的清水反循环洗井降气，如图7－56所示。

(5)用1.5~2倍井筒容积的压井液进行反循环压井，至测量到进口、出口压井液密度差小于0.02g/cm³时停泵，如图7－57所示。

图7－55 连接循环管线

图7－56 倒井口流程

图7－57 测量压井液密度

(6)观察30min，进口、出口均无溢流无井漏，压井成功。

3)技术要求

(1)放气时油管用油嘴控制，套管用针型阀控制，防止放压过猛。

(2)管线试压压力为设计工作压力的1.5倍，5min不刺不漏为合格。

(3)在压井过程中使用针型阀控制进口、出口排量平衡,防止压井液被气侵。

(4)压井施工时,要连续施工,中途不得停泵,以防止压井液被气侵。

(5)采用循环法压井时,最高泵压不超过油层吸水启动压力,排量符合设计要求。

4)安全要求

(1)施工出口管线必须用硬管线连接,不能有小于90°的急弯,并且每隔10~15m用地锚固定,在井口附近应装好针型阀。

(2)施工进口管线必须在井口处装好单流阀,防止天然气倒流至泵车,造成火灾事故。

(3)地面罐必须放置在距井口30~50m以外,水泥车排气管要装防火帽。

### (四)洗井

洗井是在地面向井筒内打入具有一定性质的洗井工作液,把井壁和油管上的结蜡、死油、铁锈、杂质等脏物混合到洗井工作液中带到地面的施工。洗井是井下作业的基本项目,在对抽油机井、稠油井、注水井及结蜡严重的井作业时,一般都要洗井以便下步施工。

1. 洗井工作液

(1)洗井工作液的性质要根据井筒污染情况和地层物性来确定,与储层要有良好的配伍性。

(2)在油层为黏土矿物的井中,要在洗井工作液中加入防膨剂。

(3)在对低压漏失地层井洗井时,要在洗井工作液中加入增黏剂和暂堵剂或采取混气措施。

(4)在对稠油井洗井时,要在洗井工作液中加入表面活性剂或高效洗油剂,或用热油洗井。

(5)在对结蜡严重或蜡卡的抽油机井洗井时,要提高洗井工作液的温度至70℃以上。

(6)洗井工作液的相对密度、黏度、pH值和添加剂性能应符合施工设计要求。

(7)洗井工作液量为井筒容积的2倍以上。

2. 洗井方式

(1)正洗井。洗井液从油管打入,从油套环形空间返出。正洗井一般用在油管结蜡严重的井。

(2)反洗井。洗井液从油套环形空间打入,从油管返出。反洗井一般用在抽油机井、注水井、套管结蜡严重的井。

3. 洗井方式的选择

正洗井和反洗井各有利弊,正洗井对井底造成的回压较小,但洗井工作液在油套环形空间中上返的速度稍慢,对套管壁上脏物的冲洗力度相对小些;反洗井对井底造成的回压较大,洗井工作液在油管中上返的速度较快,对套管壁上脏物的冲洗力度相对大些。为保护油气层,当管柱结构允许时,应采取正洗井。

### (五)清砂

油水井出砂后,砂粒便在井筒中逐渐沉积下来,形成砂柱并不断升高,造成砂埋油气层、砂卡管柱等,导致停产停注,同时砂粒会对井下和地面设备造成严重的磨损。为了恢复出砂油水井的正常生产,必须采取措施清除井筒内的沉砂。采用的清砂方法有冲砂和捞砂两种。

冲砂是通过油管或油套环形空间向井底注入高速流体,靠水力作用将井底沉砂冲散,由循环上返的液体将砂粒携带到地面,以解除油水井砂堵的工艺措施。冲砂是目前广泛应用的清砂方法。

1. 探砂面

探砂面是下入管柱实探井内砂面深度的施工。通过实探井内的砂面深度,可以为下步下入的其他管柱提供参考依据,并了解地层出砂情况。如果井内砂面过高,掩埋油层或影响下步要下入的其他管柱,就需要冲砂施工。

探砂面施工可以用两种管柱来完成,一种是加深原井管柱探砂面,一种是起出原井管柱下入探砂面管柱探砂面。用金属绕丝筛管防砂的井,要下入带冲管的组合管柱探砂面。

2. 冲砂概述

1)冲砂液

通常采用的冲砂液有油、水、乳状液等。为了防止对油层的损害,在液体中可加入表面活性剂。通常,油井用水或原油进行冲砂,水井用清水或盐水进行冲砂,低压井用混气冲砂液进行冲砂。冲砂液的基本要求为:

(1)具有一定的黏度,以保证具有良好的携砂能力。

(2)具有一定的密度,以便形成适当的液柱压力,防止井喷。

(3)不损害油气层。

(4)来源广泛,价格低廉。

2)冲砂方式

(1)正冲砂是冲砂液沿冲砂管内径向下流动,在流出冲砂管口时以较高流速冲击砂堵,冲散的砂子与冲砂液混合后,一起沿冲砂管与套管之间的环形空间返至地面的冲砂方式。正冲砂工艺如图7-58所示。

(2)反冲砂是冲砂液由套管与冲砂管的环形空间进入,冲击沉沙,冲散的砂子与冲砂液混合后沿冲砂管内径上返至地面的冲砂方式。

(3)正反冲是采用正冲的方式冲散砂堵,并使其呈悬浮状态,然后改用反冲洗,将砂子带到地面的冲砂方式。

(4)冲管冲砂是采用小直径的管子下入油管中进行冲砂,清除砂堵的冲砂方式。

(5)气化液冲砂是当在油气层压力低或对漏失的井进行冲砂时,常规冲砂液无法构成正常循环,不能将冲散的砂子携带到地面,而采用泵出的冲砂液和压风机压出的气混合而成的混合液,通过其低密度降低液柱对井底的回压,从而形成循环的冲砂方式。

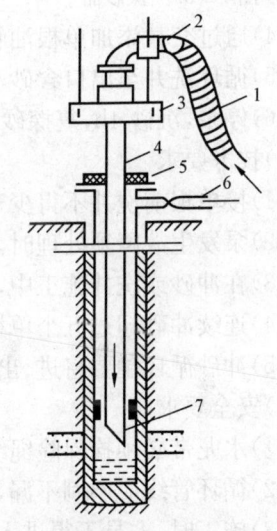

图7-58 正冲砂
1—水龙带;2—冲砂弯头;
3—吊卡;4—油管;5—防喷器;
6—套管出口;7—笔尖

(6)大排量联泵冲砂是在油层压力低或漏失严重的井进行冲砂施工时,将两台以上的泵联用,进行施工的冲砂方式。

3. 冲砂操作

本书以正冲砂为例进行介绍。

1)人员要求及准备工作

(1)本项目所需操作人员为7人。

(2)施工设备器材:修井机,循环设备(泵车),井控设备,油管(冲管),冲砂笔尖,水龙带,冲砂弯头,冲砂液,冲砂罐。

(3)劳保用品准备齐全,穿戴整齐。

2)操作步骤

(1)加深原井管柱或下入探砂管柱探砂面(图7-59),当探砂油管悬重下降10~20kN时为遇砂面。

(2)用水龙带将泵车与井内管柱连接(图7-60)。

(3)开泵正循环缓慢下放管柱冲砂(图7-61)。

图7-59 探砂面

图7-60 接水龙带

图7-61 冲砂

(4)通过交替添加单根油管冲砂至设计深度。

(5)循环洗井至出口含砂小于0.2‰为合格。

(6)停泵,沉砂4h,复探砂面合格为止。

3)技术要求

(1)接单根前洗井不得少于15min,换单根时间不大于3min,防止沉砂卡钻。

(2)泵发生故障须处理时,应上提管柱至原始砂面10m以上,并反复活动。

(3)在冲砂或洗井施工中,提升动力设备要连续运转不得熄火。

(4)连续冲砂超过五个单根后,洗井循环一周后方可继续下冲。

(5)冲砂循环罐要将进、出口隔离,砂量多时应及时清砂。

4)安全要求

(1)水龙带必须拴保险绳绑在大钩上,以免水击震动下卸扣坠落伤人。

(2)循环管线应不刺不漏,水龙带工作压力应与施工设计最高压力匹配。

(3)施工时,人员不得进入高压区域或穿越高压管线。

(4)修井液不得落地,洗井洗出的污油、污水等应集中处理。

(5)施工完毕后,应把经过沉降的修井液和砂子进行处理,达到环保要求。

### (六)通井和刮削

1. 通井

通井是用规定外径和长度的柱状规,下井直接检查套管内通径是否符合标准,以及其变形后所能通过的最大几何尺寸,为下步施工做准备。通井施工一般在射孔、转抽、下封隔器、注灰塞、套变井和大修井施工前进行。

通井常用的工具是通井规和铅模。对于裸眼井段可使用光管柱进行通井。通井规的最大外径应该小于井下套管柱中内径最小的套管内径6mm。控制下入速度防止卡钻。如果通井规通至设计深度前遇阻,应当起出后下入铅模进一步通井检查,以确定井下套管变形或落物情况。下铅模打印时要控制下管柱的速度,接近遇阻点时慢放轻压,加压30kN打印一次后即可起出管柱。

2. 刮削(套管刮削)

套管刮削是下入带有套管刮削器的管柱,刮削套管内壁,清除套管内壁上的水泥、硬蜡、盐垢及炮眼毛刺等杂物的作业。套管刮削的目的是使套管内壁光滑畅通，提高工具下入和作业的成功率（如封隔器的座封成功率等）。套管刮削是修井作业的一道重要工序。

下入刮削管柱要平稳，下至接近设计刮削井段时开泵循环，循环洗井正常后，一边顺管柱螺纹旋转方向转动管柱，一边缓慢下放管柱，然后再上提管柱反复多次刮削，直到管柱下放时悬重正常为止。用井筒容积1.2～1.5倍的修井液循环洗井，彻底清洁井筒。

### （七）找窜

油水井窜通的类型有两种：一种是地层窜通，指地层内部的层与层之间的窜通；另一种是管外窜通，指套管与水泥环或水泥环与井壁之间的窜通。修井作业处理的是管外窜通。

发生管外窜槽后，分层采油和注水以及分层改造措施无法实现，严重影响到油田的开采速度和最终采收率。通过测井和井下作业施工等方法，落实确定管外窜槽层位和井段以及窜通量的过程叫做找窜。找窜为下一步采取针对性的措施封堵窜槽井段提供依据。

#### 1. 找窜工艺

常用的找窜方法有以下三种。

1）声幅测井找窜

固井良好的井段，大量声波能被水泥与地层吸收，测得的曲线幅度为低值；固井质量不好的井段，声波不能被水泥与地层吸收或吸收很少，曲线幅度很高。其原理如图7-62所示。

但是，声幅测井有一定的局限性，它仅能反映固井第一界面（套管与水泥环）质量，而不能反应第二界面（水泥环与地层）情况，因此，用声幅测井解释固井质量好的井段，也存在着窜槽的可能性。

在声幅测井前，应用通井规通井至人工井底或欲测井段以下，彻底洗井，清洗套管内壁的结蜡。然后起出通井管柱，下入测井仪器测井。

2）同位素测井找窜

往地层内挤入含放射性的液体，然后测得放射性曲线，将其与油井的自然放射性曲线作比较，排除影响因素，根据伽马射线强度的增强来判定套管外是否窜通。

分析对比挤入含放射性的液体前后的放射性同位素测井曲线（图7-63），找出管外窜通位置。如果发现封隔器上部或下部层段的放射性强度有明显增加，则说明此处层间有窜通、窜槽现象。

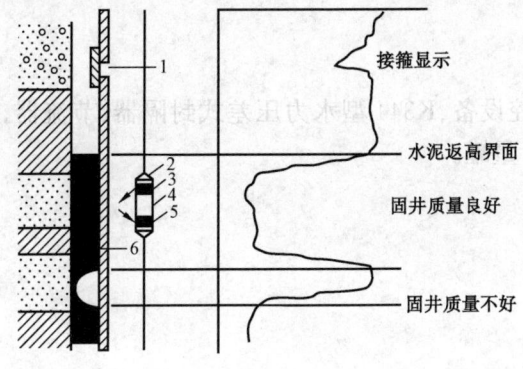

图7-62 声幅测井原理图
1—套管接箍；2—电子线路；3—声源；
4—隔声体；5—接收器；6—水泥环

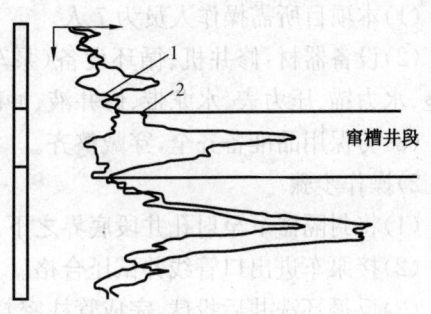

图7-63 放射性同位素测井曲线图
1—挤同位素前所测曲线；2—挤同位素后所测曲线

3)封隔器找窜

封隔器找窜是现场应用较广泛的一种方法,即使用封隔器下入欲测井段,用来封隔欲测井段与其他油层,然后根据所测资料来分析判断是否窜槽。该方法施工简单,找窜结果准确可靠,既能定性又能定量给出窜通层段的窜通量(压力、流量),为封窜提供设计依据。

目前现场常用水力压差式封隔器。根据找窜时使用封隔器的数目可分为单水力压差式封隔器找窜和双水力压差式封隔器找窜两种方法。单水力压差式封隔器找窜法适于在最下两层中找窜,而且下部层段无漏失情况;在多油层且下部层段又有漏失的情况下,用双水力压差式封隔器找窜效果较好。

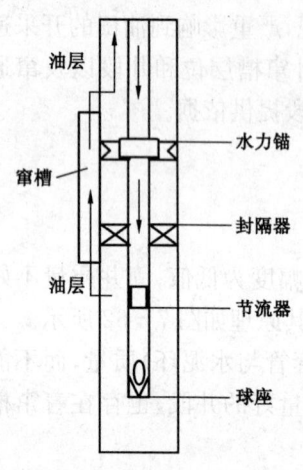

图7-64 单水力压差式封隔器找窜

(1)单水力压差式封隔器找窜。

将一级水力压差式封隔器(K344系列)下至找窜的两个层段夹层中部,封隔器下部连接节流器,最下部接球座。找窜时,从油管内注入高压液体,通过测量与观察来判断欲测层段是否窜槽,如图7-64所示。具体方法有以下两种:

① 套压法。套压法是采用观察套管压力的变化来分析判断欲测层段之间有无窜槽的方法。若套管压力随着油管压力的变化而变化,则说明封隔器上、下层段之间有窜槽;反之,若套管压力不随油管压力的变化而变化,则说明层间无窜槽。

② 套溢法。套溢法是指以观察套管溢流来判断层段之间有无窜槽的方法。具体测量时采用变换油管注入压力的方式,同时观察、计量套管流量的大小与变化情况,若套管溢流量随油管注入压力的变化而变化,则说明层段之间有窜槽;反之,则说明层段之间无窜槽。

(2)双水力压差式封隔器找窜。

双水力压差式封隔器找窜与单水力压差式封隔器找窜原理基本一致,其区别是双水力压差式封隔器找窜在节流器下面再接一级水力压差式封隔器。两级封隔器刚好卡在下部层位射孔段的两端,节流器正对着射孔井段。

2. 封隔器找窜操作

本书以单水力压差式为例进行介绍。

1)人员要求及准备工作

(1)本项目所需操作人员为7人。

(2)设备器材:修井机、循环设备(泵车)、井控设备、K344型水力压差式封隔器、节流器、球座、水力锚、压力表、水龙带、修井液、冲砂罐、计量罐。

(3)劳保用品准备齐全,穿戴整齐。

2)操作步骤

(1)将封隔器下至射孔井段底界之下。

(2)接泵车进出口管线并试压合格。

(3)反循环洗井后投球,完成管柱密封。

(4)油管内加液压验证管柱及封隔器的密封性是否合格。

(5)上提管柱调整深度,使封隔器卡点位于两个找窜油层之间的夹层内。

(6)启泵,观察记录套管压力或溢流量变化,判断两个油层之间是否窜槽。

(7)验封：将封隔器上提至射孔井段顶界以上，验证管柱及封隔器密封性合格，从而确认找窜数据的可靠性。

(8)起出找窜管柱，结束施工。

3）技术要求

(1)施工液体应无杂质，管线、计量罐清洁。

(2)施工前对油、套压力表要进行校验，保证压力表的准确度和灵敏度。

(3)下井管柱丈量准确，封隔器坐在需测井段夹层部位并避开套管接箍。

(4)不得将修井液或污染物注入地层、窜槽部位。

4）安全要求

(1)用单封隔器找窜时，要防止井口油管上顶。

(2)压力测试施工时，人员不得进入高压区域或穿越高压管线。

(3)循环管线应不刺不漏，水龙带工作压力应与施工设计最高压力匹配。

(4)如井口、管线刺漏，应停泵泄压后再行处理。严禁带压紧固。

## (八)封窜

油水井封堵窜槽的方法较多，按照封堵剂种类划分，主要有水泥封窜、补孔封窜、高强度复合堵水剂封窜等。

### 1. 水泥封窜技术

水泥封窜技术是在欲封堵层段挤入一定量的水泥浆，使之进入欲封堵层窜槽内，使水泥浆凝固来达到封堵窜槽的目的。由于水泥封窜工艺简单、成本低，是现场上广泛应用的一种方法。根据水泥浆进入地层的方式不同，水泥封窜又可分为循环法、挤入法、循环挤入法三种方法。循环挤入法是循环法和挤入法和结合，这里不再介绍，本书主要介绍循环法和挤入法。

1）循环法封窜

循环法封窜，是指将封堵用的水泥浆以循环的方式，在不憋压力的情况替入窜槽井段的窜槽孔缝内，使水泥浆在窜通孔缝内凝固，封堵窜槽井段。

2）挤入法封窜

挤入法封窜，是在憋有适当压力的情况下，将水泥浆挤入窜槽部位，以达到封窜的目的。该施工方法封窜比较可靠，能够封堵复杂的窜槽，但封窜过程中会有大量水泥浆进入油层，容易堵塞油流通道，污染油层。同时，挤入法封窜工艺较复杂，易造成井下事故。由于井况不同，挤入法封窜可分为封隔器封窜和油管封窜两种。

(1)封隔器封窜。

用封隔器封窜其管柱结构，自下而上由球座、节流器、水力压差式封隔器及油管组成。为避免或减少挤水泥时污染其他油层，封隔器下入位置应根据层段的不同而选择。

当窜槽以上油层较多时，采用由上向下挤水泥的方法，将下部射孔井段填砂掩埋，将封隔器坐在紧靠窜通层上部的夹层上，水泥浆自上而下挤入窜槽内，凝固后将窜槽封堵。

当窜槽以上油层较少时，采用自下而上挤水泥的方法。这种方法是先将下部射孔井段填砂，只露部分射孔井段。封堵时水泥浆由此往上返进入窜槽内，凝固后达到封堵窜槽的目的。

(2)油管封窜。

挤入填料水泥浆封堵窜槽的进口，可避免水泥浆反吐，达到封堵窜槽的目的。

### 2. 补孔封窜技术

补孔封窜工艺原理是，在相互窜通的未射开高含水层与邻近生产层之间，补射专门炮眼，在挤注高强度硬性堵剂充填水泥环窜通通道的基础上,再挤入高强度堵剂,从而达到彻底封堵未射的高渗透含水层,达到封窜的目的。该项技术适用于封堵夹层厚度较大的窜槽井。

### (九)注水泥塞

为了进行回采油层、找漏堵漏、找窜封窜及上部套管试压等工作,将在地面配制好的水泥浆注入井内,使其在井筒内某一段特定的位置凝固,形成坚固的水泥塞,实现井筒的阻断封隔,这是修井作业中常见的工作之一。该工序有其特殊性(在极短的时间内,连续完成相应的工序,不能出现任何失误,且施工中影响因素复杂),存在一定的技术难度和安全风险。所以要求必须计划缜密,施工迅速,严格执行施工设计。

1. 注水泥塞的设计原则

(1)水泥塞的厚度一般在10m以上。

(2)被封堵层的顶界到水泥塞底面的距离一般应大于5m。

(3)注水泥塞后井筒口袋深度应符合地质要求。

(4)封井时应注两个水泥塞,第一个水泥塞位于最上一个射开井段顶界以上50m左右,第二个水泥塞在油层套管水泥返深100m以下。

(5)水泥浆密度应为1.70~1.90g/cm³之间,常用的为1.85g/cm³。

(6)用非清水压井注水泥塞时,修井液前后均必须替入适量清水作隔离液,井深超过3500m的井必须采用优质性能的修井液。

(7)根据施工井深和井温等情况,选用相适应标号的油井水泥。

2. 注水泥塞方法

注水泥塞的方法有循环法、灌注法、挤注法、电缆注塞等。现场最常用的是循环法注水泥塞,其施工工序如图7-65所示。

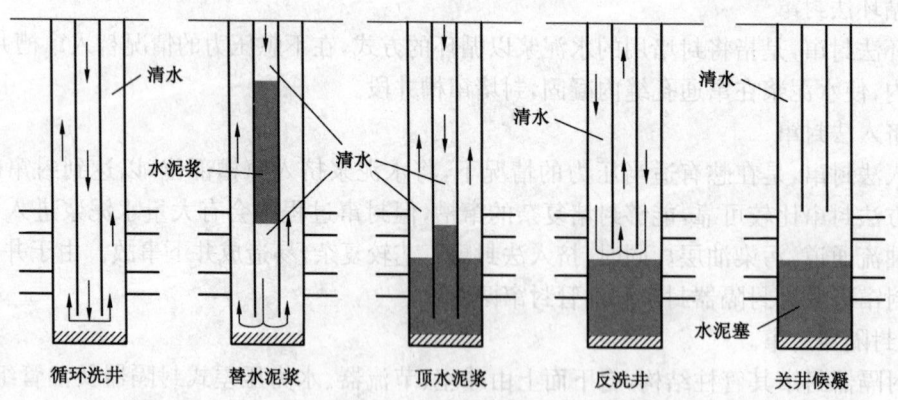

图7-65 循环法注水泥塞施工工序

3. 注水泥塞操作

本书以清水压井循环法为例进行介绍。

1)人员要求及准备工作

(1)本项目所需操作人员为7人。

(2)施工设备器材的准备。

① 修井机1台,400型泵车2台,8m³计量罐2个,1m³计量罐1个,1m钢板尺1个,计算器1个,液体密度计1个,氯离子化验设备一套。

② 备足符合要求的修井液(井筒容积的 1.5~2.0 倍)和足够的清水。
③ 根据施工井况选择油井水泥标号及添加剂类型用量。
(3)劳保用品准备齐全,穿戴整齐。
2)操作步骤
(1)井筒准备。
① 用合适的压井液进行压井,达到井筒液柱压力与地层压力相平衡。
② 进行通井、刮削,彻底清除套管壁上的污垢,保证灰塞胶结质量。
③ 对上部套管进行试压,确认套管无漏失。
④ 将注水泥塞管柱下至欲注灰塞底部,管柱尾部应为光油管。
(2)注水泥塞。
① 连接地面管线(包括备用设备管线),并进行试压至合格。
② 循环洗井进行脱气降温,至停泵后观察无井漏无溢流,井况稳定为止。
③ 配制施工用的水泥浆,搅拌均匀,密度合格。
④ 将配制出的水泥浆正替入井内。
⑤ 用计算出的顶替液量将水泥浆顶替到预定位置。
⑥ 上提管柱将深度完成在预计水泥面以上 1~2m 的位置。
⑦ 反洗出井内多余水泥浆。
(3)候凝。
① 上提管柱将深度完成于预计水泥面以上 100m 的位置。
② 装好井口采油树,井筒内灌满清水,关井候凝。
③ 候凝时间符合后,加深管柱探水泥塞面深度。
④ 连接泵车对水泥塞试压。
3)技术要求
(1)井筒内的液体要保持中性,矿化度不能太高。
(2)地层温度高于水泥适用温度时,水泥浆应做缓凝稠化试验。
(3)地层漏失严重时应先填砂或使用堵漏剂进行堵漏。
(4)注水泥塞管线必须按标准试压,试验压力为 25MPa,5min 不刺不漏。
(5)注水泥塞管柱必须丈量、计算准确,累计长度误差小于 0.2‰。
(6)管柱和井口装置要密封,保证在液体循环过程中不会"短路"。
(7)当井深小于 3000m 时,配水泥浆的清水中氯离子含量为 1000mg/L 以下,当井深超过 3000m 时,配水泥浆的清水中氯离子含量为 700mg/L 以下。
(8)水泥浆都不得超过上部油层的底界面,以防止污染堵塞上部油层。
(9)顶替液量必须计算、计量准确,防止注塞施工失败。
4)安全要求
(1)施工过程中要有专人指挥,专人计量。
(2)注塞施工现场应有备用循环设备,修井机保持正常运转。
(3)泵车发生故障不能泵送时,应立即上提管柱至安全高度。
(4)提升设备发生故障不能起下管柱时,应立即反洗出井内全部水泥浆。
(5)反洗井用液量不得小于管柱内容积的 1.5 倍。
(6)从配水泥浆到反洗井结束,时间要控制在水泥浆初凝时间的 70% 之内。

(7)探灰面时,加深管柱若未探着灰面,应将管柱上提至候凝深度以上。
(8)施工人员应配备防尘口罩、防护眼镜等保护用品,防止粉尘伤害。

### (十)钻水泥塞

1. 钻水泥塞的目的

为了回采、回注水泥塞下面的油层,必须将因封窜、堵漏、堵层、二次固井等施工留在井内的水泥塞钻掉,钻除的水泥碎屑由同时循环的修井液带出井筒,返出至地面。恢复井筒通畅,将之前被人为封闭的油气层暴露出来。

2. 钻水泥塞的分类

(1)转盘钻水泥塞。用钻杆携带钻头,用转盘旋转带动钻具钻水泥塞,一般为大修所使用。其特点是扭矩大、强度高、可靠性强,对于井下微小落物不用打捞亦可施工,对油井套管的完好程度无特殊要求,只要钻具能够下入井内即可施工,但劳动强度大,对套管磨损的可能性大。

(2)螺杆钻钻水泥塞。用油管携带螺杆钻具,用水力驱动钻具旋转钻水泥塞,一般为小修所使用。该方式操作简便、劳动强度低、对套管磨损小,但扭矩小、强度低,要求塞面无任何微小落物,对套管要求也高,对于通井有遇阻的井不能使用螺杆钻钻水泥塞。

3. 钻水泥塞的要求

(1)水泥车或钻井泵要保持足够的排量,确保井内杂物能被循环液带出井口。
(2)要根据井况选择合适的钻压。
(3)所钻的灰塞下面为高压层时,应有防喷防顶措施。
(4)钻进过程中要反复划眼。
(5)接单根之前应充分循环防止钻屑卡钻。
(6)钻穿水泥塞至设计深度后,用通井规或刮削器通井,并彻底洗出井内钻屑。

## 二、常见修井工艺

### (一)检泵

1. 检泵的原因

机械采油井在生产过程中,会受到砂、蜡、气、水、偏磨及各种腐蚀介质的影响,使抽油泵失效、抽油杆柱断脱、砂卡、蜡卡,油管柱偏磨、腐蚀穿孔、断脱落井、螺纹漏失等,都会造成油井停产。管式泵、杆式泵、螺杆泵、潜油电泵、水力活塞泵等由于工艺结构特点的差异,出现故障的现象和原因各不相同,检泵的内容不完全相同。另外,由于需要调整生产参数(如改变泵径、加深或上提泵挂等),一般把这种调整生产参数或消除故障而进行的作业称为检泵,是油水井日常维护作业的主要内容。

2. 检泵的主要内容

检泵的主要工作内容是起出井下的管杆和抽油泵以及配套工具,检查确定油井生产异常的原因。如果是管、杆或泵及工具的原因,则更换后下入井内恢复生产。如排除上述原因,则需要进一步进行其他的施工对油井进行检测,查找原因并制定相应的技术措施。

3. 检泵作业操作

本书以管式泵为例进行介绍。

1)人员要求及准备工作

(1)本项目所需操作人员为5人。

(2)施工设备器材的准备：修井机 1 台，井控装置一套，油管吊卡一套，抽油杆吊卡一套，油管液压钳 1 台，抽油杆液压钳 1 台，小滑车一个，油管内径规 1 个。

(3)劳保用品准备齐全，穿戴整齐。

2)操作步骤

(1)洗井、压井。

(2)起出原井光杆、抽油杆、活塞。

(3)拆井口，安装防喷器。

(4)起出油管、抽油泵，落实检泵原因，如图 7－66 所示。

(5)刺洗、通径、丈量、组配管柱。

(6)下完井管柱及泵。

(7)对管柱进行试压。

(8)拆防喷器，安装井口。

(9)下抽油杆、活塞，如图 7－67 所示。

(10)试抽憋压合格，挂悬绳器开抽，如图 7－68 所示。

图 7－66　起油管

图 7－67　下抽油杆

图 7－68　挂悬绳器

3)技术要求

(1)下井管柱准确，做到"三丈量、三对口"，累计误差不超过 0.2‰。

(2)油管用标准内径规通过，剔除弯曲变形、丝扣损伤、有裂痕和孔洞者。

(3)下井管柱必须涂抹丝扣油，按规定扭矩上紧。

(4)入井液必须与地层配伍且质量性能达到要求，防止污染油层。

(5)抽油泵下井前后均要按标准进行试抽检验，合格后方可下井和完井。

4)安全要求

(1)绷绳地锚符合要求，指重计灵敏准确。

(2)吊卡销子拴保险绳，闭锁环销灵活可靠。

(3)液压钳安全门合格，防止伤人。

(4)平稳操作，防止顿钻、溜钻、挂单吊环。

## (二)注水井配注

注水的目的是提高或保持地层压力，保持地层能量，提高最终采收率。注水是保持油井长期高产稳产的一项重要措施。由于不同性质的油层吸水能力和启动压力有很大差别，采用多层段笼统注水，将使高渗透层与低渗透层之间出现层间干扰。注水要求是分层定量注水，在注水井通过细分层段实行分层配注，有利于减少层间干扰，解决层间和平面矛盾，改善吸水剖面，

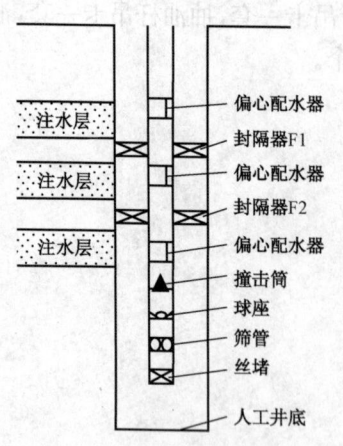

图7-69 偏心式分层配注管柱

提高驱油效率,以便合理控制油井含水率和油田综合含水上升速度,提高油田开发效果。偏心式分层配注管柱如图7-69所示。

1. 配注原理

同井分层配水,就是在同一口注水井中,利用封隔器将多油层分隔为若干层段,使之在加强中、低渗透率油层注水的同时,通过调整井下配水器水嘴的节流损失,降低注水压差,对高渗透率油层进行控制注水,以此调节不同渗透率油层吸水量的差异。

2. 配注施工

在注水井进行分层配注前,要进行探砂面、冲砂、探人工井底、通井、刮削、查管外窜槽等施工。核实井筒技术状况良好后,按照地质方案要求,选择适合的井下工具,组配并下入分层注水管柱。

生产中由于地质方面的需要,改变了原来的配注方案,配注量和封隔器位置都要求改变时,叫做注水井的调整,需要进行作业施工。井下工具损坏或失灵后,不能进行正常注水时,也要动管柱作业,起出井下工具检查并更换。

(三)注水井调剖

对于注水开发的油田,由于油层的非均质性,大量的注入水沿高渗透层(或高渗透条带)突进,致使注入井的吸水剖面很不均匀,且其不均匀性随注水时间的推移而加剧。对于注水井,采用分层注水及分层改造低渗透层是改变吸水剖面不均匀的重要措施,但对于隔层薄、套管变形、层段内无法细分的井却无法解决。为了调整注水井的吸水剖面,提高注入水的波及系数,改善水驱效果,向地层中的高渗透层注入堵剂,堵剂凝固或膨胀后,降低高渗透层的渗透率,迫使注入水增加对低含水部位的驱油作用,这种工艺措施称为注水井调剖。

1. 调剖剂的类型

随着油田化学技术的不断发展,化学调剖剂种类不断增加,其作用效果也越来越好。根据不同调剖剂的施工方法,化学调剖剂可以分成单液法调剖剂和双液法调剖剂。

根据调剖剂的调剖作用机理,可将化学调剖剂分成下列七种类型:粒状调剖剂、沉淀型调剖剂、冻胶型调剖剂、树脂型调剖剂、泡沫类调剖剂、微生物类调剖剂、深度调剖剂。

2. 调剖施工

(1)前期准备。起出注水管柱→冲砂→通井→刮削→下入调剖管柱→安装井口→反洗井→正注水2~4d→测取注水指标曲线、压降曲线和吸水启动压力→计算调剖层的吸水指数。

(2)调剖。摆放设备和车辆→连接管线→设备试运转及管汇试压→配制调剖剂→挤注施工→试挤,确定调剖剂挤注压力和排量→挤入调剖剂→挤入顶替液→关井候凝。

(3)投注。反洗井→正注水3~7d→观察调剖层调剖后的注水状况→起出施工管柱→下入分层注水管柱→分层配注。

(四)油井堵水

在油田进入高含水后期开发阶段,由于窜槽、注入水突进或其他原因,使一些油井过早见水或遭水淹。为了消除或减少水淹造成的危害,所采取的一系列封堵出水层的井下工艺措施统称为油井堵水。

1. 堵水目的和方式

油井堵水的目的是控制产水层中水的流动和改变水驱油中水的流动方向,提高水驱油效率,使油田的产水量在某一时间内下降或稳定,以保持油田增产或稳产,最终提高油田采收率。油井堵水主要有机械卡堵水和化学堵水两种方法。

1) 机械卡堵水

机械卡堵水是使用封隔器及其配套的控制工具来封堵高含水层,阻止水流入井内。适用于多油层开采时,暂时封堵高含水层,而生产低含水层的油井,并且被封堵的油层在条件许可时解封后可继续采油。

机械卡堵水一般有四种方式——封上采下、封下采上、封上下采中间、封中间采上下。机械卡堵水按管柱结构大致分为整体式堵水管柱和丢手式堵水管柱两类。

(1) 整体式堵水管柱(图7—70)与生产管柱合为一体,其下部为堵水管柱,上部为泵采管柱。主要由 Y111 型封隔器和管柱支撑工具——支撑卡瓦、Y211 或 Y221 型封隔器组成。

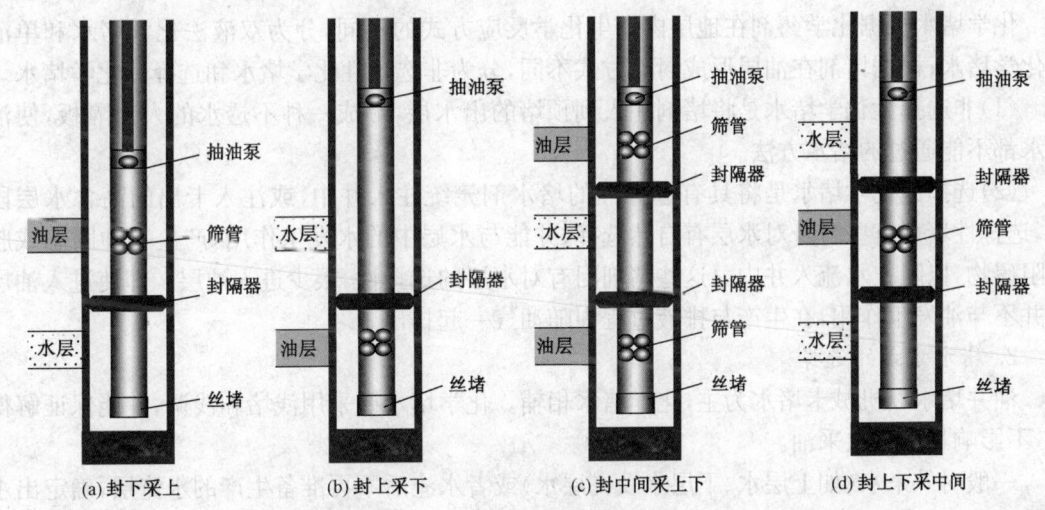

图7—70 整体式堵水管柱

(2) 丢手式堵水管柱(图7—71)与生产管柱脱开,堵水管柱通过水力坐封后,由双向卡瓦封隔器悬挂在井筒中,封堵高含水层。常由丢手接头、Y441—114 型封隔器、Y341—114 型封隔器、偏心配产器和丝堵或管鞋组成。封中间采上下和封上采下可用同一种管柱结构。

(3) 整体式和丢手式堵水管柱的选择。在找堵水时最好使用生产管柱带封堵水管柱,因为该工艺相对于另两种堵水工艺的施工周期短,投资少,见效快。但是如果由于泵或封隔器有一项出现故障,便可能造成检泵换封作业,所以在地质认识比较清楚的情况下,还是使用丢手式堵水管柱。因为丢手式堵水管柱不受生产时管柱蠕动影响,封隔器不易失效,而且管柱不受压或者拉伸,可以减少油管杆偏磨和疲劳,延长检泵周期。

2) 化学堵水

化学堵水是向高渗透出水层段注入化学药剂,药剂在地层孔隙中凝固或膨胀后降低近井地带的水相渗透率,减少油井高含水层的出水量,达到堵水的目的。

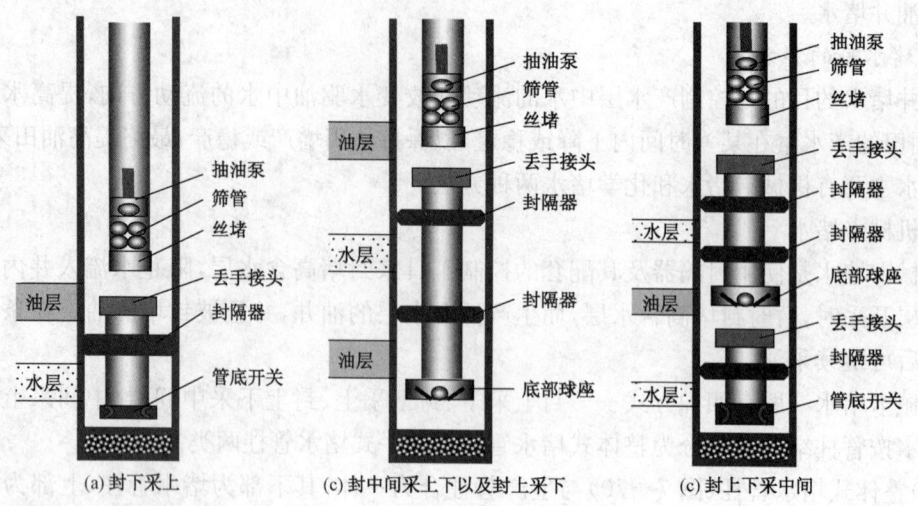

图 7-71 丢手式堵水管柱

化学堵水根据化学药剂在地层内发生化学反应方式的不同,分为双液法化学堵水和单液法化学堵水;根据堵剂在油层形成封堵方式不同,分为非选择性化学堵水和选择性化学堵水。

(1)非选择性化学堵水是将堵剂注入到预堵的出水层,形成一种不透水的人工隔板,使油气水都不能通过的堵水方法。

(2)选择性化学堵水是将具有选择性的堵水剂笼统注入井中,或注入卡出的高含水层段中,选择性堵剂有些自身对水层有自然选择,并能与水层中的水发生作用,产生一种固态或胶态阻碍物,以阻止水流入井内。这些堵剂因有对水层的选择性,很少进入油层。即使进入油层也并不与油发生作用,在生产与排液过程中随油气一起排出。

2. 堵水方式的选择

油井堵水以机械卡堵水为主,化学堵水相辅。化学堵水要采用浅堵和浅调,并能保证解得开,不影响将来三次采油。

一般对外来水(如上层水、下层水及夹层水)或者水淹后不再准备生产的水淹层,确定出水层位后,多采用注水泥塞或用封隔器将油水层分开,然后向出水层位挤入非选择性堵剂,封堵出水层。不能将油水层封堵隔开时,多采用具有一定选择性的堵剂进行封堵,如对于边水和注入水普遍采用选择性堵剂堵水。为控制个别水淹层的含水,消除合采时的层间干扰,多采用封隔器暂时封堵高含水层。

3. 油井堵水施工

(1)机械卡堵水施工工序:洗井→起出原井管柱→冲砂→通井→刮削→验窜→下堵水管柱→磁性定位校深→释放封隔器→将封隔器丢手→起出丢手管柱→下泵恢复生产。

(2)化学堵水施工工序:洗井→起出原井管柱→冲砂→通井→刮削→下入分层堵水管柱→坐封→验封→试挤→挤注堵剂(含顶替液)→关井→解封起出分层堵水管柱→下泵恢复生产。

(五)油井防砂

油井出砂是油气藏开发过程中长期面临的难题之一,它导致了原油采出难度加大,破坏生产设备,严重影响着采油系统的正常生产。因此,油井的防砂技术越来越受到重视。最佳的防砂方法是在没有出砂的情况下进行防治。

按照防砂的原理可以将防砂方法分为砂拱防砂、机械防砂、化学防砂、复合防砂四类。最常用的防砂方法为机械防砂中的井筒防砂和充填防砂以及化学防砂三种,如图7-72所示。

1. 机械防砂

机械防砂就其采取的措施方法不同分为井筒防砂和充填防砂两大类。

1) 井筒防砂

在油井出砂量不高时,生产管柱或井筒内封隔管柱采用简单的防砂装置(如防砂泵、绕丝筛管、割缝筛管、各种预制滤砂器、旋流沉砂器等),防止砂粒进入生产管柱及地面,从而起到短期防砂作用的方法叫井筒防砂。其优点

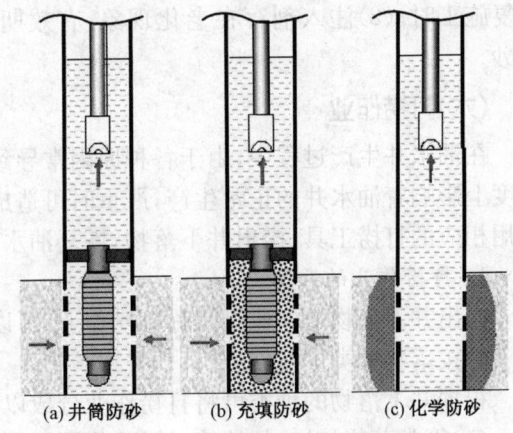

图7-72 常用的三种防砂方法

是施工简单方便,成本低;缺点是无法阻止地层砂进入井筒,仅将砂防在了井筒内,在短期内起到了减少泵卡及砂对设备的破坏,但时间一长仍然会堵塞油层,甚至砂埋管柱。并且只适用于中粗砂岩地层(砂粒直径大于0.1mm)。

2) 充填防砂

砾石充填防砂是应用最早,也是应用最广泛的机械防砂方法。目前被认为是防砂效果最好的防砂方法之一。按照完井方法不同又可分为两种——用于裸眼完井的裸眼井砾石充填和用于射孔完井的套管井管内砾石充填。

砾石充填防砂就是将绕丝筛管(或其他滤砂管)下入出砂井内,用筛选的砾石充填于筛管和井壁之间的环空及近井周围地层,阻挡地层砂运移。而滤砂管又起着支撑砾石层,阻挡砾石进入井筒的作用,形成两级滤砂体系。油层中砂粒被阻挡于砾石层之外,通过自然选择堆积在砾石层外形成一个由粗到细的砂拱,既有良好的流通能力,又能有效阻止油层出砂。管内砾石充填施工常与大直径高孔密射孔技术相结合,以提高成功率。

该防砂方法的优点是:(1)防砂强度高,有效期长,而且相对稳定;(2)适应范围广,无论产层薄厚、渗透率高低、夹层多少均可采用。对细、中、粗砂岩,直井、定向井、热采井均可应用,(3)防砂成功率高,基于多级过滤,工艺方式多;(4)产能损失相对较小,产能损失可降至10%。缺点是:(1)不适应于细粉砂地层和高压地层防砂;(2)不适用于套管直径小于127mm的井;(3)不适用于多层系油藏采油井、注水井;(4)不适用于细粉砂岩储层(砂粒直径小于0.07mm)的生产井。

2. 化学防砂

化学防砂是向地层挤入一定量的化学剂充填于地层孔隙中,以达到充填和固结地层,提高地层强度的目的。化学防砂一般分为人工胶结地层和人造井壁两种防砂方法。人工胶结地层是向地层注入各类树脂或各种化学固砂剂,直接将地层固结。它对疏松油层出砂特别适用;人造井壁是把具有特殊性能的水泥、树脂、预涂层砾石、水带干灰砂或化学剂挤入井筒周围地层中。这些物质凝固后形成一层既坚固又有一定渗透性和强度的人工井壁,达到防止油层出砂的目的。此法对由于出砂造成套管外油层部位坍塌所造成的亏空井防砂比较适宜。

化学防砂的主要优点是:(1)施工简便,只需泵入化学剂即可,井下不留任何装置,如果防砂失败,容易进行补救措施;(2)它对细粉砂岩尤为有效;(3)对未严重出砂的地层和低含水油井成功率较高,并可用于异常高压井层的防砂。缺点是:(1)对地层渗透率有一定伤害,特别是

重复施工时;(2)注入剂存在老化现象,有效期较短,成功率不如机械防砂,不适用于裸眼井防砂。

### (六)打捞作业

在油水井生产过程中,由于各种原因常导致井下落物和井下工具遇卡。井下落物在很大程度上影响着油水井的正常生产,严重时可造成停产。因此,需要针对不同类型的井下落物,选用相应的打捞工具,捞出井下落物,恢复油水井正常生产。

1. 打捞作业的分类

捞出井下落物的作业过程称打捞作业,可以从不同角度对打捞作业的性质进行分类。

1)按落物种类进行划分

根据井下落物的种类可将打捞作业分成以下四类:

(1)管类落物打捞,如油管、钻杆、封隔器、井下工具等。

(2)杆类落物打捞,如(断脱的)抽油杆、测试仪器、加重杆等。

(3)绳类落物打捞,如录井钢丝、电缆、钢丝绳等。

(4)小件落物打捞,如螺栓、钳牙、钢球、牙轮等。

2)按打捞作业的难易程度划分

这是现场上按照工程处理难易程度进行分类的一种方法,分为简单打捞和复杂打捞两种。这种划分方法便于施工准备和制定施工措施。

(1)简单打捞的划分界限。在采油、注水、修井过程中掉入或卡断在井内的落物,没有卡钻遇阻等复杂情况,一般作业队的小修设备及技术力量,用简单提拉、震击解卡可以解决,并且不需要采用转盘倒扣、套铣、磨铣等工艺的作业,均属于简单打捞。

(2)复杂打捞的划分界限。凡掉入井内或卡在井内的各类落物,一般作业队设备及技术力量无法处理,须使用倒扣、套铣、钻磨、切割及爆炸措施处理才能恢复正常生产的作业。通常由大修队进行施工。

2. 打捞施工

首先应该了解以下几点情况:

(1)该井的井况,包括井身结构、钻井、完井和套管内径等资料。

(2)调查形成落物原因和有无早期落物,分析落物井下状态及有无砂埋等情况。

(3)在落物井下状态不清楚的情况下,应下铅模打印。

(4)井内管柱状态和结构、井中各层的生产状况,主要包括出砂情况、漏失情况、油气层压力情况等。

其次是对落物原因、遇卡原因、落物在井内状况等有一定的分析和判断,初步确定遇卡原因或井内落物的状态,通过分析、讨论,产生一套完整、切实可行的处理方案。

在设计打捞管柱方案时,应尽量选用标准、现成的打捞工具组合,减少准备工具的周期。另一方面就是整个打捞管柱的安全性,即在打捞失败后或解卡不成,整个打捞管柱的可退性问题,这样可避免事故的复杂性。

## 三、其他修井工艺

### (一)连续油管作业

连续油管是用低碳合金钢制作的管材,有很好的绕性,一卷连续油管长达几千米。连续油管可以代替常规油管进行很多作业,具有带压作业、连续起下的特点。

连续油作业与常规油管作业相比，有以下优点：(1)自成一体的设备，无需钻机的支持；(2)节省作业时间和费用；(3)无需压井；(4)可以不间断地循环泵入液体；(5)减低地层污染和提高作业安全性；(6)适用于正在生产的油气井（无压井液进入地层）。连续油管作业如图7-73所示。

连续油管作业已涉及钻井、完井、试油、采油、修井和集输等多个作业领域。它可以进行洗井、冲砂、气举、酸化、压裂、打捞、磨铣、砾石充填、封层（注水泥，架桥塞）、定向钻井、二次完井等多种作业。连续油管已成为油田作业中运送井下工具和水平井测井不可多得的理想工具。连续油管作业机现场作业如图7-74所示。

2011年初，全世界约有1880台连续油管作业机，其中在中国国内有61台。国内连续油管作业机主要应用于以下几方面：冲砂、洗井、钻桥塞、气举、注液氮、清蜡、排液、挤酸和配合测试。用得比较多的是冲砂堵、气举排液和清蜡，占作业量的95%以上。

### (二)带压作业

在我国以往的油气层保护技术中，大都从优化压井液或井筒液方面来尽量减少对油气层的损害，没有一种真正意义上的油气层保护技术。但带压作业技术为此提供了可能。

图7-73 连续油管作业

图7-74 连续油管作业机现场作业示意图

带压作业是在井筒带压环境中，使用特殊设备起下管柱的一种作业方法。油气井不用压井液压井，水井不用放喷泄压，在井口自封防喷器的控制下强行起下管柱。目前这项技术在北美和中东重大油气产区应用较多，为油公司带来了巨大的社会和经济效益。带压作业设备如图7-75所示。

1. 带压作业的优点

带压作业可以保护和维持地层的原始产能，减少酸化和压裂等增产措施的次数，为油气田的长期开发和稳定生产提供良好的基础。特别对于气井和注水井可产生明显的效益。

图7-75 带压作业设备

(1)气井。因为气井的压井作业会造成严重的地层污染，从而使气井产能损失20%以上，有的气井可能因压井而无法复产。但是带压作业技术可以避免任何压井液进入地层，从而真正解决气层保护问题，最大限度地保护产能，延长采收期。

(2)注水井。作业前不需要停注放压,免去常规作业所需压井液及地面设备的投入,省去了排压井液的费用,无污染,保护了环境。与常规作业相比大大缩短了修井作业的时间,避免影响注水井周围受益井的正常生产。大面积应用将会大幅提高注水区块的采收率,为注水工程的顺利实施提供了有力的技术保证。

经过四十多年的发展,目前国外带压作业范围已经涉及以下作业:欠平衡钻井、小井眼钻井、侧钻、带压起下管柱、带压钻水泥塞或桥塞及砂堵、酸化、压裂、打捞和磨铣、挤水泥、打桥塞和报废井作业、带压情况下对故障井口和阀门的更换等。

目前带压设备在国外已比较成熟,广泛应用于陆地和海洋,分为独立式和组合式两种,如图7-76和图7-77所示。

### 2. 带压作业的程序

(1)通过钢丝作业封堵油管内腔,坐封后的钢丝桥塞控制油管内流体的喷出。
(2)拆除采油树,安装井口防喷器组,防喷器组上面安装带压作业设备。
(3)利用防喷器组控制油套环形空间的压力。
(4)液压举升机构和卡瓦组控制管柱,实现带压起下。
(5)当井内压力的上顶力小于管柱自重时,用修井机的提升系统按常规模式起下管柱。
(6)当井内压力的上顶力大于管柱自重时,用带压作业设备的举升系统控制管柱,强行进行管柱的起出和下入。

带压作业井口装置(图7-78)尺寸庞大,操作控制系统复杂,密封原件寿命短,设备价格昂贵,一定程度上限制了其在国内的应用范围。

图7-76 独立式带压作业

图7-77 组合式带压作业

图7-78 带压作业井口装置

# 思 考 题

### 一、理论题

7-1 简述井下作业的主要任务有哪些。
7-2 简述井下作业常用的主要设备和工具类型有哪些。
7-3 简述封隔器的作用。
7-4 简述打捞工具是如何分类的。
7-5 简述铅模的工作原理是什么。

7—6 简述常用的压井方法及其适用范围。

7—7 简述油水井为什么要冲砂。

7—8 简述检泵的原因主要有哪些。

7—9 简述油井堵水目的和方式。

7—10 简述机械卡堵水有哪些方式和类型。

二、操作题

7—1 了解本章的操作项目。

7—2 简述管柱组配的程序,并写出机械采油井管柱部件组配的具体顺序。

7—3 某井检泵需要调配压井液密度,测得油层中部压力为 8.3MPa,油层中部深度为 854m。请按计算值选择压井液类型。(已知:水基泥浆密度 $1.5\sim2g/cm^3$,盐水密度 $1.0\sim1.2g/cm^3$、清水密度 $1g/cm^3$。)

# 第八章 天然气开采

## 第一节 采气井井口装置

### 一、采气井井口装置组成及作用

采气井井口装置主要由套管头、油管头和采气树三部分组成。其作用是：(1)控制和调节气井的产量、保护下游设施及人员安全；(2)录取气井的动态资料；(3)悬挂井下管柱、密封和控制套管环形空间；(4)提供井下作业的通道。采气井井口装置如图8—1所示。

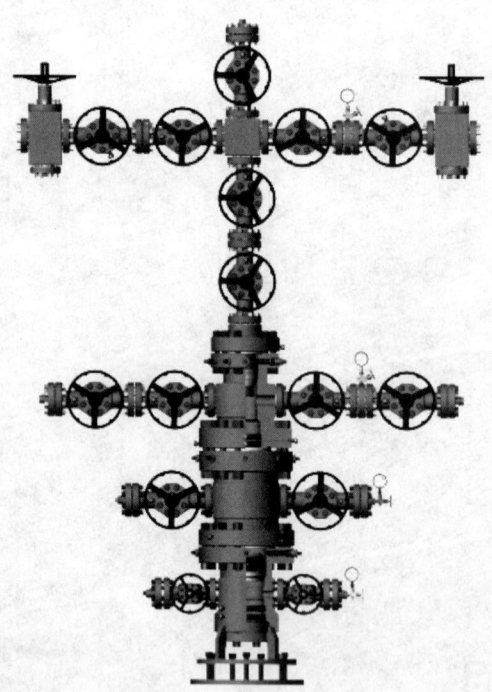

图8—1 采气井井口装置

井口装置型号表示方法如图8—2所示。

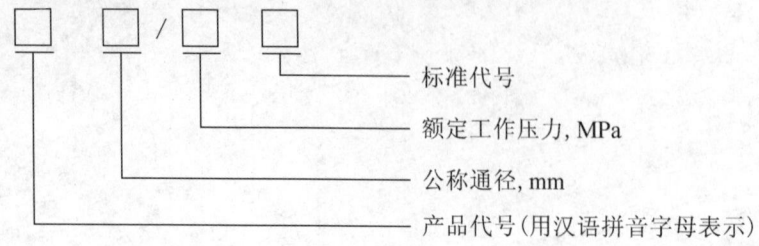

图8—2 井口装置型号表示方法

例如：KQ78/65—70 GB/T 22513—2013，即 KQ 为抗硫采气井口；公称通径为 78mm，旁通径为 65mm，额定工作压力为 70MPa，采用 GB/T 22513—2013。

井口装置按工作压力分为：14MPa、21MPa、35MPa、70MPa、105MPa、140MPa 6 个压力级别。不同压力级别可以适用于不同井况。

### (一)套管头

1. 套管头结构及作用

套管头属井口装置的基础部分。套管头主要由套管头壳体(本体)和套管悬挂总成等组成。套管头的功能：(1)固定井下套管柱，并承载套管的重量；(2)可靠地密封各层套管空间；(3)钻进时，套管头上可装防喷器等设备确保井口的安全和预防突发事件的发生，还可以送入专用的试压塞对钻井设备部分进行试压检验。

2. 套管头种类

套管头根据套管悬挂器的形式不同可以分为卡瓦式套管头和心轴式套管头，如图 8-3、图 8-4 所示。

图 8-3 卡瓦式套管头

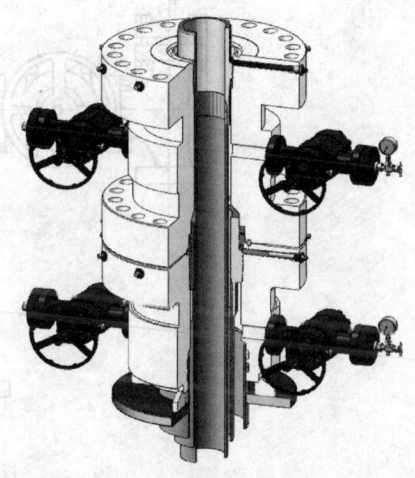

图 8-4 心轴式套管头

(1)卡瓦式套管头：在套管头内，用楔形件夹持套管并悬挂套管柱的一种机构。

(2)心轴式套管头：在套管头内，用内、外螺纹连接套管并悬挂套管柱的一种机构。

### (二)油管头

在钻穿油气层前，将油管头装在最上层的套管头上，再与防喷器连接。在完钻以后，利用它悬挂油管柱，密封油管与生产套管之间的环形空间，并可以进行各种工艺作业。油管头由油管四通和一个悬挂封隔机构(油管挂)、平板阀等组成，根据采油(气)工艺的需要，它既可悬挂单根油管柱，也可悬挂多根油管柱。

图 8-5 所示为金属密封的油管头，内部为金属密封和橡胶密封相结合的套管密封装置。

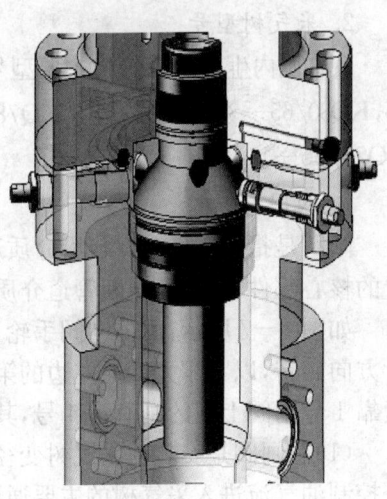

图 8-5 油管头

### (三) 采气树

**1. 采气树结构及其作用**

采气树(图 8-6)主要由阀门(包括闸阀和针形节流阀)、大小头、小四通或三通、采气树帽、油管头变径法兰、缓冲器、截止阀(阀门)和压力表等组成。它安装在油管头的上面,其作用是控制和调节气井的流量和井口压力,并把气流诱导到井口的出气管线,在必要时可以用它来关闭井口。

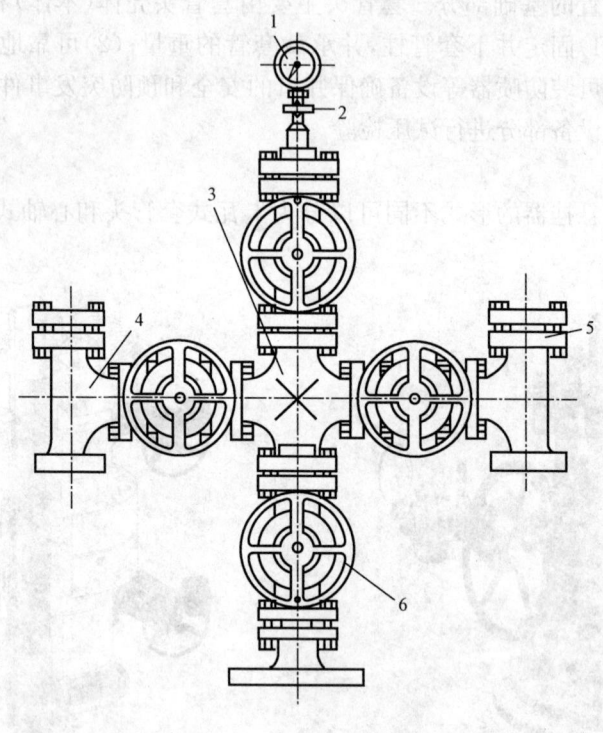

图 8-6 采气树
1—压力表;2—截止阀;3—四通;4、5—节流阀;6—闸阀

**2. 采气树型号**

现在国内生产的采气树主要型号有 KQ65/52—14,KQ80/65—14,KQ65/52—21,KQ65/52—35,KQ80/65—35,KQ65—70,KQ78/65—70,KQ65—105,KQ78/65—105,KQ103/65—105、KQ78/65—140 等。

**3. 阀门**

闸阀是指关闭件(闸板)沿介质通道中心线的垂直方向运动的阀门,闸阀作为采气井口装置的核心部件,开启和截断管道介质。闸阀用于截断井内流体,但不能用于调节流体流量。

如图 8-7 所示,面向闸阀手轮,以大四通垂直方向上的第一个闸阀号为 1 号,然后按反时针方向旋转,以紧靠大四通左边的第一个闸阀为 2 号,紧靠大四通右边的第一个闸阀为 3 号,紧靠 1 号闸阀上边的闸阀为 4 号,其余则以此类推。

(1)总闸阀是安装在采气树变径法兰和小四通之间的阀门,1 号主阀和 4 号主阀。总闸阀是控制油气流进入采气树的主要通道。因此,在正常生产情况下,它都是开着的,只有在需要长期关井或其他特殊情况下才关闭总闸阀。

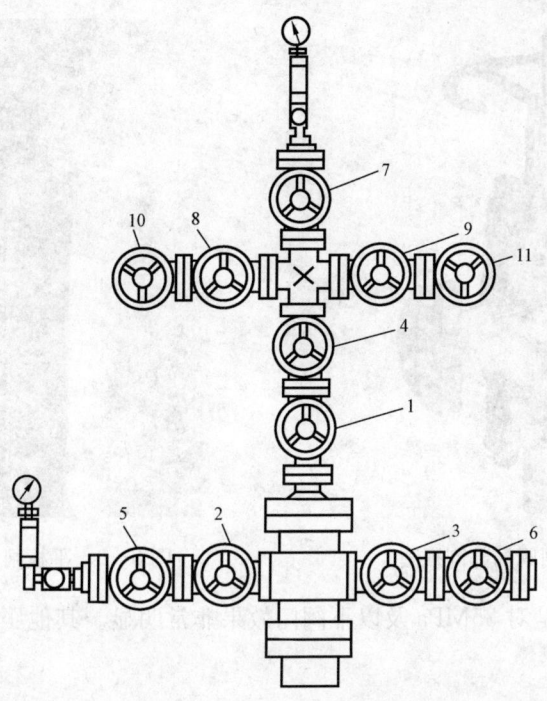

图 8-7 采气树阀门编号

1—1 号总闸阀;2—套管左翼 1 号闸阀;3—套管右翼 1 号闸阀;4—2 号总闸阀;
5—套管左翼 2 号闸阀;6—套管右翼 2 号闸阀;7—测压闸阀;8—油管左翼 1 号闸阀;
9—油管右翼 1 号闸阀;10—左翼角式节流阀;11—右翼角式节流阀

(2)生产闸阀位于总闸阀的上方,油管小四通的两侧(双翼采气树)。生产井井口开关一般通过生产闸阀的开关来实现。

(3)清蜡闸阀是装在采气树最上端的一个闸阀,它的上端一般安装缓冲器和压力表用于观测油压。在需要井下作业时,可以安装防喷管。气井生产后期还可以在清蜡闸阀上端安装固体泡排剂投注设置,该装置可以向井筒内投注固体泡排剂进行排水采气。作业完成后要恢复为油压取压装置以正常观测油压。

采气井口装置用的闸阀具有操作轻便、密封可靠、通道圆整、流动阻力小、使用寿命长、结构简单紧凑、制造工艺性好,成本低等特点。闸阀还可满足介质双向流动,并在全开或全关状态时,关闭件受介质的冲蚀作用小。

平板闸阀(图 8-8,图 8-9)是一种特殊的闸阀,它主要用在石油天然气钻井和完井的井控设备配套上,起连通或切断油气通道的作用。它由执行机构、阀杆、阀板、阀座、阀盖以及阀体总成等组成。

平板闸阀密封原理:当密封表面间的间隙小于介质分子直径时,才能保证介质不渗漏。分析表明,防止流体渗漏的间隙值应小至 $0.003\ \mu m$。但是,即使是经过精细研磨的金属表面上的凸峰高度仍超过 $0.1\ \mu m$,即比水分子直径要大 30 倍。为了保证流体的密封性,必须在密封面间有一个相互作用的力,产生一定的比压。

对于阀板与阀座之间的密封,是靠它们之间的密封润滑脂所形成的一层薄薄的油膜,填满阀板和阀座上的凹谷,在压力的作用下形成了所需要的密封比压来实现密封的。

采气井口装置上的平板闸阀的阀体、阀盖采用双面金属密封垫环密封。35MPa 及以下近似采用 R 型钢圈,70MPa 及以上近似采用 BX 型钢圈,阀盖钢圈之间泄漏可以通过对称上紧

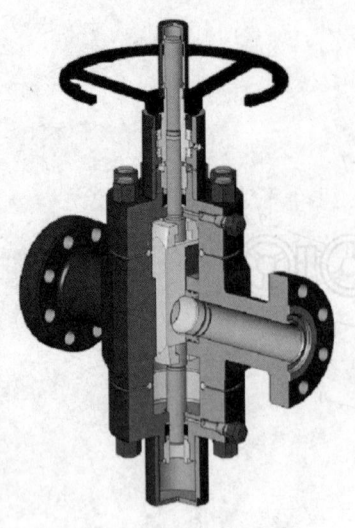
图8-8 平板闸阀局部剖视图

图8-9 平板闸阀实物局部剖视图

中法兰螺栓解决,尤其是对35MPa及以下阀门效果非常明显。其他压力级别的井口也可以起到辅助密封的效果。

4. 节流阀

节流阀主要用作节流降压和粗调流量。角式节流阀由阀体、阀针、阀座、阀杆、阀盖、传动机构等主要部件组成。阀杆是明杆结构,直接显示开关状态和开关的圈数。

当传动机构转动时,阀杆及与阀杆相连的阀针作上下运动,离开或坐入阀座上,从而接通或截断节流阀两端的气流。调节流量和压力,只需调节节流阀的阀针与阀座之间的间隙大小,阀针与阀座之间的间隙发生变化,气流的流通面积也发生变化,从而起到调节流量和压力的作用。

节流阀是控制自喷井产量的部件,有可调式和固定式两种。它们均有控制流体流量的限流孔或节流孔。可调式针形节流阀有一个从外面控制节流面积的孔和相应的指示机构,可以观察节流阀调节流量的开度指示。可调式节流阀和固定式节流阀的流向是旁进直出,不宜反向使用。

针形节流阀(图8-10、图8-11)在控制井内油气流的压力和流动方向上起关键的作用,绝对不允许当作截止阀使用。流量调节后,必须旋紧并帽,图8-7中采气树的10号和11号是针形节流阀。

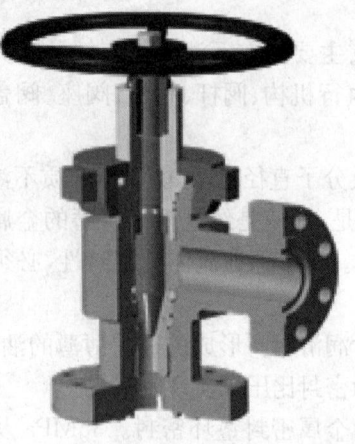
图8-10 针形节流阀局部剖视图

图8-11 针形节流阀实物图

5. 截止阀和压力表

截止阀(图 8-12)用于控制和更换压力表,更换压力表时,先将本阀关闭,切断压力来源,再卸松泄压螺钉,放掉余压,然后卸压力表。

压力表用于检测井口油压和套压,必须经过仪器调校合格后方可使用,包括新压力表。压力表的量程选用应保持工作压力在表的最大量程的 20%~80%之间。对于含硫的油气井或其他含有腐蚀介质的油气井,应使用抗硫压力表,配合接头的材质也应抗硫(例如 316SS、UNS N07718 材料)。压力表应安装于光线充足、无高湿的地方,要求垂直安装。观测压力时,视线应与表面垂直。当发现压力表失灵时,切勿敲击压力表,应对压力表进行校验。

图 8-12 截止阀实物图

## 二、井口安全系统

井口安全系统是井场重要的自我安全保护装置,当出现井口压力超高、集输管线爆管失控或井口、分离器处发生火灾等任一突发险情时,系统能够快速自动关闭井口,迅速切断气源,防止生产事故的发生或进一步扩大,达到保护井场设备和人员生命安全的目的。

井口安全系统通过电子监控仪和调度中心联网,实现实时显示和监控井场井口装置运行工况,并根据设定指令自动或远程关闭井口,是提高井站自动化管理水平的基本设备之一。

### (一)井口安全系统的功能

(1)在一级节流后的压力超过高导阀设定压力值时,快速自动关闭井口。
(2)在出站输压压力低于低导阀设定压力值时,快速自动关闭井口。
(3)当井口、分离器处发生火灾时,快速自动关闭井口(易熔塞 120℃时熔化)。
(4)在紧急情况下,通过远程终端控制(MCC、CSC、RTU)关闭井口。
(5)为井场自动化控制管理提供现场数据资料。

### (二)井口安全系统的结构及工作原理

井口安全系统由气动控制和气动执行两大部分组成。气动控制部分又可分为气源过滤调压单元、气动控制单元和气动感测单元。气动执行部分由快速泄放阀、阀位指示器、气动执行头和截断阀组成。下面以一款进口井口安全系统为例来阐述。

1. 主要技术参数

(1)气缸工作压力:225psi❶。 (2)阀体工作压力:$10^4$psi。 (3)阀体通径 2 9/16 in。

2. 结构和工作原理

1)结构

井口安全系统控制部分的气源过滤调压单元主要由气源引压阀、高压过滤器、1 级调压阀、气源安全阀、低压过滤器组成;气动控制单元主要由 2、3 级调压阀,按钮阀,中继阀,孔阀,

---

❶ 1psi=6.895kPa。

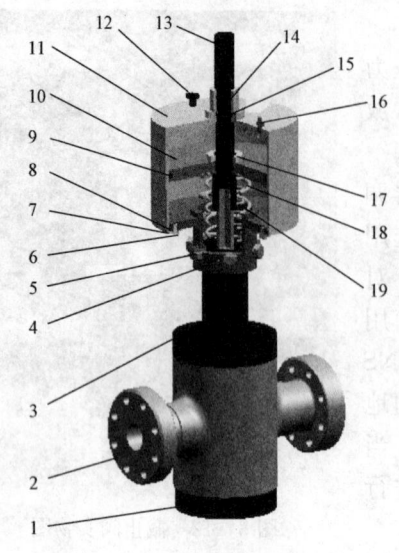

图 8—13 井口安全切断阀结构图

1—下阀盖；2—阀体；3—上阀盖；4—气缸座；5—固定螺钉；6—定位螺钉；7—垫片；8—锁紧圈；9—活塞O形环；10—活塞；11—气缸；12—安全阀；13—活塞杆；14—清洁环；15—活塞杆O形环；16—进气接头；17—锁紧螺母；18—主弹簧；19—副弹簧

图 8—14 井口安全切断阀现场安装效果图

常闭三通阀和电磁阀组成；气动感测单元由易熔塞和高、低导阀组成；气动执行部分由快速泄放阀、阀位指示器和截断阀组成。

2）工作原理

气源气经过气源引压阀引入，经过高压过滤器进入一级调压阀调压至 120～150psi，再经过气源安全阀（设定压力为 275psi）、低压过滤器后分两路：一路经过常闭三通阀 PV2 和快速泄放阀后进入执行气缸作为执行气；另一路经过 2 级调压阀再调压至 40～60psi 后作为控制气分别进入高导阀、低导阀、电磁阀和易熔塞等感测点。

系统工作时，首先按下按钮阀，经过 2 级调压后的控制气通过按钮阀到达常闭三通阀 PV1—1 的背压端，使其打开，让控制气通过常闭三通阀 PV1—1。从常闭三通阀 PV1—1 出来的控制气经过限流孔阀后进入电磁阀，同时也回到常闭三通阀 PV1—1 背压端，形成保持其开启状态的支撑背压。从电磁阀出来的控制气分别进入易熔塞和 3 级调压阀。经 3 级调压阀调压至 30psi 的控制气再分为两路：一路经过高导阀到达中继阀；另一路经过低导阀到达常闭三通阀 PV1—2。

然后拉起中继阀手柄，同时按下锁定销。从高导阀来的 30psi 的控制气通过中继阀后分为两路：一路到达常闭三通阀 PV1—2 的背压端，形成保持其开启状态的支撑背压，让从低导阀来的 30psi 的控制气通过常闭三通阀 PV1—2 到达中继阀的背压端，形成保持中继阀开启状态的支撑背压，这时中继阀锁定销自动弹出复位。另一路到达常闭三通阀 PV2 的背压端，形成保持其开启状态的支撑背压。从而使经过 1 级调压后的执行气通过常闭三通阀 PV2 后再经过快速泄放阀进入执行气缸，使井口截断阀打开。

当各感测点检测到有超高压、超低压、火灾等不合格信号时，或在紧急情况下通过远程控制给出关井信号时，相应的控制阀动作（或易熔塞融化），将控制气泄放掉。此时，中继阀和 3

个常闭三通阀都因失去背压而关闭,执行气路和控制气路同时被截断。这时,导管里的执行气通过常闭三通阀PV2的泄放口开始泄放。由于气缸活塞上方的压力逐渐减小,活塞在弹簧力的作用下向上运动,推动气缸里的执行气向外排出。而气体向外排出的力又推动快速泄放阀的密封膜片向上升起,使快速泄放阀的泄放口完全打开,从而快速泄放掉气缸内的执行气。与此同时,执行头的活塞带动阀杆上升,使井口截断阀迅速关闭。

# 第二节 采气井站工艺流程

采气井站工艺流程主要包括井口、集气站、配气站工艺流程。其作用是对天然气进行采集、输送、处理等工艺后,输往集气干线或直接到用户。

## 一、采气井站工艺流程简介

天然气从地层开采出来时压力一般很高,而且气体中含有水分、凝析油以及一些岩屑、砂砾等机械杂质,不宜直接输往用户,需要对天然气进行必要的预处理。针对处理天然气的方式不同,天然气的集气就具有不同的工艺流程,一般分为井场工艺流程和集气站工艺流程。

### (一)井场工艺流程

井场工艺流程最主要的装置是采气树,由闸阀、四通(或三通)等部件构成一套管汇。节流阀之后,接有压力表、温度表、控制和测量流量以及处理凝析液和机械杂质的设备,构成一套井场流程。

井场装置具有三种功能:
(1)调控气井的产量。
(2)调控天然气的输送压力。
(3)防止天然气生成水合物。

目前现场通常采用的井场装置流程有两种类型。一种是加热天然气防止生成水合物的流程;另一种是向天然气中注入抑制剂防止生成水合物的流程,如图8—15和8—16所示。

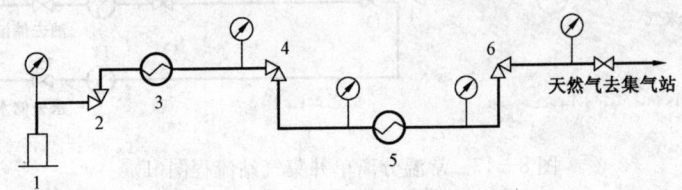

图8—15 加热防冻的井场装置流程图
1—气井;2—采气树针形阀;3,5—加热炉;4—气井产量调控节流阀;6—气体输压调控节流阀

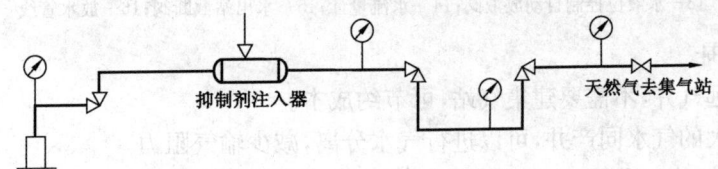

图8—16 注抑制剂防冻的井场装置流程图

如图 8-15 所示,天然气从针形阀出来后进入井场装置,首先通过加热炉 3 进行加热升温,然后经过第一级节流阀(气井产量调控节流阀)4 进行气量调控和降压,天然气再次通过加热器 5 进行加热升温,和第二级节流阀(气体输压调控节流阀)6 进行降压以满足采气管线起点压力的要求。

如图 8-16 所示,流程图中的抑制剂注入器 1 替换了图 8-15 中的加热炉 3 和 5,流经注入器的天然气与抑制剂相混合,一部分饱和水汽被吸收下来,天然气的水露点随之降低。经过第一级节流阀(气井产量调控阀)进行气量控制和降压。再经第二级节流阀(气体输压调控阀)进行降压以满足采气管线起点压力的要求。

### (二)集气站工艺流程

气田集气站工艺流程是表达各种站场的工艺方法和工艺过程。所表达的内容包括物料平衡量、设备种类和生产能力、操作参数,以及控制操作条件的方法和仪表设备等。

集气站工艺流程按井数分为单井集输流程和多井集输流程。按天然气分离时的温度条件,可分为常温分离工艺流程和低温分离工艺流程。

1. 常温分离集气站流程
1)常温分离单井集气站流程
(1)概述。

常温分离集气站的功能有:① 收集气井的天然气;② 对收集的天然气在站内进行气液分离处理;③ 对处理后的天然气进行压力控制,使之满足集气管线输压要求;④ 计量。

常温分离单井集气站分离出来的液烃或水,根据量的多少,采用车运或管输方式,送至液烃加工厂或气田水处理厂进行统一处理。常温分离单井集气站流程如图 8-17 和图 8-18 所示。

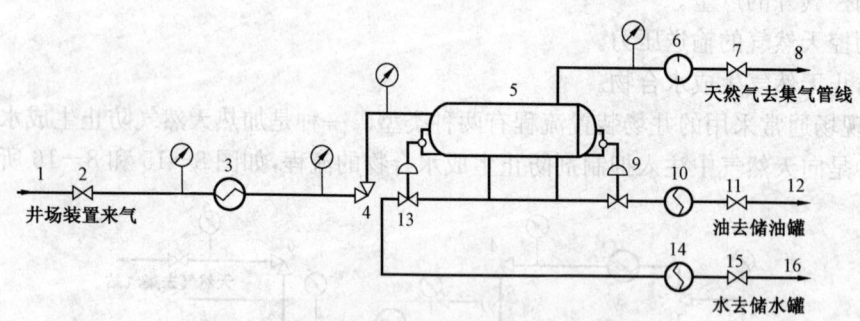

图 8-17 常温分离单井集气站流程图(1)
1—从井场装置来的采气管线;2—天然气进站截断阀;3—天然气加热炉;4—分离器压力调控节流阀;
5—油气水三相分离器;6—天然气孔板计量装置;7—天然气出站截断阀;8—集气管线;9—液烃(或水)液位控制自动放液阀;10—液烃(或水)的流量计;11—液烃(或水)出站截断阀;12—放液烃管线;
13—水液位控制自动放液阀;14—水流量计;15—水出站截断阀;16—放水管线

(2)应用范围。

① 气田边远气井,不需要建集气站,可节约成本。

② 产水量大的气水同产井,可以进行气水分离,减少输气阻力。

③ 低压气井,由于井口压力低,集气干线的压力波动对产气影响很大,单井采气可以避免这种影响,保持产气稳定。

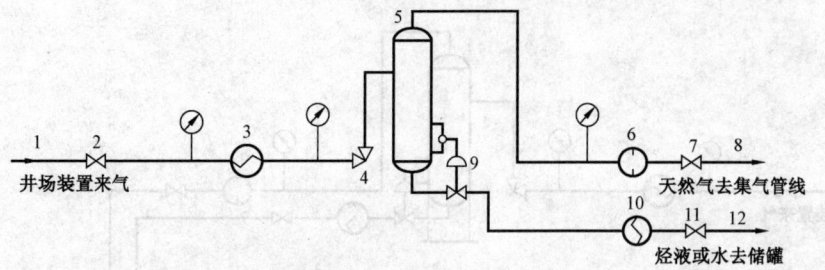

图 8-18　常温分离单井集气站流程图(2)

1—从井场装置来的采气管线；2—天然气进站截断阀；3—天然气加热炉；4—分离器压力调控节流阀；
5—油气水三相分离器；6—天然气孔板计量装置；7—天然气出站截断阀；8—集气管线；9—液烃(或水)的
液位控制自动排放阀；10—液烃(或水)的流量计；11—液烃(或水)出站截断阀；12—放液烃(或放水)管线

2）常温分离多井集气站流程

常温分离多井集气站一般有两种类型，如图 8-19 和图 8-20 所示。两种流程的不同点在于前者的分离设备是三相分离器，后者的分离设备是气液分离器。前者适用于天然气中油和水的含量均较高的气田，后者适用于天然气中只有较多的水或较多的液烃的气田。

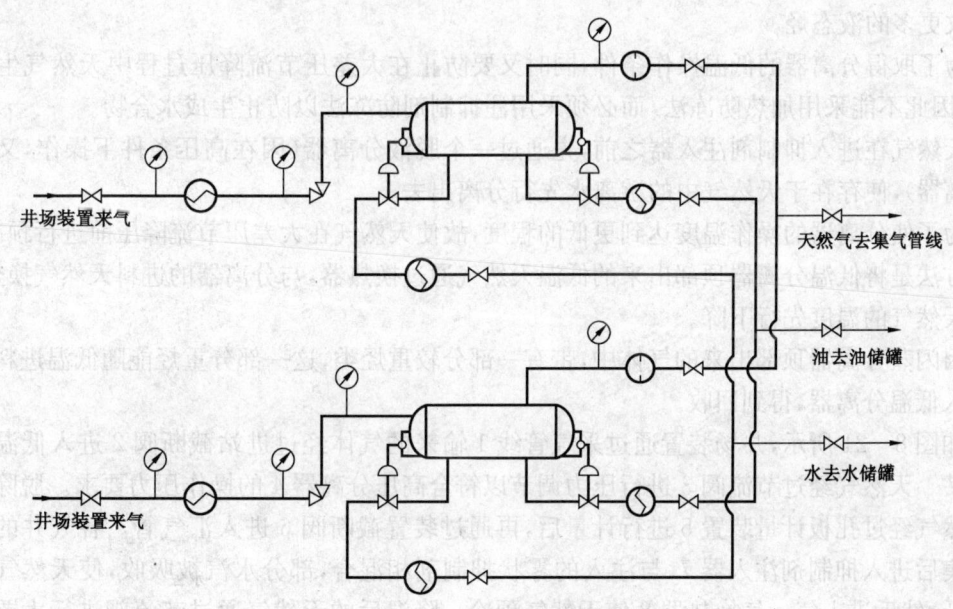

图 8-19　常温分离多井集气站流程(1)

图 8-19 和图 8-20 均为两口气井的常温分离多井集气站流程。多井集气站的井数取决于气田井网布置的密度，井数不受限制。以集气站为中心，5km 为半径的面积内（一般采气管线的长度不超过 5km），所有气井的天然气处理均可集于集气站内。图 8-19 中管线和设备与图 8-17 相同，图 8-20 中管线和设备与图 8-18 相同。

常温分离多井集气站流程的优点是便于对气井进行集中调节和管理，应用范围较广，凡是气井压力相近、气体性质相同、不需要用单井流程的地方，都可以用多井流程。

2. 低温分离集气站流程

低温分离集气站的功能有：(1)收集气井的天然气；(2)对收集的天然气在站内进行低温分离以回收液烃；(3)对处理后的天然气进行压力调控以满足集气管线输压要求；(4)计量。

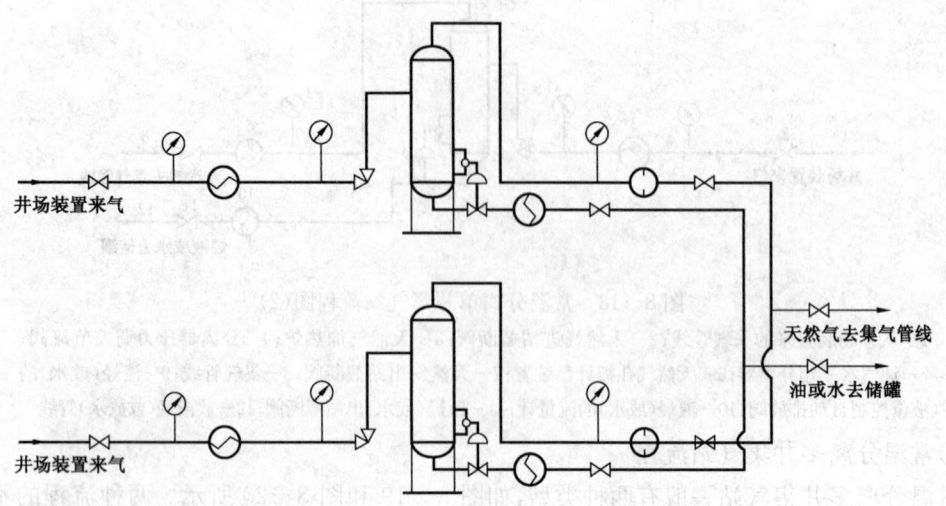

图 8—20　常温分离多井集气站流程(2)

低温分离时,分离器的操作温度在 0℃ 以下(通常为 -4～-20℃)。天然气通过低温分离可回收更多的液态烃。

为了取得分离器的低温操作条件,同时又要防止在大差压节流降压过程中天然气生成水合物,因此不能采用加热防冻法,而必须采用注抑制剂防冻法以防止生成水合物。

天然气在进入抑制剂注入器之前,先通过一个脱液分离器(因在高压条件下操作,又称高压分离器),使存在于天然气中的游离水先行分离出去。

为了使分离器的操作温度达到更低的程度,故使天然气在大差压节流降压前进行预冷,预冷的方法是将低温分离器顶部出来的低温天然气通过换热器,与分离器的进料天然气换热,使进料天然气的温度先行下降。

因闪蒸分离器顶部出来的气体中,带有一部分较重烃类,这一部分重烃能随低温进料天然气进入低温分离器,得到回收。

如图 8—21 所示,井场装置通过采气管线 1 输来的气体经过进站截断阀 2 进入低温分离集气站。天然气经过节流阀 3 进行压力调节以符合高压分离器 4 的操作压力要求。脱除液体的天然气经过孔板计量装置 5 进行计量后,再通过装置截断阀 6 进入汇气管。各气井的天然气汇集后进入抑制剂注入器 7,与注入的雾状抑制剂相混合,部分水汽被吸收,使天然气水露点降低,然后进入气—气换热器 8 使天然气预冷。降温后的天然气通过节流阀进行大差压节流降压,使其温度降到低温分离器所要求的温度。从分离器顶部出来的冷天然气通过气—气换热器 8 后温度上升至 0℃ 以上,经过孔板计量装置 10 计量后进入集气管线。从高压分离器 4 的底部出来的游离水和少量液烃通过液位调节阀 11 进行液位控制,流出的液体混合物计量后经装置截断阀 12 进入汇液管。汇集的液体进入闪蒸分离器 13,闪蒸出来的气体经过压力调节阀 14 后进入低温分离器 9 的气相段。闪蒸分离器底部出来的液体再经液位控制阀 15,然后进入低温分离器底部液相段。从低温分离器底部出来的液烃和抑制剂富液混合液经液位控制阀 16 再经流量计 17,然后通过出站截断阀进入混合液输送管线送至液烃稳定装置。

图 8—22 流程图与图 8—21 流程图所不同之处是:从低温分离器底部出来的混合液,不直接送到液烃稳定装置去,而是经过加热器 1 加热升温后进入三相分离器 2 进行液烃和抑制剂分离。液烃从三相分离器左端底部出来,经过液位控制阀 3 和流量计 4 然后通过气—液换热

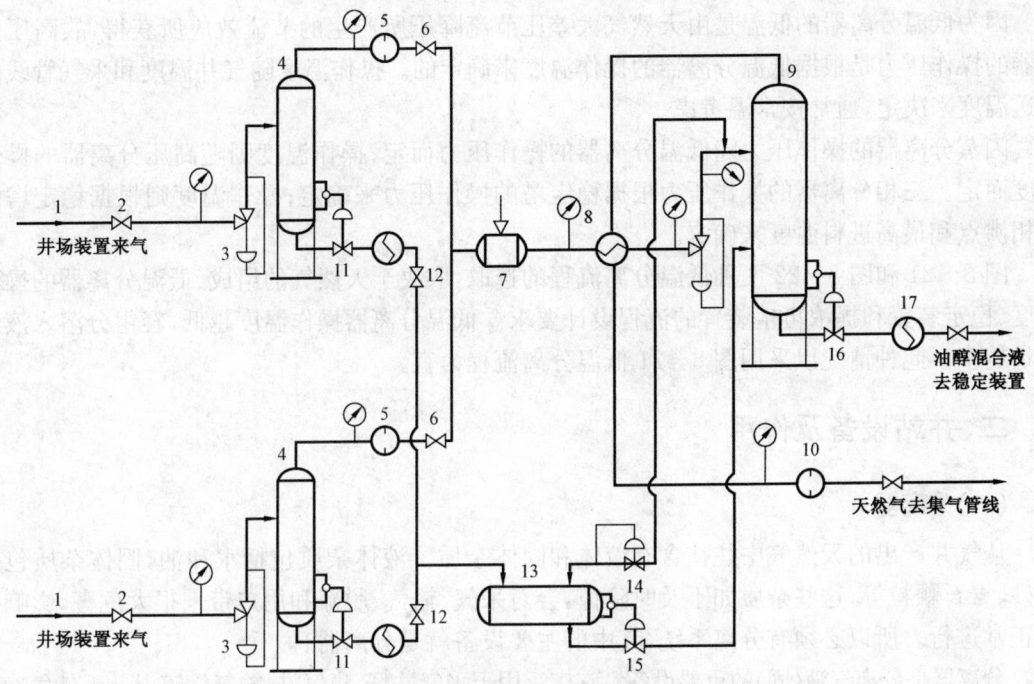

图 8—21 低温分离集气站流程图(1)
1—采气管线;2—进站截断阀;3—节流阀;4—高压分离器;5—孔板计量装置;6—装置截断阀;7—抑制剂注入器;8—气—气换热器;9—低温分离器;10—孔板计量装置;11—液位调节阀;12—装置截断阀;13—闪蒸分离器;14—压力调节阀;15—液位控制阀;16—液位控制阀;17—流量计

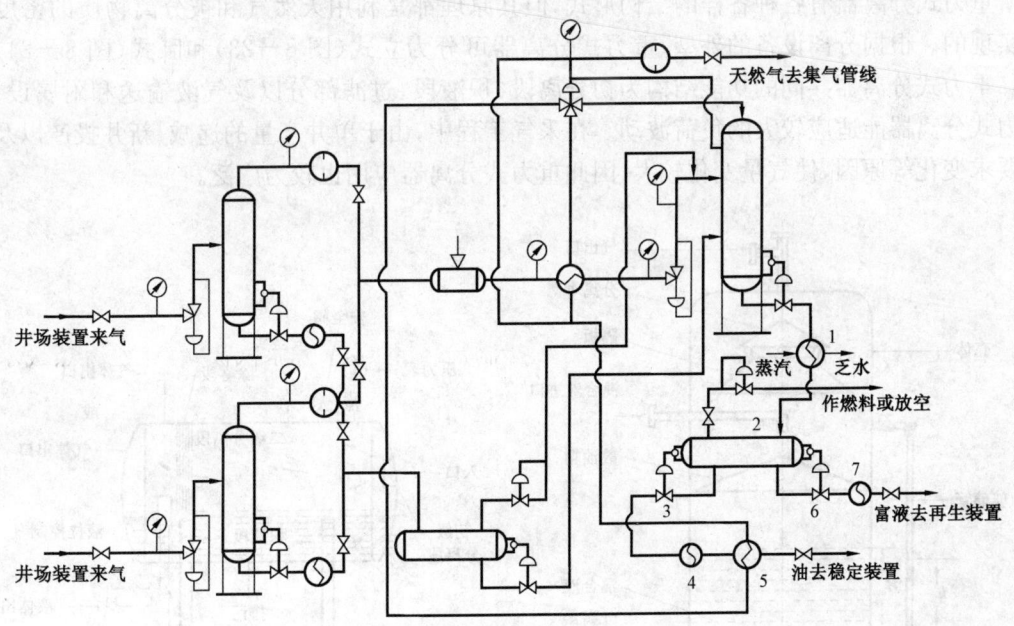

图 8—22 低温分离集气站流程图(2)
1—加热器;2—三相分离器;3—液位控制阀;4—流量计;5—气—液换热器;6—液位控制阀;7—流量计

器 5 与低温分离器顶部引来的冷天然气换热被冷却,降温到 0℃左右。最后,液烃通过出站截断阀,由管线送至稳定装置。从三相分离器右端底部出来的抑制剂富液经液位控制阀 6 再经流量计 7 后,通过出站截断阀送至抑制剂再生装置。

因为低温分离器的低温是由天然气大差压节流降压所产生的节流效应所获得,故高压分离器的操作压力是根据低温分离器的操作温度来确定的。操作温度随气井温度和采气管线的输送温度来决定,通常按常温考虑。

闪蒸分离器的操作压力随低温分离器的操作压力而定;操作温度则随高压分离器的操作温度而定。三相分离器的操作压力根据稳定塔的操作压力来确定;操作温度则根据稳定塔的液相沸点和最高进料温度来确定。

图8-21和图8-22两种低温分离流程的选取,取决于天然气的组成、低温分离器的操作温度、稳定装置和提浓再生装置的流程设计要求。低温分离器操作温度越低,轻组分溶入液烃的量越多。此种情况以采用图8-21低温分离流程为宜。

## 二、井站设备及作用

### (一)分离器

从气井产出的天然气中往往含有液体和固体杂质。液体杂质包括水和油,固体杂质包括泥砂、岩石颗粒等,这些杂质如不及时除掉,会对采气、输气、脱硫和用户带来很大危害,影响生产正常进行。所以必须有分离系统,其中的主要设备就是分离器。

分离器是分离气液(固)的重要设备。它广泛用于采气井场、集气站、输气管道以及天然气净化厂中。采输系统所使用的分离器种类繁多,根据分离器的外型可分为立式分离器、卧式分离器、球形分离器和卧式三相分离器等类型。按作用原理可分为重力式、离心式和混合式三种分离器。

#### 1. 重力式分离器

重力式分离器有各种各样的结构形式,但其原理都是利用天然气和被分离物质的密度差来实现的。根据分离设备的外型,重力式分离器可分为立式(图8-23)和卧式(图8-24)两类。重力式分离器共同的功能结构为初分离段、积液段、过滤部分以及气液输送和附属设备。重力式分离器能适应较大的负荷波动。在采气工程中,由于单井产量的递减、新井投产以及配气要求变化等原因,使气量变化较大,因此重力式分离器应用也较为广泛。

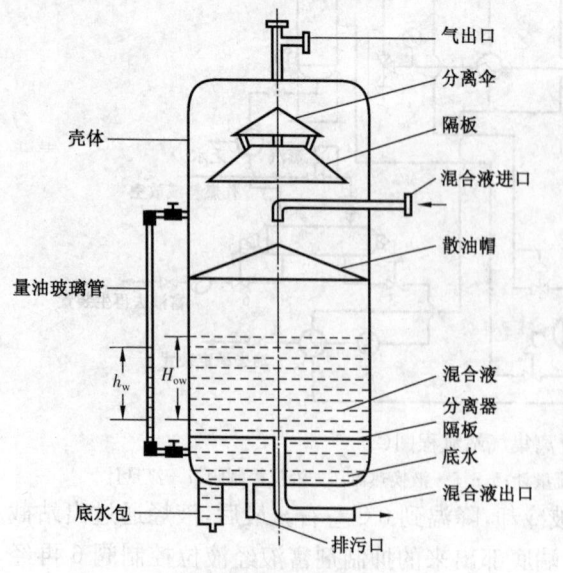
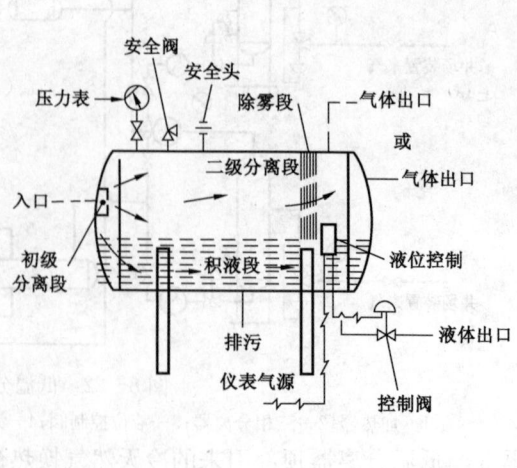

图8-23 立式重力分离器结构图　　图8-24 卧式重力分离器结构图

2. 离心式分离器

1)结构及工作原理

离心式分离器结构如图8-25所示。

离心分离器主要利用离心力原理分离气液(固)体。气液混合物通过切线方向由进口管进入分离器后,沿分离器筒体作旋转运动,由于气体和液(固)体颗粒的密度不同,而产生不同的离心力。较重的液滴产生较大离心力,在此作用下被甩到外圈,抛向分离器壁,相互碰撞集成较大的颗粒,在其重力和气流带动下向下运动,沿锥形管进入集液包,或由排污管排出。而较轻的气体则在内圈并从出口排出,这样液(固)体颗粒和气体就分开了。

2)旋风分离器

旋风分离器是离心式分离器的一种,其主要特点是天然气和被分离液体沿分离器筒体切线方向以一定速度进入分离器,并沿筒体内壁作旋转运动,在其离心力作用下,达到气液分离目的。旋风分离器尽管有较高分离效率,但却不适应负荷波动较大的场所,使其在集气站和采气井场的应用受到限制。

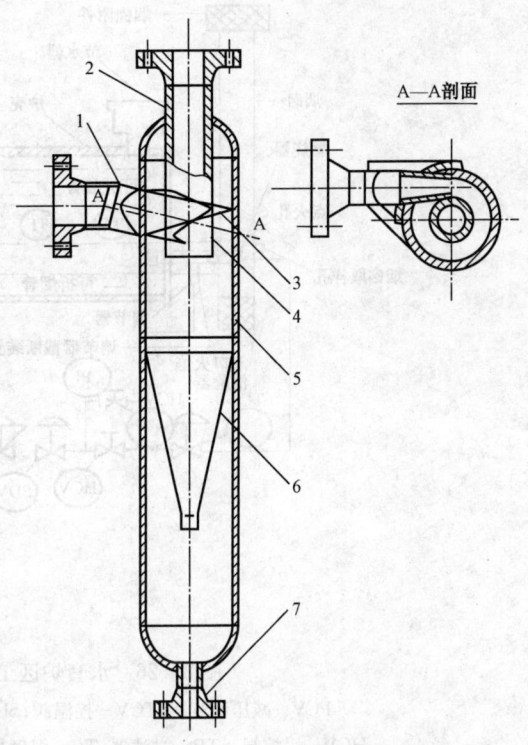

图8-25 离心式分离器结构图
1—气体进口;2—气体出口;3—螺旋叶片;
4—内管;5—筒体;6—锥形管;7—排液口

(二)水套炉

水套炉是天然气节流前对天然气提供热能的热力设备,目前常用的压力等级为16MPa和32MPa两种;热负荷有 $60 \times 10^4 kW$、$120 \times 10^4 kW$、$240 \times 10^4 kW$、$360 \times 10^4 kW$ 等规格,分别可满足 $(0 \sim 5) \times 10^4 m^3/d$、$(5 \sim 10) \times 10^4 m^3/d$、$(10 \sim 20) \times 10^4 m^3/d$、$(20 \sim 30) \times 10^4 m^3/d$ 气量生产气井的加热。

水套炉区的工艺流程和温度控制如图8-26所示,水套炉燃烧器由主火嘴和导火嘴组成,导火嘴为长明火,温度控制由天然气计量温度取样后控制主火嘴实现温度控制。在给定天然气计量温度 $t$ 后,在其控制范围内(如±2℃),当计量温度超过 $(t+2℃)$ 时控制阀关闭,主火嘴熄火,水温下降,计量温度降低;当温度降低到 $(t-2℃)$ 时,控制阀打开,主火嘴点燃,水温升高计量温度上升,使天然气温度控制在规定范围内。

在炉膛靠近配风箱处,还设有两个红外线探测仪不停地监视燃烧器的火焰,实现远程监视功能,如主火嘴和引火嘴的火焰全部熄灭,自动控制系统将发出报警,并切断燃料气管路。

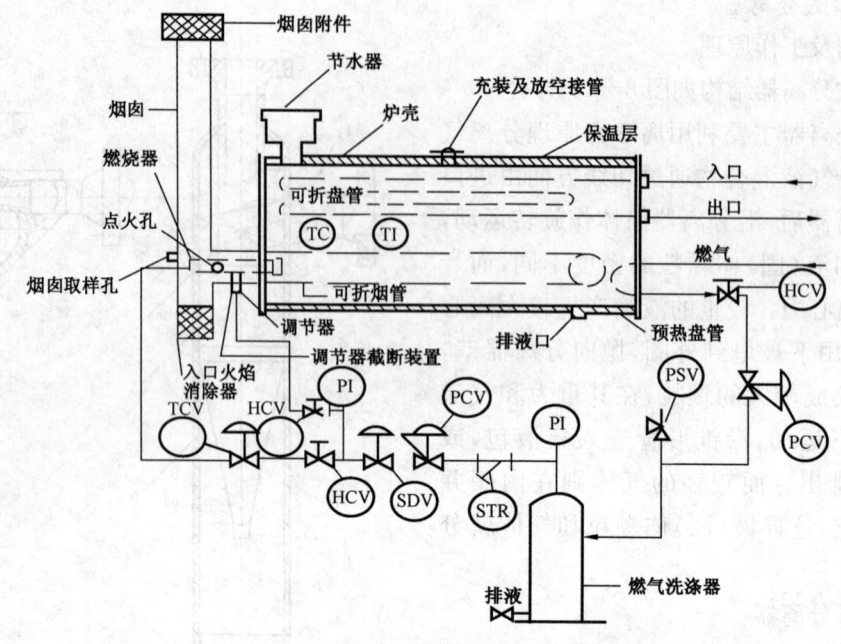

图 8-26 水套炉区工艺流程和温度控制图
PCV—减压调节器；TCV—控温阀；SDV—截断阀（电磁阀）；PSV—安全阀；
HCV—手控阀；STR—过滤器；TC—温度控制器；TI—温度显示器；PI—压力显示器

### (三) 天然气流量测量

天然气流量测量采用孔板作为节流元件，静压、差压、温度取样由压力变送器、差压变送器、温度变送器获得并将相应的值实时传入计算机，计算机每秒钟计算一次流量值，并且不停地累加，到次日 8:00 开始另一天的产量计算。月产气量、年产气量也不停地累计下去。每秒钟的瞬时量也将在计算机内保存待查。天然气流量计算机测量图如图 8-27 所示。

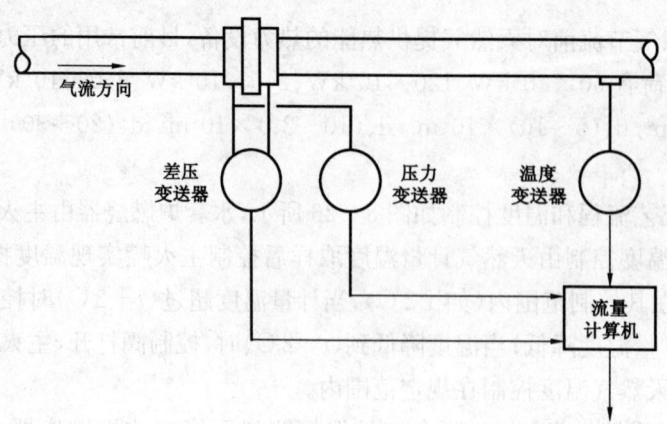

图 8-27 天然气流量计算机测量图

# 第三节 采气井站常见操作

## 一、气井的开关井

### (一)气井的开井操作

1. 人员要求及准备工作

准备相关材料及工用具;进行相关检查。

2. 操作步骤

(1)开井口闸阀:由内到外缓慢打开采气树1、4号及8或9号生产闸阀(图8-7)。采气树各闸阀应全开或全关,不准半开或半关,严禁用采气树闸阀控制流量。

(2)开井口针阀:缓慢打开井口控制节流阀,注意控制压力。

(3)各级压力调节:通过各级调压节流阀进行调压,同时检查各处是否有泄漏现象。调压时各级控制压力不准超过设备或管线的设计工作压力,并应注意防止节流处形成水化物堵塞通道。

(4)产量调节:各级压力调稳后,启动流量计计算产气量,并按要求对照配产调节气量。

(5)检查:气流稳定后,对气流通道的工艺流程再次检查有无泄漏现象。

(6)记录与汇报:记录开井原因、时间,开井前套压、油压,井口大气温度,实际开井产量等,并向调度室汇报及向上、下游相关井站通报开井主要情况。

3. 技术要求

(1)操作前必须佩带便携式气体检测仪($H_2S$ 或可燃性气体),监控天然气泄漏情况。

(2)高含硫气井操作全过程必须佩戴空气呼吸器,一人操作,一人监护。

(3)应检查管线、设备是否发生堵塞或流程未倒通,防止造成管线或设备憋压。

4. 应急处置

(1)要将中毒人员移至安全地带,必要时进行人工呼吸等急救,严重时立即送医院急救。

(2)若管线、设备出现憋压,应立即采取放空或关井等措施。

### (二)气井的关井操作

1. 人员要求及准备工作

准备相关材料及工用具;进行相关检查。

2. 操作步骤

(1)关井:按调度指令全关井口针阀,若长期关井,再关闭采气树8或9号生产闸阀。

(2)停用水套炉:按水套炉操作程序操作。

(3)排污:排放分离器及汇管气田水。

(4)停计量仪表:按计量仪表操作规程操作。

(5)检查流程:由内向外检查流程,检查有无跑、冒、滴、漏问题。

(6)记录与汇报:记录关井原因、日期、时间等,并向调度室汇报关井主要情况。

3. 技术要求

(1)操作前必须佩带便携式气体检测仪($H_2S$ 或可燃性气体),监控天然气泄漏情况。

(2)高含硫气井操作全过程必须佩戴空气呼吸器,一人操作,一人监护。
(3)对于产水井,应特别注意不使井口漏气,以防压力下降造成井水淹。

4. 应急处置

要将中毒人员移至安全地带,必要时进行人工呼吸等急救,严重时立即送医院急救。

## 二、分离器排污操作

1. 人员要求及准备工作

(1)准备相关材料及工用具;
(2)进行相关检查:确认排污管线固定牢靠;测量污水池液面深度,确认可进行排污操作;确认污水池附近无人、畜。

2. 操作步骤

(1)开启分离器排污阀:操作平稳,防止因排污过猛造成突发事件。
(2)观察液位:观察液位下降情况,判断液位显示的真实性,或根据排污气流声音判断液位下降情况。
(3)关闭排污阀:保持一定液位,形成液封,防止天然气窜入排污管线扩散后造成人员中毒。
(4)计算排污量:污水池(污水罐)液面平稳后,测量读取液面深度,计算排污量。
(5)做好相应的记录。

3. 技术要求

(1)严禁排污过猛,防止引发燃烧、管线破裂、环境污染、人员中毒等突发事件。
(2)操作前必须佩带便携式气体检测仪($H_2S$ 或可燃性气体),监控天然气泄漏情况。
(3)高含硫气井操作全过程必须佩戴空气呼吸器,一人操作,一人监护。
(4)排污前对污水池或污水罐附近区域检查,防止排污时有人、畜在污水池附近。

4. 应急处置

(1)要将中毒人员移至安全地带,必要时进行人工呼吸等急救,严重时立即送医院急救。
(2)排污系统出现管线破裂、堵塞、阀门严重内漏等情况,立即停止排污,切断气源。

## 三、高级孔板阀的清洗

1. 人员要求及准备工作

(1)操作至少 2 人,一人操作,一人监护确认。
(2)准备材料:有机溶剂、润滑脂、密封脂、孔板密封圈、棉纱、验漏液、毛巾、记录表格等。
(3)准备工用具:摇柄、扳手、一字螺丝刀、十字螺丝刀、钢丝刷、钢板尺、油漆刷、钢笔、清洗盆、便携式气体检测仪($H_2S$ 或可燃性气体)等。
(4)进行相关检查。

2. 操作步骤

(1)冻结产量:全开双波纹管差压流量计平衡阀。
(2)确认高孔阀上腔放空阀关闭、顶丝紧固。
(3)开平衡阀:逆时针方向。开滑阀:使用摇柄,按箭头所示开方向操作。
(4)提升孔板至上腔:摇柄先旋转下齿轮轴,再旋转上齿轮轴,遇卡时适当回转,不得强行操作。

(5)关滑阀:使用摇柄,按箭头所示关方向操作。关平衡阀:严禁用力过猛,避免损坏平衡阀针尖。

(6)开上腔放空阀:开放空阀前注意放空口位置,严禁正对放空口。开下腔排污:缓慢开启排污阀,排污完毕后立即关闭。松顶板顶丝:必须使用专用工具。

(7)取顶板、压板、密封垫片:取顶板后,应使用一字螺丝刀微撬压板一端,确认上腔无气,严禁正对压板上方。提取导板:转动上齿轮轴使导板上升,提出导板时严禁正对阀腔。

(8)检查平衡阀、滑阀、上齿轮轴、顶板、压板及密封垫片:更换破损的密封垫片,滑阀内漏应加注密封脂,平衡阀泄漏应维修或更换。检查、清洗孔板:检查孔板脏物堆积情况,清洗后的孔板应无划痕、坑蚀、严重损伤和磨损等,孔板的平面度、锐利度、光洁度应合格,否则应更换。

(9)检查、清洗导板、密封圈:应清除导板齿条内的污物和积垢,密封圈破损、变形应更换。

(10)回装孔板至导板:孔板安装方向应为"小进大出",切忌装反。导板齿条上油:导板齿条上油应适量,上油应在齿条边缘。装导板至上腔:导板安装应水平,防止错齿。装入密封垫片、压板及顶板:依次平整放入。紧固顶板顶丝:顶丝紧固应对称扭紧。

(11)关上腔放空阀:注意开关的方向。开平衡阀:逆时针方向。开滑阀:按箭头所示开方向操作。

(12)孔板导板摇至下腔:先旋转上齿轮轴,再旋转下齿轮轴,遇卡时适当回转,不得强行操作。

(13)关滑阀:按箭头所示关方向转动。关平衡阀:严禁用力过猛,避免损坏平衡阀针尖。

(14)验漏:验漏部位包括所有操作、活动部位。

(15)上腔放空:放空后关闭放空阀。再开启可检查滑阀、平衡阀是否内漏,出现内漏应及时处理。

(16)解除产量冻结:关闭双波纹管差压流量计平衡阀。

(17)对比清洗前、后瞬产:发现异常及时检查处理。做好相应记录,清扫场地。

3. 技术要求

(1)操作前必须佩带便携式气体检测仪($H_2S$ 或可燃性气体)。

(2)高含硫气井操作全过程必须佩戴空气呼吸器。

(3)提出导板时严禁正对阀腔操作,防止导板冲出伤人。

(4)泄压、吹扫导压管严禁正对泄压口,防止 $H_2S$ 中毒、窒息。

4. 应急处置

(1)受伤人员应及时救治,严重时送医院急救。

(2)将中毒、窒息人员移至安全地带,必要时进行人工呼吸等急救,并立即送医院。

## 四、平衡罐加注缓蚀剂

1. 人员要求及准备工作

(1)准备相关材料及工用具:准备好活动扳手、起子、管钳、白铁桶或塑料桶、适量的缓蚀剂、便携式气体检测仪($H_2S$ 或可燃性气体)、灭火器材。

(2)进行相关检查:检查平衡罐、井口注入装置和仪表等是否完好无损,按加注量准备好缓蚀剂,检查确定系统加注流程。

2. 操作步骤

(1)泄压:关闭平衡阀和缓蚀剂注入阀,打开放空阀卸压。打开排污口阀门或平衡罐(管)上部检查口阀门,检查加注系统是否卸压放空完全。

(2)装药剂:开平衡罐加料漏斗阀。关平衡罐排污阀。将缓蚀剂倒入平衡罐内。关闭放空阀和加料漏斗阀。

(3)平压:缓慢开启平衡阀,平衡压力。

(4)加注:打开缓蚀剂注入阀,让药剂自流入井底。加注完毕后,关闭注入阀及平衡阀。

(5)放空检查:缓慢开启平衡罐放空阀进行放空,待压力表降为零后,缓慢打开井口排污检查口阀门,检查药剂是否加注完成。

(6)做好工作记录,清扫场地。

3. 技术要求

(1)操作前必须佩带便携式气体检测仪($H_2S$ 或可燃性气体)。

(2)操作前必须确认上下游阀门关闭无泄漏,加注系统放空已完毕,防止 $H_2S$ 中毒。

(3)操作前必须确认流程未倒错,防止平衡罐内有余压伤人。

(4)高含硫井站操作全过程必须佩戴空气呼吸器,必须专人监护。

4. 应急处置

(1)受伤人员应及时救治,严重时送医院急救。

(2)要将中毒人员移至安全地带,必要时进行人工呼吸等急救,并立即送医院。

## 五、站场及管线试压

1. 人员要求及准备工作:

(1)熟悉试压方案,了解试验压力、介质、要求、稳压时间等方面的规定。

(2)与此次试压有关的单位取得联系,并做好协调工作。

(3)准备相应的工具,如扳手、螺丝刀、加力杠等。

(4)准备记录所需的笔和记录纸(记录表)。

(5)准备至少 2 只检验合格的压力表(精度等级不得小于 1.5 级,并经计量检定在有效期内,表的刻度值不得小于试验压力的 1.5 倍)。

(6)仔细检查与此次试压相关的站场设备、仪表以及试压介质等是否符合试压方案要求。

2. 操作步骤

1)水试压

(1)打开进水阀和放气阀,向站场设备或管线内灌水,当充满水时,放气阀有水流出,说明空气排净,即可关闭进水阀和放气阀。

(2)开动试压泵,使压力平稳上升。

(3)试压完毕,打开放水阀和放气阀,把站场设备或管线内的存水排尽,并用压缩空气吹扫干净。

(4)根据试验压力的高低分次升压:当升压至强度试验压力的 30% 和 60% 时,停止升压,各稳压 30min,检查无问题后,继续升压至强度试验压力,稳压时间不小于 4h,目测管线或设备无变形、不破裂、无渗漏且压降不大于强度试验压力的 1% 时强度试验合格。

(5)将试验压力降至工作压力(设计压力)进行严密性试验,稳压 24h,其压降不大于试验压力的1%为合格。

2)气试压

(1)将试验压力均匀缓慢上升,升压不超过1MPa/h。

(2)当试验压力大于3MPa时,分三次升压,在压力为试验压力的30%、60%时,分别停止升压并稳压30min,对设备或管线进行检查,若未发现问题,继续升压至强度试验压力,稳压时间不小于4h,目测管线或设备无变形、不破裂、无渗漏且压降不大于强度试验压力的1%时强度试验合格。

(3)当试验压力为2~3MPa时,分两次升压,在压力为试验压力的50%,停止升压并稳压30min,对设备或管线进行检查。若未发现问题,继续升压至试验压力。在试验压力下稳压6h,并仔细检查。目测管线或设备无变形、不破裂、无渗漏且压降不大于强度试验压力的1%时强度试验合格。

(4)进行严密性试验,将设备或管线压力降到工作压力(或设计压力),使设备或管线内气体温度和周围介质的温度相同后(一般需要24h),稳压24h,经检查无泄漏,且压降率不大于允许压降率,则严密性试验合格。

3. 技术要求

(1)用水试压时,稳压期间应对设备或管线进行全面检查,发现渗漏,应打上记号,降压后立即整改,整改后应重新试验直至合格。

(2)管线试压时,由于地形起伏变化,压力表读数受到高差静压力的影响,试验压力应以最高点压力为准,且低点压力下的管线的环向应力不得超过管材本身的屈服强度与焊缝系数的乘积。

(3)管线采用气体试压时,应设立可靠的通讯系统,沿线每隔2~3km应设置一个通讯点。

(4)管线在升压过程中,工作人员不得沿管线检查,当试验压力超过4MPa时沿管线两侧6m范围内应划为禁区,若为架空管道,禁区范围增大一倍。

(5)在试压过程中若发现问题,应及时进行整改,实施整改前必须将压力降至0.02MPa以下(不得出现负压),避免发生危险。

(6)在试压过程中,应密切注意压力的变化,做好记录。

(7)试压结束后,应书面总结试压结果及试压过程中出现的问题和处理办法。

4. 应急处置

(1)试压如发生管道破裂,则应立即停止试压,对破裂原因进行分析,并及时更换破裂段后再进行试压;

(2)气体试压过程如发生管道爆裂伤人,应及时救治,加强警戒,防止外来人员进入现场。

# 第四节 天然气净化

天然气净化的目的是将从气井中采出的天然气变为适合天然气矿场集输或合格的商品天然气。我国天然气的技术指标见表8-1。一般认为,天然气的净化工艺包括天然气脱硫脱碳、脱水、硫磺回收及尾气处理4类工艺。天然气脱硫脱碳是为了达到商品天然气的质量指标;硫磺回收及尾气处理是为了综合利用和满足环保要求。

表 8-1 天然气技术指标（GB 17820—2012）

| 项目 | | 一类 | 二类 | 三类 |
|---|---|---|---|---|
| 高位发热量[a]，$MJ/m^3$ | ≥ | 36.0 | 31.4 | 31.4 |
| 总硫（以硫计）[a]，$mg/m^3$ | ≤ | 60 | 200 | 350 |
| 硫化氢[a]，$mg/m^3$ | ≤ | 6 | 20 | 350 |
| 二氧化碳 $y$，% | ≤ | 2.0 | 3.0 | — |
| 水露点[b,c]，℃ | | 在交接点压力下，水露点应比输送条件下最低环境温度低 5℃ | | |

a 本标准中气体体积的标准参比条件是 101.325kPa，20℃。
b 在输送条件下，当管道管顶埋地温度为 0℃时，水露点应不高于-5℃。
c 进入输气管道的天然气，水露点的压力应是最高输送压力。

## 一、天然气净化工艺分类

### （一）天然气脱硫脱碳

天然气脱硫脱碳的主导工艺是胺法及砜胺法。

（1）化学溶剂法是以碱性溶液吸收 $H_2S$ 及 $CO_2$ 等，并于再生时又将其放出的方法，包括使用有机胺的 MEA 法、DEA 法、DIPA 法、MDEA 法及位阻胺法等，使用无机械的活化热碳酸钾法也有一些应用。

（2）物理溶剂法是利用 $H_2S$ 及 $CO_2$ 等与烃类在物理溶剂中溶解度的巨大差别而实现天然气脱硫脱碳的方法，包括多乙二醇二甲醚法、碳酸丙烯酯法、冷甲醇法等。

（3）化学—物理溶剂法将化学溶剂烷醇胺与一种物理溶剂组合的方法，典型代表砜胺法（DIPA－环丁砜、MDEA－环丁砜等），此外还有 Amisol，Selefining，Optisol 及 Flexsorb 混合 SE 等。

（4）直接转化法是以液相载体将 $H_2S$ 氧化为元素硫而用空气使之再生的方法，又称氧化还原法或湿式氧化法，主要有钒法（AD－$NaVO_3$ 等）、铁法（Lo－Cat，Sulferox，EDTA 络合铁，FD 及铁碱法等），还有 PDS 等方法。

（5）其他类型的方法。除以上四大类脱硫方法外，还可以使用分子筛、膜分离、低温分离及生物化学等方法脱除 $H_2S$ 及有机硫。此外，非再生性的固体及液体除硫剂以及浆液脱硫剂则适于处理低 $H_2S$ 含量的小量天然气。

### （二）天然气脱水

与天然气脱硫脱碳相比，脱水方法的类别要简单得多。

（1）甘醇法。使用三甘醇或二甘醇吸收脱除天然气中的水分，这是天然气脱水最常用的方法。

（2）分子筛法。要求深度脱水时可采用分子筛吸附法，早期脱水还用过活性氧化铝及硅胶等吸附剂。

（3）其他脱水方法。除上述两类方法外，还可采用压缩、冷却、$CaCl_2$ 吸收剂膜分离等方法脱除天然气中的水分。

### （三）硫磺回收

天然气净化领域内硫磺回收通常是指克劳斯工艺，它包括以下类别：

（1）直流克劳斯工艺。当酸气 $H_2S$ 浓度高于 50%左右时，可将全部酸气与计量的空气送入炉内燃烧并加以催化转化，称为直流克劳斯工艺，也称为部分燃烧法。

(2) 分流克劳斯工艺。当酸气 $H_2S$ 浓度低于 50%、高于 15% 时,可将部分酸气入炉燃烧后与其余酸气一起催化转化,称为分流克劳斯工艺。在 $H_2S$ 浓度低于 15%,则可预热酸气及空气,甚至将所得硫磺部分送入炉内燃烧。

(3) 直接氧化法。直接氧化法用于 $H_2S$ 浓度低于 5% 的酸气,用空气在催化剂床层内将 $H_2S$ 氧化为元素硫,这实际是原型克劳斯工艺,但已有很大进步。

(4) 克劳斯变体工艺。该工艺是指以克劳斯反应为基础,但与常规克劳斯工艺有显著不同的工艺,如富氧克劳斯工艺、Clisulf 等温催化工艺等。

(5) 克劳斯组合工艺。该工艺将常规克劳斯工艺与尾气处理组合成一体,如冷床吸附法、MCRC,Super-claus 等工艺。

### (四)尾气处理

硫磺回收的尾气处理有三类工艺:

1. 等温克劳斯工艺

在较常规克劳斯更低的温度下反应以提高硫回收率的工艺,如 Sulfreen、Clauspol 1500 等。此类工艺所能达到的、包括克劳斯工艺在内的总硫回收率约可达到 99%。

2. 还原类工艺

将尾气中各种形态的硫均加氢转化为 $H_2S$,然后再予处理的工艺,如 SCOT、BSR/MDEA、BSR. Wet Oxidation 等,此类工艺所达到的总硫回收率超过 99.8%,可满足目前最严格的尾气 $SO_2$ 浓度排放指标的要求。

3. 氧化类工艺

将尾气中各种形态的硫均氧化为 $SO_2$,然后再予脱出回收。国内开发了焦亚硫酸钠法,国外有 Wellmann-Lord 等方法,此类工艺在天然气净化领域应用不多。

## 二、工艺流程

### (一)胺法脱硫工艺流程

如图 8-28 所示,胺法脱硫工艺流程主要由三部分组成:(1)以吸收塔为中心,辅以原料气及净化气分离过滤的压力设备;(2)以再生塔及重沸器为中心,辅以酸气冷凝器及分离器和回流系统的低压部分;(3)溶液换热冷却及过滤系统和闪蒸罐等介于上面两部分压力之间的部分。

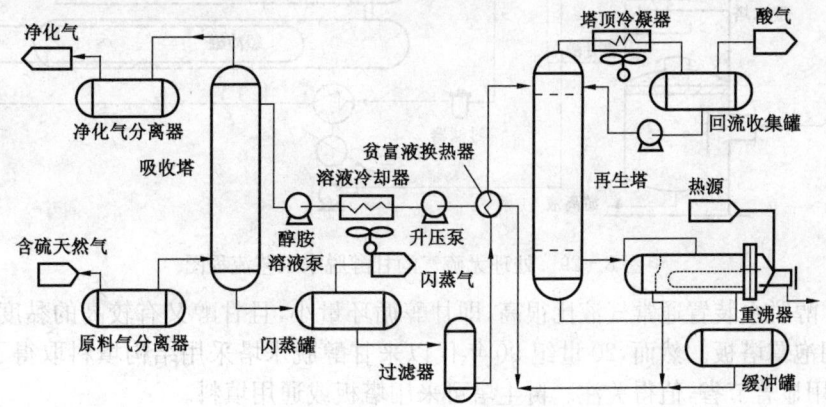

图 8-28 胺法脱硫工艺流程

含硫天然气经原料气分离器除去液固杂质后从下部进入吸收塔,其中的酸气与从上部入塔的胺液逆流接触而脱除,达到净化要求的净化气出吸收塔顶,经净化气分离器除去夹带的胺液液滴后出脱硫装置。净化气通常需去脱水装置以达到水露点的质量要求。

吸收了酸气的胺液(通常称为富液)出吸收塔后通常降至一定压力至闪蒸塔,使富液中溶解及夹带的烃类闪蒸出来,此闪蒸气通常用作工厂的燃料气。

经闪蒸后的富液进入贫富液换热器与已完成再生的热胺液(简称贫液)换热以回收其热量,然后从再生塔上部入塔向下流动,从塔下部上升的热蒸汽既加热胺液又汽提出胺液中的酸气,所以在文献中也常将再生塔称为汽提塔。胺液流至再生塔下部时所吸收的酸气已解析出绝大部分,此时可称为半贫液。半贫液进入重沸器内,所发生的蒸汽进一步汽提,使吸收的残余酸气析出而成为贫液。

出重沸器的热贫液经贫富液换热器回收热量,然后再经溶液冷却器空冷或水冷至适当温度,以溶液循环泵加压送至吸收塔,从而完成溶液的循环。

从再生塔顶部出来的酸气—蒸汽混合物入冷凝器使其中的水蒸气大部分冷凝下来,此冷凝水进入回流罐,作为回流液以泵送入再生塔。酸气则送至克劳斯制硫装置或其他酸气处理设施。

净化气离开吸收塔顶时已为水汽饱和。当原料气温度低于贫液温度时,净化气将从装置中带出水分;为了不使胺液被浓缩,需向装置补充一定量的水。通常,这股水可从吸收塔顶注入,在该处设置一两块塔板,这样还可以洗涤净化气而减少醇胺的损失。此外,也可以蒸汽形式从再生塔底送入。

### (二)甘醇法脱水工艺流程

1. 处理无硫气的甘醇脱水装置

当甘醇脱水装置在井口处理无硫天然气或在净化厂内处理来自脱硫装置的净化气时,可采用如图8-29所示的工艺流程。由于处理无硫气,故再生出的水汽可直接排放至大气。当然,如进料气中含有芳烃,则可能需要采取措施控制。

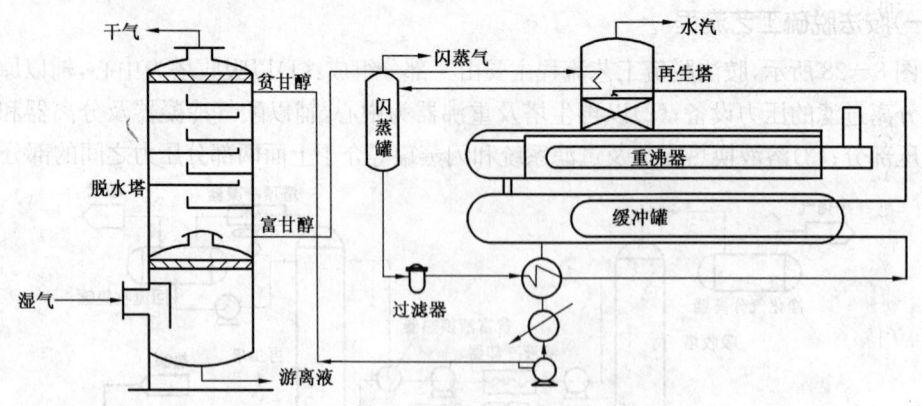

图8-29 处理无硫气的甘醇脱水工艺流程图

由于甘醇脱水装置通常气液比很高,即甘醇循环量小,且甘醇又有较高的黏度,故吸收塔通常均使用泡罩塔板。然而,20世纪90年代以来甘醇脱水塔采用结构填料取得了良好的效果,投资费用显著节省,值得关注。再生塔可采用塔板或通用填料。

重沸器的热源:净化厂可采用高压蒸汽或热载体间接加热,井场装置可采用火管直接加热,但需控制火管壁温(甘醇侧)不超过221℃,热流密度宜为18~25kW/m²。

三甘醇的过滤通常置于富液一侧,包括机械过滤及活性炭过滤。有些装置中未安排贫液水冷,但工厂实践表明,贫液如进一步用水冷却降低温度,可取得更好的效果。

2. 处理含硫天然气的甘醇脱水装置

当甘醇装置用于井场含硫天然气脱水时,此时 $H_2S$ 等在甘醇中的溶解和其带来的问题必须重视。当 $H_2S$ 浓度不高时,再生排出的 $H_2S$ 可灼烧排放;而对于 $H_2S$ 浓度较高的天然气,应在再生塔前设一富液汽提塔解析 $H_2S$ 等并返回吸收塔,使之随 $CH_4$ 等烃类一同输出,图8-30系此类装置的流程图。

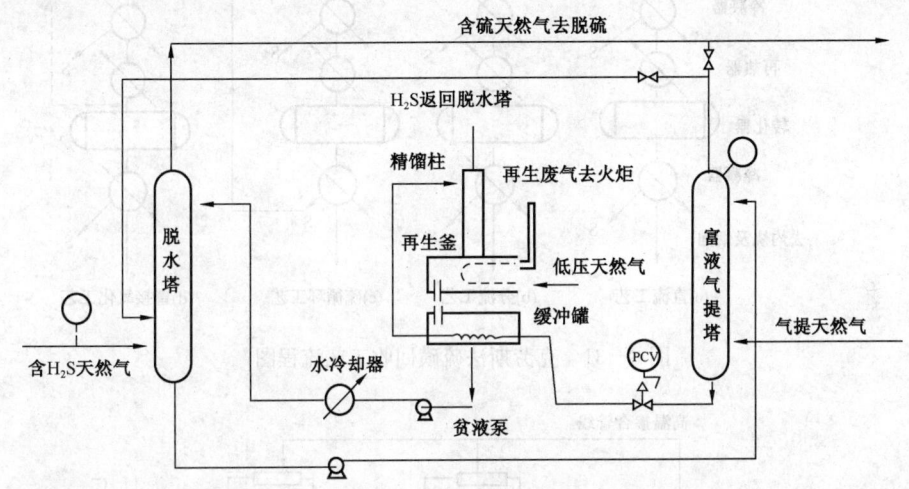

图8-30 处理含硫天然气的甘醇脱水工艺流程图

需要指出的是,如使用含硫进料气作为汽提气,则从气液平衡可知汽提 $H_2S$ 的效果颇为有限;而若使用无硫气作为汽提气则可从富液中除去98%以上的酸气,在富甘醇中 $H_2S$ 含量为 $36\sim180\text{kg/m}^3$ 时,汽提气量可按 $1.87\sim15.58\text{m}^3/\text{kgH}_2\text{S}$ 安排。

### (三)克劳斯硫磺回收工艺流程

克劳斯硫磺回收工艺流程是一类系列工艺,主要由于进料酸气 $H_2S$ 浓度的不同而形成了几种工艺流程。图8-31是几种工艺的流程图。

在克劳斯硫磺回收工艺流程过程中由于需要将过程气(指装置内除进料酸气及排放的尾气之外任一处的工艺气流)中的硫蒸气逐级冷凝回收以降低其硫露点,进入下一级催化转换器前又需将过程气升至合适温度,故存在过程气的再热问题。

1. 克劳斯直流工艺

克劳斯直流工艺中,全部酸气与按需要配入的空气一起进入燃烧炉(也称反应炉)反应,再经过余热炉(也称废热锅炉)、两级或更多的催化转化反应器与相应的硫磺冷凝冷却器,经捕集硫磺后,尾气或灼烧排空或进入尾气处理装置。图8-32为具两级催化转化的克劳斯直流工艺流程图。

采用直流工艺,燃烧炉内即有60%~70%的元素硫生成,这就大大减轻了催化段的转化负荷而有助于提高硫收率,因此直流工艺是首选工艺;其限制因素是酸气 $H_2S$ 浓度不应低于50%(也有资料认为应高于55%),究其实质则是酸气与空气燃烧反应足以维持炉膛温度不低于927℃,一般认为此温度是燃烧炉内火焰处于稳定状态而能够有效操作的下限。显然,如预热酸气及空气或使用富氧空气,$H_2S$ 浓度也可低于50%。

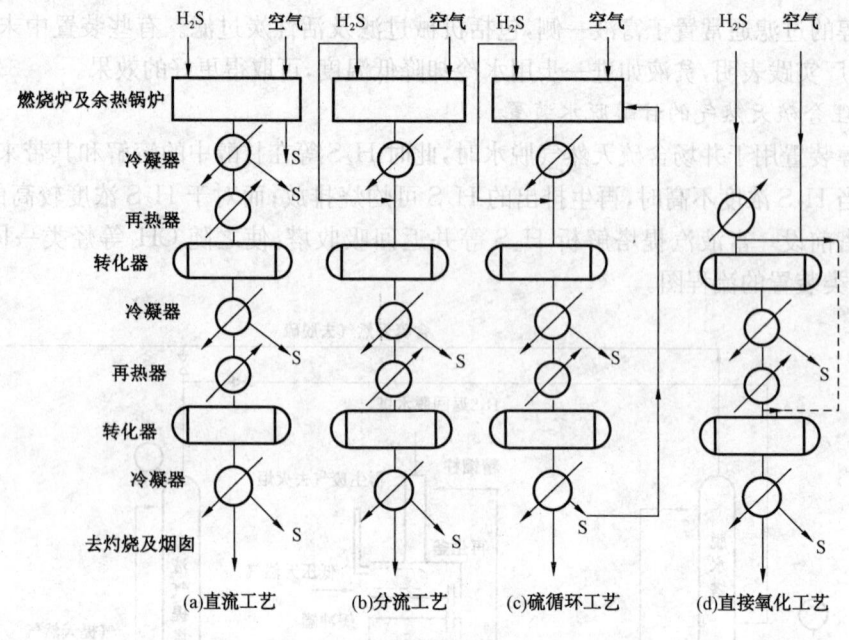

图8-31 克劳斯法硫磺回收工艺流程图

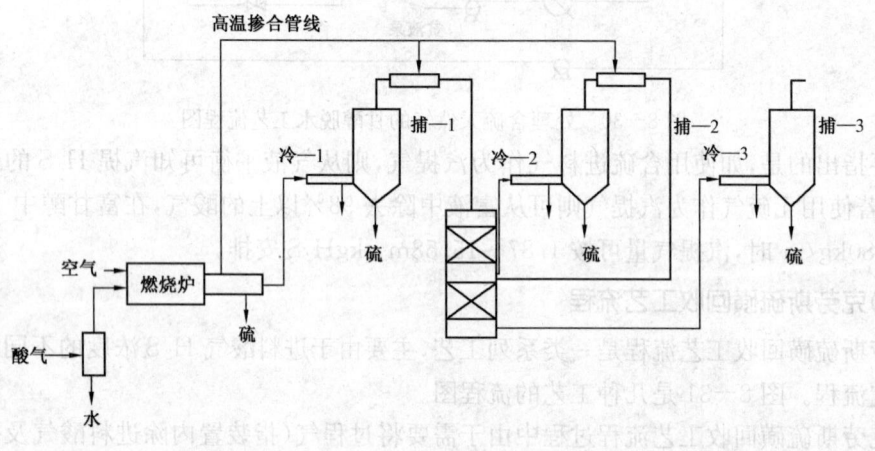

图8-32 具两段催化转化的克劳斯直流工艺流程图

2. 克劳斯分流工艺

当酸气$H_2S$浓度低于50%而又高于15%时可采用克劳斯分流工艺，典型的克劳斯分流工艺是酸气量的1/3与计量的空气进入燃烧炉将其中的$H_2S$转化为$SO_2$，此股气流经余热锅炉后与另外的2/3酸气混合进入催化转化段。因此，在此种工艺中硫磺是完全在催化段内生成的。图8-33为具两级催化转化的克劳斯分流工艺流程图。

3. 克劳斯直接氧化工艺

当酸气$H_2S$浓度低于5%时可采用直接氧化工艺，这实际是克劳斯原形工艺的新发现。按所用催化剂的催化反应方向不同，直接氧化工艺可分两类：一类是将$H_2S$选择性催化氧化为元素硫，在工况条件下这实际是一个不可逆反应，此类工艺在处理克劳斯尾气领域获得了很好的应用。另一类工艺则是将$H_2S$催化氧化为元素硫及$SO_2$，故在氧化段后继以常规克劳斯催化段，此类工艺的典型代表是美国UOP公司与Parsons公司开发的Selectox工艺。

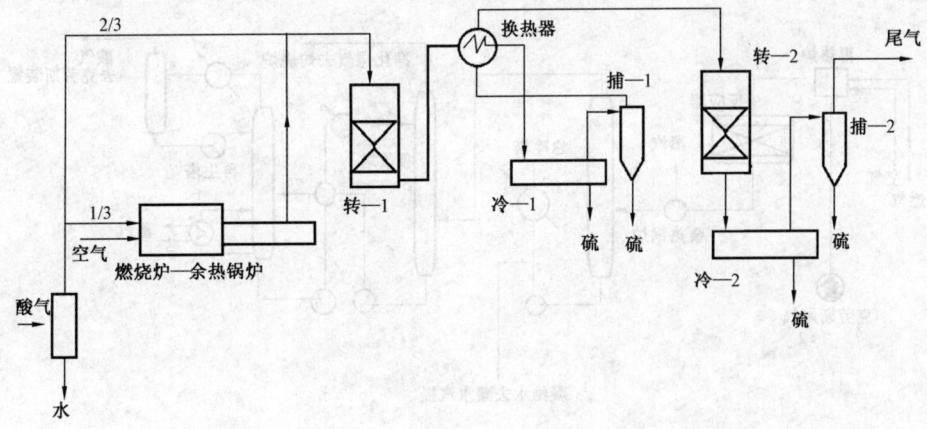

图 8-33  克劳斯分流工艺流程图

Selectox 工艺有一次通过法及循环法。当酸气 $H_2S$ 浓度小于 5% 时可使用一次通过法，但当 $H_2S$ 浓度大于 5% 时，为控制反应温度，并使过程气出口温度不高于 371℃，需将过程气循环，图 8-34 为 Selectox 循环工艺流程。

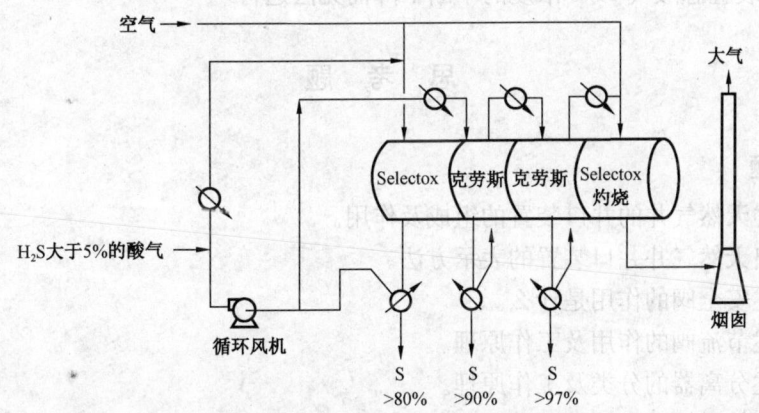

图 8-34  Selectox 循环工艺流程图

4. 克劳斯硫循环工艺

克劳斯硫循环工艺的特点是：在酸气中 $H_2S$ 浓度低，其燃烧不足以维持炉温时向炉膛内喷入部分产品液硫燃烧为 $SO_2$，以其所产生的热量协助维持炉温。这是早期曾采用过的一种工艺。由于目前有多种处理贫 $H_2S$ 酸气的工艺手段，硫循环法已少应用。

(四)尾气处理工艺

在本书中主要介绍尾气处理工艺中的还原—吸收工艺。

如图 8-35 所示，还原—吸收工艺包括还原段(如尾气所含 $H_2$ 不符合需要，则需供氢或以在线燃烧器发生还原气)、急冷段和选择脱硫段。

还原段的任务是将尾气中各种形态的硫均转化为 $H_2S$；在此过程中，$SO_2$ 与元素硫均是加氢反应，有机硫主要是水解反应。

急冷段以循环水将余热锅炉回收热量后的加氢尾气直接冷却降至常温，与此同时降低了其水含量，还可以除去催化剂粉末及恒量的 $SO_2$。由于气流中的 $H_2S$ 及 $CO_2$ 等酸性组分会溶解于水中，因此需加氨以调节其 pH 值。产生的凝结水送酸水汽提单元处理。

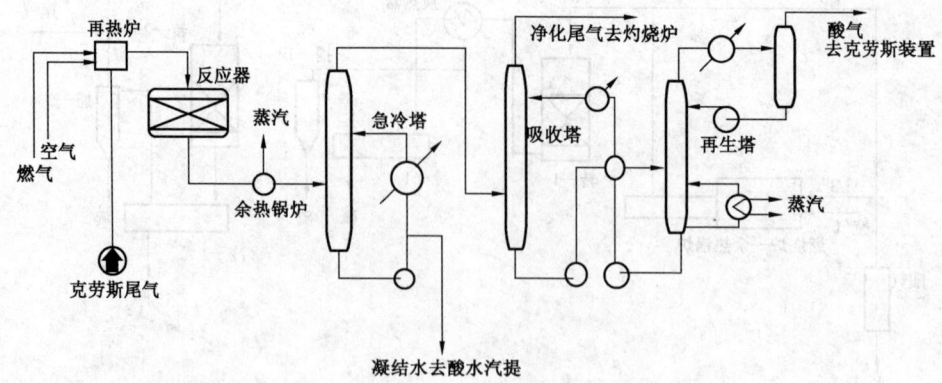

图 8—35 还原—吸收法尾气处理工艺流程图

选择脱硫段的任务是将冷却至常温的加氢尾气中的 $H_2S$ 以胺液选择性吸收下来，胺液再生吐出的酸气返回克劳斯装置，正是由于有选吸工序，还原—吸收法处理尾气的目标才得以实现；如果胺液不具备选吸功能，即同时完全将 $H_2S$ 和 $CO_2$ 吸收下来，并返回克劳斯装置，这就会导致克劳斯装置总酸气 $H_2S$ 浓度的不断下降而无法运行。

## 思 考 题

### 一、理论题

8—1 简述天然气井的井口装置的组成及作用。

8—2 写出天然气井井口装置的表示方法。

8—3 简述安全阀的作用是什么。

8—4 简述节流阀的作用及工作原理。

8—5 简述分离器的分类及工作原理。

8—6 简述管道输送天然气的特点是什么。

8—7 简述常见的采气井站工艺流程有哪些？作用是什么？

8—8 简述什么是集气站工艺流程；常见的集气站工艺流程有哪些。

8—9 简述离心式分离器的工作原理。

8—10 简述天然气净化工艺所包含的内容。

### 二、操作题

8—1 了解本章操作项目。

8—2 熟悉水套炉加水的操作流程。

8—3 熟悉更换压力表操作流程。

## 参 考 文 献

[1] 王显政. 安全生产技术(上册). 北京:煤炭工业出版社,2004.
[2] 王显政. 安全生产管理知识. 北京:煤炭工业出版社,2004.
[3] 张琪. 采油工程原理与设计. 东营:中国石油大学出版社,2006.
[4] 唐磊. 采油基本技能操作读本. 北京:石油工业出版社,2006.
[5] 郑爱军. 采油工程实训指导. 北京:石油工业出版社,2007.
[6] 李颖川. 采油工程. 2版. 北京:石油工业出版社,2009.
[7] 吴奇. 井下作业监督. 3版. 北京:石油工业出版社,2014.
[8] 王光然. 油气集输. 北京:石油工业出版社,2006.
[9] 蒋洪,刘武. 原油集输工程. 北京:石油工业出版社,2006.
[10] 戴静君. 油气集输. 北京:石油工业出版社,2012.
[11] 李娟,张志宝. 井站运行与管理. 北京:石油工业出版社,2012.
[12] 刘合. 油田联合站集输系统控制技术. 北京:石油工业出版社,2004.
[13] 《油田油气技术设计技术手册》编写组. 油田油气技术设计技术手册:下册. 北京:石油工业出版社,2009.
[14] 李振泰. 油气集输工艺技术. 北京:石油工业出版社,2007.
[15] 孙祖岭. 采油测试工. 北京:石油工业出版社,2004.
[16] 宋成立,王晓翠. 油水井动态分析实例解析. 北京:石油工业出版社,2012.11.
[17] 金海英. 油气井生产动态分析. 北京:石油工业出版社,2010.4.
[18] 杨勇,胡义群,文爱国,等. 低渗复杂断块油气田注采井组动态分析方法. 经济研究导刊,2010,06:182-183.
[19] 燕春如. 区块开发动态分析实例. 内江科技,2010,05:119-171.
[20] 程爱巧,邱坤态,朱虹. 一种油井含水动态分析方法. 河南石油,2003,S1:31-33.
[21] SY/T 5587—2004 常规修井作业规程.
[22] 张景利,赵继斌. 井下作业工. 北京:石油工业出版社. 2004.
[23] 李士伦. 天然气工程. 2版. 北京:石油工业出版社. 2008.
[24] 杨小平,张建成,尤蔚,等. 采气井口装置自动化气密封试验台的设计. 石油矿场机械. 2008,37(5):109-112.
[25] Q/SY XN0085—2000. 采气井口装置使用管理规程. 中国石油天然气股份有限公司. 2000,12.
[26] 廖锐全,张志全. 采气工程. 北京:石油工业出版社. 2003.
[27] 孙旭,陈欣,刘爱侠. 清管器类型与应用. 清洗世界. 2010,26(6):36-41.
[28] 王俊奇. 天然气跨音速气水分离技术. 北京:石油工业出版社,2010.
[29] 王俊奇,张鹏云,韩长武. 天然气管线投产置换与安全. 北京:中国石化出版社,2011.
[30] 王俊奇,刘祎,郑欣. 天然气利用与安全. 北京:中国石化出版社,2011.
[31] 王俊奇,张钊,郑欣. 天然气化工与利用. 北京:中国石化出版社,2011.
[32] 中国石油天然气集团公司职业技能鉴定指导中心. 采油工. 北京:石油工业出版社,2001.
[33] 中国石油天然气集团公司职业技能鉴定指导中心. 采油测试工. 北京:石油工业出版社,2009.

# 思考题参考答案

## 第一章 油气生产安全知识

**一、理论题**

1—1 生产过程中主要存在火灾、爆炸、机械伤害、物体打击、触电、中毒窒息、高处坠落、灼烫、淹溺等危害因素。

1—2 我国规定了红、蓝、黄、绿四种颜色为安全色。红色的含义为禁止停止,蓝色的含义为指令必须遵守的规定,黄色的含义为警告注意,绿色的含义为提示安全状态通行。

1—3 安全标志分为禁止标志、提示标志、警告标志和指令标志四类。禁止标志表示不准或制止人们的某些行动;提示标志表示示意目标地点或方向;警告标志表示使人们注意可能发生的危险;指令标志表示必须遵守,用来强制或限制人们的行为。

1—4 (1)私自拆装电器设备、电路。(2)临时用电线路不规范。(3)湿手湿脚动用电器设备开关,或用湿的物质去接触电器设备。(4)电器开关损坏漏电。(5)室内线路绝缘磨损、漏电。(6)漏电保护系统失灵。(7)设备线路短路,机壳带电。(8)电器设备在检修时,没有悬挂警示牌或无人看管配电开关,突然送电。

1—5 (1)定期巡检确保电气仪表完好。(2)定期对电机进行检查、保养,测试线路电阻符合要求。(3)密封填料安装松紧度适当,严禁泵空转。(4)使用合格的防爆电器、防爆工具。(5)操作人员经过相关机构培训并取得操作资格证。(6)保证通风设施运行良好。(7)正确穿戴劳保用品。(8)严格按照操作规程操作,杜绝违章行为。

1—6 (1)用火不慎。(2)违反操作规程。(3)电气设备安装、使用不当。(4)爆炸引起的火灾。(5)自燃起火。(6)静电放电、雷击起火。

1—7 (1)企业用火严格执行用火作业审批制度,杜绝违章用火。(2)易燃易爆场所严格执行火种管理制度、静电管理制度和场站出入制度等。(3)做好自燃物质、易燃易爆物质管理,控制燃烧爆炸条件的形成。(4)严格执行电气设备管理制度,保障电气设备安全可靠运行。(5)做好用火防火知识教育和培训,提高全员防火意识和技能。

1—8 (1)严格控制明火,消除火源与油品蒸气和可燃气体的接触。(2)防止金属撞击发生火星。(3)防止电器设备发生火花。(4)防雷电和静电。

1—9 (1)防火灾。(2)防爆炸。(3)防中毒。(4)防雷击。(5)防触电。

1—10 计量站主要存在火灾、爆炸、触电、机械伤害、中毒窒息等危害因素。

**二、操作题**

1—1 见本章的操作项目。

1—2 (1)检查、准备:打开气瓶开关检查气瓶压力和供气管高压气密性;检查面罩的密闭性;戴好面罩后,用手捂住卡扣口,呼吸,检查面罩是否密闭,面罩应紧贴面部。(2)佩戴空气呼吸器:提起呼吸器,使其垂直,气瓶阀朝下;先将左肩穿过有压力计的肩带,背上呼吸器;调整肩带;扣紧腰带。(3)佩戴面罩:松开面罩后的松紧头带,先将面罩收进下巴,由下向上;将面罩后的头带,调到正确位置;向后抽紧颈带;如有必要,调整好头顶的头带。(4)佩戴呼吸器:将气瓶阀打开,再察看一遍压力计,检查气瓶压力;听到插入面罩卡扣;再检查一次面罩是否密闭,可屏住呼吸,确认听不到漏气声;如有漏气,调整面罩头带;一直调整到没有漏气声。(5)安装供气阀:使红色按钮朝上,将供气阀与面罩对接并逆时针旋转90°,卡闩滑入卡槽,听到咔哒声。(6)卸下呼吸器:用手按压卡扣向外使卡扣脱离卡槽,旋转90°,同时用手按压节气开关,中断供气拔出需求阀;卸下面罩和背架;放下呼吸器,小心不要碰撞;关闭气瓶阀,旋转旁路钮,释放系统内压力。(7)注意事项:空气呼吸器气瓶正常压力为28～30MPa,一般现场使用时,为保证救援人员安全,当听到报警哨响起或压力低于5MPa时,应根据情况尽快离开危险场所。

## 第二章 有杆泵采油

**一、理论题**

2—1 计量站是采油井集汇油气计量、掺水、热洗、注水的处理单元,并对各井进行油气单独计量。通过站内的各种阀门、管线、设备、仪表等控制、疏导各井原油的流量。同时也可以对油井进行掺水控制、热洗。其次还担负着控制、调节各注水井注水量,保证各注水井定压、定量完成注水量的任务。

2—2 (1)计量间是油气计量、掺水、热洗的处理中心,其主要设备有采油汇管阀组、掺水阀组和油气计量装置三大部分组成。计量间的主要作用是对油井产出的油气进行计量,同时也可以对油井进行掺水控制、热洗。(2)流程简图见教材。

2—3 (1)配水间担负着控制、调节各注水井注水量,保证各注水井定压、定量完成注水量的任务。(2)流程简图见教材。

2—4 抽油井井口装置主要由套管三通,油管三通、填料盒、套管阀门、生产阀门、套压表和油压表等组成。井口装置的作用主要有:(1)连接套管、悬挂油管,承受井内生产和作业管柱的载荷。(2)密封油套环形空间,控制套管气。(3)控制油管内的油气,引导油气进入出油管线。(4)保证洗井、冲砂、酸化、压裂等井下作业的顺利进行。(5)录取油压、套压资料。(6)取井口油样,测井内液面、压力资料等。

2—5 油管挂:用于悬挂油管;音标:用于动液面测试;油管:液流通道;泄油器:用于起油管时,连通油管与井筒通道;深井泵:抽液体。

2—6 游梁式抽油机主要由四部分组成。(1)游梁—连杆—驴头—曲柄机构(称为四连杆机构);作用:将电动机高速旋转运动转换成抽油杆上下往复直线运动,带动深井泵柱塞作上下往复直线运动,将井内液体抽吸到地面。(2)减速箱(减速机构):将电动机高速旋转运动转换成游梁的低速摆动。(3)动力设备:是指电动机(或其他动力机),为抽油机提供动力。(4)辅助装置:如刹车、支架等,保证抽油机正常工作。

2—7 (1)游梁平衡:平衡块安装在游梁尾部(后臂上),在抽油机运动过程中易产生摆动。适用于30kN以下的轻型抽油机。适应于浅井。(2)曲柄平衡:平衡块安装在曲柄上,减少了游梁平衡方式引起的摆动。适用于50kN以上重型抽油机。适应于深井。(3)复合平衡:同时采用游梁平衡与复合平衡。其特点是小范围调节平衡时,可调节游梁平衡块;大范围调节平衡时,则调节曲柄平衡块,复合平衡只适应于中型抽油机。适应于中深井。

2—8 上冲程:抽油杆带着活塞向上运动,游动阀关闭,泵缸内压力下降。当泵内压力低于泵入口处压力(泵的沉没压力)时,固定阀打开,泵缸开始吸油。此时,油管内液柱载荷作用在游动阀上(抽油杆承载)。

下冲程：活塞向下运动，固定阀自动关闭，活塞挤压泵内流体，使之压力上升，当泵内压力大于活塞上部液柱压力时，游动阀打开，泵内的流体进入活塞上部。此时，油管内液柱重力作用在固定阀上（油管承载）。

如此循环往复，抽油泵就不断地把地层流体吸入泵内，并排出地面。

2—9 影响泵效的主要因数有：(1)冲程损失的影响。由于油管柱和抽油杆柱在交变载荷作用下引起弹性变形，使活塞冲程 $S_P$ 小于光杆冲程 $S$，其差值 $\lambda = S - S_P$ 即为冲程损失。由于冲程损失的存在，减小了活塞让出的体积，致使泵效降低。(2)气体和充不满的影响。当油中含气较多时，气体进泵后，占据了活塞让出的一部分空间，或由于地层供液不足，地层液体不能充满活塞让出的体积，从而使泵效降低。(3)漏失影响。由于泵的间隙偏大，或由于泵受到腐蚀，或由于含砂，或由于泵内结蜡使固定阀、游动阀关闭不严等，都会导致泵的漏失。此外还有油管漏失和泄油器漏失。这些会使吸入泵内的液体不能全部排到油管里，导致泵效降低。

提高泵效的主要方法：(1)选择合理的工作方式。油井工作方式，又称工作制度。对抽油井来讲，是指冲程、泵径和冲次即 $F, S, n$ 的配合。(2)使用油管锚，减小冲程损失。(3)合理利用气体能量，减少气体影响。① 合理利用气体能量：对连抽带喷的抽油井，通过合理控制套管气，利用气体能量举油，可以提高泵效；对不带喷的井，通过控制套管气（保持套管压力）可稳定液面，提高泵充满程度，使气体进入到活塞上面再分离，以提高泵效。② 减小防冲距：在保证不碰泵的情况下，尽量减小防冲距，使余隙比减小，以提高泵的充满系数。③ 使用气锚减少气体影响。

2—10 常用的有钢制抽油杆、玻璃纤维抽油杆和空心抽油杆三种类型。钢制抽油杆结构简单，成本低，直径小，有利于在油管中上下行运动，主要用于常规有杆泵抽油方式。玻璃纤维抽油杆耐腐蚀，重量轻，有利于降低悬点载荷，节约能量，适应于含腐蚀介质的油井进行深抽。空心抽油杆成本较高，适应于高含蜡、高凝固点的稠油井，有利于热油循环、热电缆加热等特殊抽油工艺。

二、操作题

2—1 见本章的操作项目。

2—2 操作步骤：(1)穿戴劳保用品，准备工用具。(2)停抽使曲柄停在井口方向 45°～60° 处、刹车、断电，记录停抽时间。(3)在井口填料盒上打方卡子，卸掉驴头负荷，锁死刹车，确认刹车牢固可靠。(4)将驴头与底座用倒链拉紧，用棕绳将尾轴承固定在支架上。(5)卸松两边冕形螺帽，砸松曲柄销子；用绳子绑住连杆，取下冕形螺帽，取出曲柄销子总成，将连杆固定在支架上。(6)清理新冲程孔和曲柄销子表面并加注黄油，松尾轴承固定棕绳，用倒链调整，使曲柄销子对准曲柄孔中心推进去，上紧冕形螺帽，取下连杆上的棕绳。(7)取下倒链，打开刹车锁死装置，松刹车使驴头吃上负荷，刹紧刹车，卸掉井口方卡子，锉净光杆毛刺。(8)根据计算好的防冲距，重新调整抽油机防冲距。(9)松刹车、送电、利用曲柄平衡块惯性二次启动抽油机，检查防冲距是否合适，观察抽油机运转情况，记录开抽时间。(10)收拾工用具，清理现场，将有关数据填入报表。

技术要求：(1)开机运转时应不擦、不刮，声音正常，运转良好。(2)抽油机平衡率在 85%～115% 之间。(3)两连杆平行误差<3mm。(4)装卸曲柄销子时，要正确区分正反扣。(5)取出曲柄销子时，应防止碰坏销子丝扣。(6)衬套与曲柄销子配合接触面应>75%。(7)防冲距泵深小于 500m 时，防冲距 30cm；泵深 800m 时，防冲距 50cm；泵深 1000m 时，防冲距 70cm。(8)当抽油机结构不平衡重值为正值时，倒链应挂在驴头部位；当抽油机结构不平衡重值为负值时，倒链应挂在尾梁上。(9)操作电器设备时,用验电器检查设备是否带电,必须戴绝缘手套,送电时要侧身。(10)高空作业时脚下要站稳,登高作业超过2m时要系安全带。

2-3 操作步骤:(1)穿戴劳保用品,准备工用具。(2)检查井口流程正确,井口零部件及仪表齐全完好,无渗漏现象,出液、掺水正常,填料盒松紧程度适中,无碰挂现象。记录回压、套压。(3)检查驴头无裂纹,驴头销子齐全、无脱出,毛辫子长短一致,无断股打纽现象,光杆方卡子紧固,悬绳器处于水平位置,光杆无弯曲,外露0.8~1.5m。(4)检查抽油机中、尾轴承无异响,固定螺丝无松动;连杆无异响并与曲柄销连接紧固,连杆销子无脱出松动。(5)支架、底座部位检查:各部位连接固定螺栓齐全、紧固无松动,底座是无悬空、震动现象,基础无下沉,安全防护栏完好,符合安全要求。(6)皮带、刹车系统检查:刹车牢固可靠,无磨擦,无自锁现象;皮带松紧度合适,两皮带轮成"四点一线"。(7)曲柄、减速箱部位检查:减速箱油位、油质、温度正常,无漏油现象,各轴承运转正常无异响,固定螺钉齐全紧固,冕形螺帽安全线无错位;曲柄键无退出;锁块、平衡块固定螺栓齐全无松动。(8)电气设备检查:变压器油量充足,配电柜内电器设备齐全完好,电缆无老化、破损、裸露现象,电动机无松动,温度、声音正常,所有接地线规范完好。(9)收拾工用具,清理现场。

技术要求:(1)读取压力时,眼睛、表针、刻度盘成一直线。(2)刹车行程在刹把的1/2~2/3之间,刹车片与刹车轮的接触面不低于80%。(3)检查皮带松紧时用手掌按压皮带且不能戴手套,不能用手抓皮带。(4)操作电器设备时,用验电器检查设备不带电,必须戴绝缘手套,送电时要侧身。(5)减速箱内机油液面在视窗1/2处或两检查孔之间。(6)高空作业时脚下要站稳,必须系安全带。

# 第三章 其他机械采油

## 一、理论题

3-1 电潜泵采油装置主要由三部分组成:(1)井下部分:潜油电动机、保护器、气液分离器、多级离心泵、潜油电缆。(2)地面设备:控制柜、变压器。(3)辅助设备:扶正器、测温测压装置、单流阀、泄油阀、专用井口、接线盒。

3-2 电潜泵采油是机械采油方式之一,与其他机械采油方式相比,具有排量大、扬程高、管理方便等特点。但一次性投入大,施工、管理要求严格。

3-3 (1)排量范围大。(2)扬程高。(3)可以根据产液变化要求进行变频调速。(4)地面设备占用面积和空间小,适用于海上平台。(5)使用寿命长。(6)便于管理。(7)可适用于斜井与水平井。

3-4 (1)直径小、级数多、长度大。(2)轴向卸载、径向扶正。(3)泵吸入口装有特殊装置。(4)泵出口处上部装有单流阀和泄油阀。

3-5 电潜泵供电流程:地面电源→变压器→控制柜→潜油电缆→潜油电动机。

电潜泵抽油工作流程:分离器→多级离心泵→单流阀→泄油阀→井口→出油干线。

3-6 (1)一次性投资少。(2)泵效高,节能效果好,维护费用低。(3)占地面积小。(4)适合稠油开采。(5)适应高含砂井。(6)适应高含气井。(7)适用于海上油田丛式井组合水平井。

3-7 (1)为井下螺杆泵提供动力和合适的转速。(2)承受杆柱的轴向载荷。(3)为油井产出液进入地面输油管道提供通道。(4)防反转等辅助功能。

3-8 螺杆泵专用井口简化了采油树,使用、维护、保养方便,同时增强了井口强度,减小了地面驱动装置的震动,起到保护光杆和换密封填料时密封井口的作用。

3—9 螺杆泵工作时,抽油杆柱在油管内转动,杆柱的转动会引起井口的震动及杆柱与管柱的磨损,为了使抽油杆在油管内居中,减缓抽油杆的疲劳,抽油杆必须实施扶正,特别是高转速的螺杆泵井。通常在杆柱的上端即光杆附近、杆柱的下端即转子附近以及中下部一定要放置扶正器。

3—10 螺杆泵工作原理是:动力及引接电缆将电力传送至井下潜油电动机,潜油电动机通过齿轮减速器和双万向节驱动螺杆泵在低速下转动,井液经过泵增压后,通过油管举升到地面。

**二、操作题**

3—1 见本章的操作项目。

3—2 电泵井资料录取的主要内容有油压、套压、产量、含水率、气油比、主控电压、电流、静压、流压、动液面等。

3—3 巡回检查主要内容:

1. 人员要求及准备工作。(1)本项目所需操作人员为1人。(2)准备工作:工具、用具及材料准备,600mm管钳1把,试电笔1只,绝缘手套1副,记录笔,记录纸。(3)劳保用品准备齐全,穿戴整齐。

2. 操作步骤。(1)变压器检查。检查变压器警示牌,检查变压器端子接线,闻变压器是否有不良气味。(2)控制屏检查。① 检查控制屏总闸位置,检查控制屏控制电压和机组工作电压。② 检查启动转换开关位置,在机组正常运行时控制屏启动转换开关应置于"自动"位置;对间歇生产井,转换开关应置于"手动"位置。③ 检查控制屏指示灯。指示灯有三个:即正常运行——绿色;欠载——黄色;过载——红色。如欠载或过载指示灯亮,机组应停机,分析原因,严禁随意启动。④ 检查电流记录仪与电流表。主要检查电流曲线波动情况及原因,记录电流,并定期更换电流卡片。(3)接线盒检查。接线盒接地线是否良好,接线盒的门是否关闭、锁紧,接线盒有无漏电、淋雨、水浸现象等。(4)电缆检查。检查接线盒两侧电缆有无破皮、鼓皮、破损现象,电缆敷设是否良好,电缆铠装接地是否完好。(5)井口检查。① 检查生产阀门、回压阀门及总阀门的开启是否正常,检查井口掺水温度是否正常,检查管网流程有无损坏、渗漏现象。② 检查清蜡阀门。一般情况下清蜡阀门应关小,稍留缝隙。③ 听油井出油声音,摸管线温度,分析出油是否正常。④ 检查并记录井口油压、回压、套压,放套管气,控制合理套压生产。(6)井号标志必须醒目,井场规范整洁。(7)填好巡回检查记录。

3. 技术要求。(1)发现问题及时处理,不能处理的问题及时汇报。(2)检查电流记录卡片,新投产或新开作业井使用日卡,正常生产后使用周卡。

4. 安全要求。在检查变压器时,检查人员应站在安全护栏外检查,不得用木棒等乱触变压器;发现异常由专业人员处理。

# 第四章　油气水处理

**一、理论题**

4—1 (1)联合站(也称集中处理站),主要任务是对井站输送的原油、天然气、采出水进行集中处理的站。(2)站内包括有脱水站转油系统、原油稳定系统、污水处理系统、注水系统,配电系统以及天然气处理系统等。

4—2 (1)增加了集输过程动力消耗;(2)增大了燃料消耗;(3)原油中的水多数含有盐类,加速了设备、容器和管线的腐蚀、穿孔;(4)总液量增加,多占储油容器,增加设备,多耗能;

(5)在石油炼制过程中,水和原油一起被加热时,水会急速汽化膨胀,压力上升,影响炼油厂正常操作和产品质量,甚至会发生爆炸。

4-3 (1)化学破乳剂脱水;(2)重力沉降脱水;(3)离心力脱水;(4)电脱水。

4-4 气液混合流体经气液进口进入分离器进行基本相分离,气体进入气体通道并经过整流器和重力沉降,分离出液滴。液体进入液体空间分离出气泡后原油向上流动、水向下流动得以分离,气体在离开分离器之前经捕雾器除去小液滴后从出气口流出,原油从顶部经过溢流隔板进入油槽并从出油口流出,水经溢流挡板进入水槽并从排水口流出。三相分离器脱水效果的关键是油水界面稳定,一般配套DCS控制系统,对分离器操作压力、油室液位、水室液位进行全程自动控制,实现分离器压力、水室液压、油室液位的稳定。采出液含砂量高时配套增设冲排砂装置,对泥砂进行排除处理。一般脱出原油含水率小于5%,脱出污水含油小于200mg/L。

4-5 (1)富含各种有机物;(2)矿化度高;(3)含油量高;(4)含有一定量的微生物;(5)含有大量的可生成水垢的离子;(6)悬浮物含量高。

4-6 浮动收油+斜板沉降除油+气浮除油除杂+两级过滤工艺。

4-7 含水原油由进口管线,经配液管中心汇管和辐射状配液管流入沉降罐底部的水层内,在水层内进行水洗。破乳剂作为一种表面活性剂,主要作用是降低油水界面的表面张力,由于油水密度的差异,较小粒径的水滴向下运动,油滴向上运动,实现了油水分离。在原油上升到沉降罐集油槽的过程中,其含水率逐渐减小。经沉降分离后的原油进入集油槽后,经原油溢流管流出沉降罐;分离后的污水经上部水箱,由脱水立管排出。

4-8 注水站主要是由储水罐、汇水管路、高压离心泵、输水管路等组成的。另外,注水站还装有水量计量及压力计量的仪表,如流量计、水表及压力表等。

4-9 闪蒸法(正压闪蒸法,负压闪蒸法,常压闪蒸法,冷热汽提闪蒸法),分馏法(精馏法,提馏法,分流法和多级分馏法)等。

4-10 燃料在炉内下部的火筒内燃烧,燃烧产生的烟气依次通过火筒后的烟管和烟囱排入大气,在这个过程中,燃烧释放的热量以辐射、对流等传热形式传给水套中的水,使水的温度升高,并部分汽化,水及其蒸汽再将热量传递给油盘管中的原油,使油获得热量,温度升高。

二、操作题

4-1 见本章的操作项目。

4-2 一般是两级处理:一级主要是以沉降罐为主,靠密度差分离;其次加入药剂加速分离。二级主要是以压力过滤罐为主,靠物理和化学吸附达到净化的目的。(若是三级处理,就需增加生化处理)。简易流程图略。

4-3 操作步骤:(1)关闭要更换的法兰垫片前后的切断阀门,并打开放空阀放空卸压。(2)选用合适扳手,卸下法兰螺丝。(3)用撬杠轻轻撬动法兰,卸掉残余液体,取出旧法兰垫片。(4)用钢锯条或刮刀将法兰盘上的残物刮净。(5)用钢丝刷将法兰螺丝上的锈刷掉,并涂上黄油。(6)用撬杠撬动法兰片,将新法兰垫片放入两法兰中间。(7)将螺丝依次穿入法兰螺孔内,带上螺丝帽用扳手上紧。(8)关闭放空阀,打开来水切断阀,试压试漏。确认无渗漏后,全开前后阀门投入运行。

# 第五章 油水井测试

## 一、理论题

5—1 (1)井底流压不随时间变化或变化很小的渗流称为稳定流,如稳定试井。(2)井底流压随时间变化而变化的渗流称为不稳定流,如不稳定试井。

5—2 (1)主要由以下部分组成:压力传感器、温度传感器、电路板、电池组件和外壳等。
(2)压力、温度传感器将井下实测参数(压力、温度)频率(脉冲)信号经处理器转换成数字信号存储在存储器中,测试完毕后,在地面用回放设备将数据回放出来,进行打印处理和解释。

5—3 (1)产能资料。(2)压力资料。(3)水淹状况资料。(4)产出物的物理化学性质资料。(5)机械采油井工况资料。(6)井下作业资料。

5—4 (1)吸水能力资料。(2)压力资料。(3)水质资料。(4)井下作业资料。

5—5 (1)低压测试是指对抽油机井测示功图和动液面。
(2)抽油机井的测试目的是:研究油层特性,了解油井的生产动态变化,确定合理的工作参数,获得最佳的生产效果。① 测示功图的目的和意义:目的是通过测示功图,分析、认识和了解抽油机负荷变化情况,观察深井泵在井下工作状况和判断油层供液能力,检验工作制度是否合理。意义是为调整工作制度、采取挖潜措施、制定合理开发方案提供可靠依据。② 测动液面的目的和意义:目的是通过测动液面资料,了解油层供液能力好坏,分析认识深井泵工作效率及工作状况是否合理,折算流动压力。意义是为动态分析、采取措施以及确定合理工作制度提供可靠依据。

5—6 (1)负荷计算(光杆最大、最小负荷)。(2)泵的理论排量。(3)泵效。(4)抽油杆柱重量(抽油杆柱在空气中、液体中的重力)。(5)液柱重量。(6)上、下理论负荷线高度。(7)冲程损失。

5—7 计算公式为:

$$H_{液} = \frac{S_{液}}{S_{箍}} n \cdot l$$

式中 $H_{液}$——动液面深度,m;
$S_{液}$——井口波到一次液面反射波在记录带上的距离,mm;
$S_{箍}$——$n$ 根油管接箍长度反映在记录带上的距离,mm;
$n$——选取的油管接箍波数;
$l$——一根油管油管长度(可以查油管记录资料,或用每根油管的平均长度9.7m),m。

5—8 分层注水井现有井下管柱结构有偏心配水管柱、空心配水管柱、混合配水管柱、油套分注管柱等。现各油田使用较普遍的是偏心配水管柱和空心配水管柱。

5—9 (1)正常注水时,堵塞器靠支撑座 $\phi$22mm 台阶坐于工作筒导体的偏心孔上,凸轮卡于偏孔上部扩孔处。(2)密封段上下各有两道O形密封圈,将工作筒偏心孔上下封死,注入水经堵塞器滤罩、水嘴、密封段的出液槽经偏心孔注入油层。

5—10 如图5—3为流(静)压测试卡片,横坐标代表工作时间,纵坐标代表压力。0—0 段表示压力曲线的基线。a—b 段表示放喷管内压力从大气压上升为井口压力(油压)。b—c 段表示压力计从井口下放到第一预定深度处,压力的变化过程。c—d 段表示压力计在第一预定深度处停留,压力的变化过程。d—e 段表示压力计从第一预定深度处下到第二预定深度处(一般为100m或200m),压力随深度增加的过程。e—f 段表示表示压力计在第二预定深度处停留,压力的变化过程。f—b 段表示压力计从第二预定深度处上提到井口放喷管内,压力随深度减少的过程。b-a段表示放喷管内压力从井口压力(油压)下降为大气压。

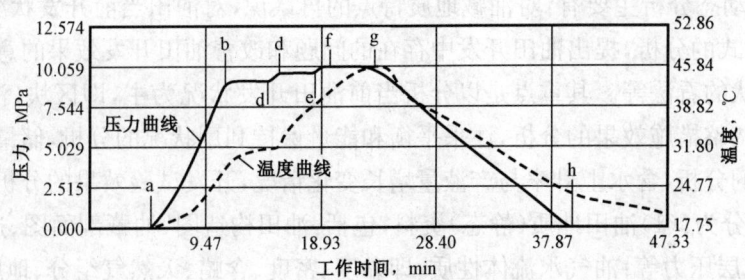

图5-3 流(静)压测试曲线

二、操作题

5-1 见本章的操作项目。5-2 略。

5-3 解：因为 $d_1=2mm,Q_1=50m^3/d,Q_2=80m^3/d$，所以：

$$d_2=\sqrt{\frac{Q_2}{Q_1}}d_1=\sqrt{\frac{80}{50}}\times 50=2.5(mm)$$

答：需调配水嘴 $\phi2.5mm$ 为合适。

# 第六章 油水井动态分析

一、理论题

6-1 油水井动态分析是指通过大量的油水井第一手资料，认识油层中油气水运动规律的综合性分析工作。动态分析主要是针对油藏投入生产后，油藏内部诸因素都在发生变化的情况进行研究、分析，找出引起这些变化的原因和影响生产问题的所在；进而提出调整挖掘生产潜力、预测今后的发展趋势。

6-2 总体上来说，动态分析的内容包括：对注采平衡和保持利用状况的分析；对注水效果的评价分析；对储量动用程度和油水分布状况的分析；对含水率上升及产液量增长情况的分析；对主要增产措施的效果分析。在油田不同开发阶段其任务又有不同侧重。

6-3 油水井动态分析按照分间时间可以划分为：月/季生产动态分析、年度开发动态分析、阶段开发动态分析。

油水井动态分析按分析对象划分为：单井动态分析(油井单井动态分析、水井单井动态分析)、注采井组动态分析、区块/油藏动态分析。

6-4 油水井单井动态分析主要是分析油水井在生产过程中注水、产液(油)、含水率和压力等生产指标的变化特征及其原因；分析井下管柱工作状况是否正常，工作制度是否合理；分析增产增注措施效果。根据分析结果，提出加强管理和改善开采效果的调整措施。

6-5 井组动态分析是在单井动态分析的基础上，以注水井为中心，联系周围油井和注水井，重点研究分析：分层注采平衡、分层压力、分层水线推进情况；注水是否见效，井组产量是上升、下降还是平稳；各油井、各小层产量、压力、含水率变化的情况及变化的原因；本井组与周围油井、注水井的关系；井组内油水井调整、挖潜的潜力所在；提出对井组进行合理的动态配产配注，把调整措施落实到井，落实到层上，力求改善井组的开发效果。

6—6 区块动态分析主要有：对油藏地质特点的再认识，对油田当前开发状况的分析，对层系井网、注水方式的分析，提出油田开发中存在的问题和改善油田开发效果的意见，对油藏、油田动态监测现状的看法等。其重点是以分析当前油田开发状况为主，即区块（油田）开发方案的执行情况即调整措施效果的分析，注采平衡和能量保持利用状况的分析，储量动用状况及油水井分布状况的分析，含水上升率与产液量增长变化情况，开发试验效果的分析等。

6—7 可以分为：(1)油田地质（静态）资料，包括：油田构造图、油藏剖面图、连通图、油层有效厚度、原始地层压力等；油气水流体性质，即黏度、密度、含蜡、天然气组分、地层水矿化度等。(2)油水井动态资料，包括：油气水产量、压力、动液面等。(3)工程资料，包括：完井数据、井筒状况、生产流程、注采设备及工艺技术等。

6—8 采油井产量资料录取标准为：放喷期间每天定时量油一次，抽油生产时，要求每三天计量一次，量油时压力应保持与集输系统一致；新井、措施井、检泵井在正常生产8小时后必须量油，并连续加密量油直至稳定；当产液量大于10吨的井波动范围超过±5吨、产液量10吨以下的井波动范围超过±3吨时，应加密量油到一天一次，直至稳定。

6—9 目前国内外油水井动态分析中所使用的方法主要分为四类。(1)理论分析，包括：① 渗流力学方法——单相渗流为主的试井理论，适用于油田开发早期；② 物质平衡方法——零维模型，计算油藏的平均指标。(2)经验分析，计算油藏平均指标，精度依赖于回归的数据点。包括：① 产量递减分析，适用于递减阶段开发趋势分析；② 特征曲线分析，适应于宏观开发趋势评价。(3)数值模拟，考虑因素最全，需要参数最多。(4)类比分析，考虑因素最少，选择相似油田，对比相同指标。

6—10 油水井动态分析的主要步骤是：(1)井组基本情况统计。(2)开发过程中主要措施及效果分析。(3)主要指标变化原因分析。(4)潜力分析。(5)下步治理措施。

二、操作题

6—1 略。6—2 略。

# 第七章 井下作业

一、理论题

7—1 分为三个方面：维护、修理和油层改造。即维护油水井正常生产；处理井下故障；改变生产层位或生产方式（改造生产层位），提高油层的生产能力，延长免修周期。

7—2 主要设备包括：提升起重设备、循环冲洗设备、旋转设备以及井控设备。井下作业工具主要包括封隔器、控制工具和修井工具三大类。

7—3 封隔器一般由钢体和弹性密封元件组成，封隔各种尺寸管柱与井眼之间以及管柱之间的环形空间，将各个不同的产层分隔开来，防止层间流体和压力的窜通、干扰，以便控制产（注）液量，满足采油（气）生产和修井作业的各种要求。

7—4 按井内落物类型，打捞工具可分成管类打捞工具、杆类打捞工具、绳缆类打捞工具、小物件类打捞工具四类。按工具结构特点，打捞类工具可分成锥类、矛类、筒类、钩类、篮类、其他六大类。

7—5 依靠铅的硬度小，塑性好的特点，在钻压作用下与落鱼或变形套管接触，产生塑性变形,通过分析留下的印迹和深度,间接反映出鱼顶的位置、形状、状态以及套管变形等初步情况,作为定性的依据,为施工作业提供参考。

7—6 (1)循环法。将配好的密度较大的压井液泵入井内进行循环,从而替换出原井筒内的生产液,达到把井压住的工艺即为循环法。循环法是最常用的压井方法,该法又可分正、反循环方式。① 正循环压井对地层回压小、污染小,但对高产井、高压井、气井的压井成功率比反循环压井低。② 反循环压井对地层回压大、污染大,但对高产井、高压井、气井的压井成功率比正循环压井高。

(2)灌注法,就是往井筒内灌注一定量的压井液把井压住的方法。此法多用于油层压力不高、修井工作难度不大、工作量小、修井时间短的简易修井作业。如换油井采油树总阀门、解除井口附近卡钻事故、焊接井口、更换四通法兰等。这种压井方法设备简单、操作方便,修井后很快就能使油井恢复正常生产,并且压井液与油层不接触,油层受损害小。

(3)挤注法。在压井的时候,井口只有压井液进口而没有出口,只能强行将压井液挤入井内,从而把井筒内的原油、天然气和水挤回地层,靠井筒内压井液的重量把井压住的方法。挤注法缺点多,既要用高压泵,又有可能污染地层。此法应尽量少用和不用,但对前两种方法无法实现压井的砂堵井、蜡堵井、因事故无法循环的高压井等可用此法。

7—7 油水井出砂后,砂粒便在井筒中逐渐沉积下来,形成砂柱并不断升高,造成砂埋油气层、砂卡管柱等,导致停产停注,同时砂粒会对井下和地面设备造成严重的磨损。为了恢复出砂油水井的正常生产,必须采取措施清除井筒内的沉砂,冲砂是最常用的一种方法。

7—8 主要有两个:一个是根据抽油井的条件摸索出来的检泵周期,另一个是突然发生的抽油井故障。具体讲:① 油井结蜡检泵。一般情况下油井结蜡是有规律的,要按照该井的结蜡规律,生产一段时间后就进行检泵,以保证泵的性能良好及工作正常,防止蜡卡被迫进行躺井检泵。② 由于泵的漏失使抽油井产量下降。③ 抽油泵游动阀被砂、蜡或其他脏物卡住,井下泵失灵。④ 当油井液面、产量突然发生变化时,为了查明原因,采取恰当措施,需要进行探砂面与冲砂等工作。⑤ 改换泵的参数或提高泵的效率。⑥ 改变泵的工作制度,加深或上提泵挂深度等。⑦ 发生抽油杆断脱,抽油泵不能进行工作。⑧ 发生井下落物或套管出现故障,需要上大修作业。

7—9 油井堵水的目的是控制产水层中水的流动和改变水驱油中水的流动方向,提高水驱油效率,使油田的产水量在某一时间内下降或稳定,以保持油田增产或稳产,最终提高油田采收率。油井堵水主要有机械卡堵水和化学堵水两种方法。

7—10 机械卡堵水一般有四种方式——封上采下、封下采上、封上下采中间、封中间采上下。机械卡堵水按管柱结构大致分为整体式堵水管柱和丢手式堵水管柱两类。

二、操作题

7—1 见本章的操作项目。

7—2 (1)管柱组配的程序是指按照施工设计给出的下井管柱的规范、下井工具的数量和顺序、各工具的下入深度等参数,在地面丈量、计算、组配的过程。(2)机械采油井管柱设计按泵挂深度和尾管完成深度组配。具体顺序为:泵挂深度=油补距+油管挂长度+油管挂短节长度+油管累计长度+泵筒吸入口以上工具长度。

7—3 **解**:由相关计算公式求得:

$$\rho_{液} = \frac{10^2 K p_{油层}}{h} = \frac{10^2 \times 1.1 \times 8.3}{854} = 1.07(\text{kg/m}^3)$$

**答**：算出的压井液密度 1.07kg/m³，故应选用盐水进行压井作业。

# 第八章　天然气开采

## 一、理论题

8-1 气井的井口装置由套管头、油管头和采气树组成。主要作用为(1)悬挂油管。(2)密封油套环形空间。(3)通过油管或油套环形空间进行采气、压井、洗井、酸化、加缓蚀剂等作业。(4)操纵气井的开关和调节气井的压力和产量。

8-2 产品代号(用汉语拼音字母表示)，公称通径(用数字表示，单位 mm，主通径在前面)，额定工作压力(MPa)，执行标准及年号。标准代号通常可以省略。

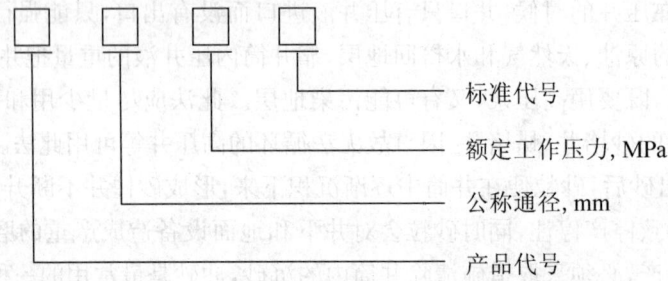

例如，KQ78/65—70 GB/T 22513—2013，KQ 为抗硫采气井口；78 为主通径公称通径，单位 mm，旁通径为 65mm，额定工作压力为 70MPa，执行 GB/T 22513—2013 标准。

8-3 借助于弹簧的压缩力将阀盘压紧在阀座上密封。当容器或管道中的压力超过弹簧对阀盘的作用力时，阀盘被顶开而泄压；当容器或管道中的压力恢复到允许压力以内时，弹簧又将阀盘压紧在阀座上，即安全阀自动关闭。

8-4(1)节流阀主要用作节流降压和粗调流量。(2)角式节流阀由阀体、阀针、阀座、阀杆、阀盖、传动机构等主要部件组成。当传动机构转动时，阀杆及与阀杆相连的阀针作上下运动，离开或坐入阀座上，从而接通或截断节流阀两端的气流。调节流量和压力，只需调节节流阀的阀针与阀座之间的间隙大小，阀针与阀座之间的间隙发生变化，气流的流通面积也发生变化，从而起到调节流量和压力的作用。

8-5 根据分离器的外型可分为立式分离器、卧式分离器、球形分离器和卧式三相分离器等类型。按作用原理可分为重力式、离心式和混合式三种分离器。

重力式分离器有各种各样的结构形式，但其原理都是利用天然气和被分离物质的密度差来实现的。根据分离设备的外型，重力式分离器可分为立式和卧式两类。

离心式分离器由筒体、锥形管、螺旋叶片、中心管、积液包等组成。离心分离器主要利用离心力原理分离气液(固)体。气液混合物通过切线方向由进口管进入分离器后，沿分离器筒体作旋转运动，由于气体和液(固)体颗粒的密度不同，而产生不同的离心力。较重的液滴产生较大离心力，在此作用下被甩到外圈，抛向分离器壁，相互碰撞集成较大的颗粒，在其重力和气流带动下向下运动，沿锥形管进入集液包，或由排污管排出。而较轻的气体则在内圈并从出口排出，这样液(固)体颗粒和气体就分开了。

8-6 优点:不需要建筑和占用道路,能量消耗只发生在输送过程中,能够达到最高的输送压力和输送速度,能量利用十分合理;具有安全可靠,对环境无污染,便于实现自动化管理等许多优点。缺点:埋藏在地下的输气管线,经常受到腐蚀破坏,需要采取防腐措施;施工与维修也不方便,一经建成就无法改变供销点,投资风险大,前期论证工作量大。

8-7 采气井站工艺流程主要包括井口、集气站、配气站工艺流程。其作用是对天然气进行采集、输送、处理等工艺后,输往集气干线或直接到用户。目前现场通常采用的流程有两种:一种是加热天然气防止生成水合物的流程;另一种是向天然气中注入抑制剂防止生成水合物的流程。

8-8 气田集气站工艺流程是表达各种站场的工艺方法和工艺过程。所表达的内容包括物料平衡量、设备种类和生产能力、操作参数,以及控制操作条件的方法和仪表设备等。集气站工艺流程按井数分为单井集输流程和多井集输流程。按天然气分离时的温度条件,可分为常温分离工艺流程和低温分离工艺流程。

8-9 离心分离器作用原理主要是利用离心力原理分离气液(固)体。气液混合物通过切线方向由进口管进入分离器后,沿分离器筒体作旋转运动,由于气体和液(固)体颗粒的质量不同,而产生不同的离心力。质量较大的液滴产生较大离心力,在此作用下被甩到外圈,抛向分离器壁,相互碰撞集成较大的颗粒,在其重力和气流带动下向下运动,沿锥形管进入集液包,或由排污管排出。而较轻的气体则在内圈并从出口排出,这样液(固)体颗粒和气体就分开了。

8-10 一般认为,天然气的净化工艺包括天然气脱硫脱碳、脱水、硫磺回收及尾气处理4类工艺。天然气脱硫脱碳是为了达到商品天然气的质量指标;硫磺回收及尾气处理是为了综合利用和满足环保要求。

**二、操作题**

8-1 见本章操作项目。

8-2 (1)打开补充水箱进水阀,注满清水。(2)关水箱进水阀,开水箱平衡阀和出口阀,向水套内注水。(3)加水完后(达到2/3液位计高),关水箱出口阀和平衡阀。(4)适当调节火力,保持水套炉火力。

8-3 操作:(1)准备工作:① 材料:压力表垫子、验漏液、润滑脂、棉纱、毛刷。② 设备:压力表3块。③ 工、量、用具:250mm活动扳手1把;300mm活动扳手1把;平口螺丝刀。

(2)操作步骤:① 根据工艺参数选择合适量程的压力表。② 检查压力表的铅封、检定日期、量程、表盘、指针、螺纹、通气孔等是否合格。③ 拆卸旧压力表:先关闭引压阀,截断压力源;用活动扳手和固定扳手按正确方向卸下旧压力表。④ 吹扫引压管。⑤ 检查或更换垫片。⑥ 装上新压力表。⑦ 关闭放空阀。⑧ 开压力表控制阀启表,记录压力值。⑨ 验漏。⑩ 做好相关记录。

(3)技术要求:① 应根据使用地点和测试介质选择合适的压力表。② 压力表应工作在允许的压力范围内,在测量压力比较稳定的情况下,被测量最大工作压力不超过仪表上限的2/3;在测量压力波动较大的情况下,被测量最大工作压力不超过仪表上限的1/2;被测压力最小值应不低于仪表全量程的1/3。③ 未排空压力表内压力前不能拆卸压力表。④ 操作时,防止压力表掉地。⑤ 启表应缓慢,严禁使压力表指针冲击式上升。⑥ 安装时,严禁工具碰撞压力表。⑦ 操作人员更换压力表时身体不能正对压力表取压控制阀手轮或正对放空口。⑧ 读取压力值要求表盘刻度线、指针、眼睛"三点一线"。